第四次气候变化国家评估报告

第四次气候变化国家评估报告特别报告

中国应对气候变化地方典型案例集

《第四次气候变化国家评估报告》编写委员会 编著

图书在版编目（CIP）数据

第四次气候变化国家评估报告特别报告：中国应对气候变化地方典型案例集/《第四次气候变化国家评估报告》编写委员会编著.—北京：商务印书馆，2022
（第四次气候变化国家评估报告）
ISBN 978-7-100-21279-3

Ⅰ.①第… Ⅱ.①第… Ⅲ.①气候变化-评估-研究报告-中国 Ⅳ.①P467

中国版本图书馆 CIP 数据核字（2022）第 100460 号

权利保留，侵权必究。

第四次气候变化国家评估报告
第四次气候变化国家评估报告特别报告
中国应对气候变化地方典型案例集
《第四次气候变化国家评估报告》编写委员会 编著

商 务 印 书 馆 出 版
（北京王府井大街 36 号邮政编码 100710）
商 务 印 书 馆 发 行
北 京 冠 中 印 刷 厂 印 刷
ISBN 978 - 7 - 100 - 21279 - 3

2022 年 12 月第 1 版　　开本 710×1000　1/16
2022 年 12 月北京第 1 次印刷　印张 18 1/4
定价：120.00 元

《第四次气候变化国家评估报告》编写委员会

编写领导小组

组　长	张雨东	科学技术部
副组长	宇如聪	中国气象局
	张　涛	中国科学院
	陈左宁	中国工程院
成　员	孙　劲	外交部条约法律司
	张国辉	教育部科学技术与信息化司
	祝学华	科学技术部社会发展科技司
	尤　勇	工业和信息化部节能与综合利用司
	何凯涛	自然资源部科技发展司
	陆新明	生态环境部应对气候变化司
	岑晏青	交通运输部科技司
	高敏凤	水利部规划计划司
	李　波	农业农村部科技教育司
	历建祝	国家林业和草原局科技司
	张鸿翔	中国科学院科技促进发展局
	唐海英	中国工程院一局
	袁佳双	中国气象局科技与气候变化司
	张朝林	国家自然科学基金委员会地学部

曾经是《第四次气候变化国家评估报告》编写领导小组成员，并为报告的编写做了大量工作和贡献，后因职务变动等原因不再作为成员的有徐南平、丁仲礼、刘旭、张亚平、苟海波、孙桢、高润生、吴远彬、杨铁生、文波、刘鸿志、庞松、杜纪山、赵千钧、王元晶、高云、王岐东、王孝强。

<h2 style="text-align:center">专家委员会</h2>

主　任	徐冠华	科学技术部
副主任	刘燕华	科学技术部
委　员	杜祥琬	中国工程院
	孙鸿烈	中国科学院地理科学与资源研究所
	秦大河	中国气象局
	张新时	北京师范大学
	吴国雄	中国科学技术大学
	符淙斌	南京大学
	丁一汇	中国气象局国家气候中心
	吕达仁	中国科学院大气物理研究所
	王　浩	中国水科院国家重点实验室
	方精云	北京大学/中国科学院植物研究所
	张建云	南京水利科学研究院
	何建坤	清华大学

周大地	国家发展和改革委员会能源研究所
林而达	中国农业科学院农业环境与可持续发展研究所
潘家华	中国社会科学院城市发展与环境研究所
翟盘茂	中国气象科学研究院

编写专家组

组　　长	刘燕华	
副组长	何建坤　　葛全胜　　黄　晶	
综合统稿组	孙　洪　　魏一鸣	
第一部分	巢清尘	
第二部分	吴绍洪	
第三部分	陈文颖	
第四部分	朱松丽　　范　英	

领导小组办公室

组　　长	祝学华	科学技术部社会发展科技司
副组长	袁佳双	中国气象局科技与气候变化司
	傅小锋	科学技术部社会发展科技司
	徐　俊	科学技术部社会发展科技司

成 员	陈其针	中国 21 世纪议程管理中心
	易晨霞	外交部条约法律司应对气候变化办公室
	李人杰	教育部科学技术与信息化司
	康相武	科学技术部社会发展科技司
	郭丰源	工业和信息化部节能与综合利用司
	单卫东	自然资源部科技发展司
	刘 杨	生态环境部应对气候变化司
	汪水银	交通运输部科技司
	王 晶	水利部规划计划司
	付长亮	农业农村部科技教育司
	宋红竹	国家林业和草原局科技司
	任小波	中国科学院科技促进发展局
	王小文	中国工程院一局
	余建锐	中国气象局科技与气候变化司
	刘 哲	国家自然科学基金委员会地学部

曾经是《第四次气候变化国家评估报告》编写工作办公室成员，并为报告的编写做了大量工作和贡献，后因职务变动等原因不再作为成员的有吴远彬、高云、邓小明、孙成永、汪航、方圆、邹晖、王孝洋、赵财胜、宛悦、曹子祎、周桔、赵涛、张健、于晟、冯磊。

本 书 作 者

指导委员	潘家华	研究员	中国社会科学院城市发展与环境研究所
	林而达	研究员	中国农业科学院农业环境与可持续发展研究所
领衔专家	徐华清	研究员	国家气候战略中心
	庄贵阳	研究员	中国社会科学院生态文明研究所

首席作者（按姓氏笔画排序）

第一章	禹　湘	副研究员	中国社会科学院生态文明研究所
第二章	周泽宇	副研究员	国家气候战略中心
第三章	付　琳	助理研究员	国家气候战略中心
	杨　秀	研究员	清华大学气候变化研究院
第四章	禹　湘	副研究员	中国社会科学院生态文明研究所
第五章	唐　杰	教　授	哈尔滨工业大学（深圳）
第六章	祝小文	原副巡视员	成都市发展和改革委员会
第七章	匡舒雅	助理研究员	国家气候战略中心

第八章	周泽宇	副研究员	国家气候战略中心
	贾国伟	助理研究员	中国21世纪议程管理中心
第九章	周泽宇	副研究员	国家气候战略中心
	席细平	副研究员	江西省科学院
第十章	付 琳	助理研究员	国家气候战略中心
	陈长之	副局长	镇江市生态环境局
第十一章	李远国	副局长	常德市市政公用事业管理局
第十二章	王文涛	研究员	中国21世纪议程管理中心
	李宇航	副研究员	中国21世纪议程管理中心

主要作者（按姓氏笔画排序）

第一章	陈 楠	北京市社会科学院
	周伟铎	上海市社会科学院
第二章	刘季熠	国家气候战略中心
	张旖尘	国家气候战略中心
第三章	王伯葳	国家气候战略中心
	白 洁	国家气候战略中心
第四章	薄 凡	中共北京市委党校
第五章	李 芬	深圳市建筑科学研究院股份有限公司
	孙 阔	美国环保协会
	郑剑娇	深圳市建筑科学研究院股份有限公司

第六章	胡安兵	成都市经济发展研究院
	黄浩森	成都市经济发展研究院
	谭文列婧	成都市发展和改革委员会
第七章	张东雨	国家气候战略中心
	张骑尘	国家气候战略中心
第八章	孙新章	中国21世纪议程管理中心
	何　正	中国21世纪议程管理中心
	陈培忠	太原市科学技术局
	丰　锦	郴州市可持续发展促进中心
第九章	周怡芳	南昌市发展和改革委员会
	熊继海	江西省科学院
第十章	邵　炜	镇江市生态环境局
	冯　斌	镇江市生态环境局
第十一章	刘季熠	国家气候战略中心
	陈利群	中国城市规划设计研究院
	郭　豪	清华大学气候变化研究院
	廖玉芳	湖南省气候中心
第十二章	田建国	中国社会科学院生态文明研究所
	姚　娜	中国21世纪议程管理中心

序

　　气候变化不仅是人类可持续发展面临的严峻挑战，也是当前国际经济、政治、外交博弈中的重大全球性和热点问题。政府间气候变化专门委员会（IPCC）第六次评估结论显示，人类活动影响已造成大气、海洋和陆地变暖，大气圈、海洋、冰冻圈和生物圈发生了广泛而迅速的变化。气候变化引发全球范围内的干旱、洪涝、高温热浪等极端事件显著增加，对全球粮食、水、生态、能源、基础设施以及民众生命财产安全等构成长期重大影响。为有效应对气候变化，各国建立了以《联合国气候变化框架公约》及其《巴黎协定》为基础的国际气候治理体系。多国政府积极承诺国家自主贡献，出台了一系列面向《巴黎协定》目标的政策和行动。2021年11月13日，联合国气候变化公约第26次缔约方大会（COP26）闭幕，来自近200个国家的代表在会期最后一刻就《巴黎协定》实施细则达成共识并通过"格拉斯哥气候协定"，开启了全球应对气候变化的新征程。

　　中国政府高度重视气候变化工作，将应对气候变化摆在国家治理更加突出的位置。特别是党的十八大以来，在习近平生态文明思想指导下，按照创新、协调、绿色、开放、共享的新发展理念，聚焦全球应对气候变化的长期目标，实施了一系列应对气候变化的战略、措施和行动，应对气候变化取得了积极成效，提前完成了中国对外承诺的2020年目标，扭转了二氧化碳排放快速增长的局面。2020年9月22日，中国国家主席习近平在第七十五届联合国大会一般性辩论上郑重宣示：中国将提高国家自主贡献力度，采取更加有力的政策和措施，二氧化碳排放力争于 2030 年前达到峰值，努力争取 2060 年前实现碳中和。中国正在为实现这一目标积极行动。

科技进步与创新是应对气候变化的重要支撑。科学、客观的气候变化评估是应对气候变化的决策基础。2006 年、2011 年和 2015 年，科学技术部会同中国气象局、中国科学院和中国工程院先后发布了三次《气候变化国家评估报告》，为中国经济社会发展规划和应对气候变化的重要决策提供了依据，为推进全球应对气候变化提供了中国方案。

为更好满足新形势下中国应对气候变化的需要，继续为中国应对气候变化相关政策的制定提供坚实的科学依据和切实支撑，2018 年，科学技术部、中国气象局、中国科学院、中国工程院会同外交部、国家发展改革委、教育部、工业和信息化部、自然资源部、生态环境部、交通运输部、水利部、农业农村部、国家林业和草原局、国家自然基金委员会等十五个部门共同组织专家启动了《第四次气候变化国家评估报告》的编制工作，力求全面、系统、客观评估总结中国应对气候变化的科技成果。经过四年多的不懈努力，形成了《第四次气候变化国家评估报告》。

这次评估报告全面、系统地评估了中国应对气候变化领域相关的科学、技术、经济和社会研究成果，准确、客观地反映了中国 2015 年以来气候变化领域研究的最新进展，而且对国际应对气候变化科技创新前沿和技术发展趋势进行了预判。相关结论将为中国应对气候变化科技创新工作部署提供科学依据，为中国制定碳达峰、碳中和目标规划提供决策支撑，为中国参与全球气候合作与气候治理体系构建提供科学数据支持。

中国是拥有 14.1 亿多人口的最大发展中国家，面临着经济发展、民生改善、污染治理、生态保护等一系列艰巨任务。我们对化石燃料的依赖程度还非常大，实现双碳目标的路径一定不是平坦的，推进绿色低碳技术攻关、加快先进适用技术研发和推广应用的过程也充满着各种艰难挑战和不确定性。

我们相信，在以习近平同志为核心的党中央坚强领导下，通过社会各界的共同努力，加快推进并引领绿色低碳科技革命，中国碳达峰、碳中和目标一定能够实现，中国的科技创新也必将为中国和全球应对气候变化做出新的更大贡献。

科学技术部部长

2022 年 3 月

前　　言

2018年1月，科学技术部、中国气象局、中国科学院、中国工程院会同多部门共同启动了《第四次气候变化国家评估报告》的编制工作。四年多来，在专家委员会的精心指导下，在全国近100家单位700余位专家的共同努力下，在编写工作领导小组各成员单位的大力支持下，《第四次气候变化国家评估报告》正式出版。本次报告全面、系统地评估了中国应对气候变化领域相关的科学、技术、经济和社会研究成果，准确、客观地反映了中国2015年以来气候变化领域研究的最新进展。报告的重要结论和成果，将为中国应对气候变化科技创新工作部署提供科学依据，并为中国参与全球气候合作与气候治理体系构建提供科学数据支持，意义十分重大。

本次报告主要从"气候变化科学认识""气候变化影响、风险与适应""减缓气候变化""应对气候变化政策与行动"四个部分对气候变化最新研究进行评估，同时出版了《第四次气候变化国家评估报告特别报告：方法卷》《第四次气候变化国家评估报告特别报告：科学数据集》《第四次气候变化国家评估报告特别报告：中国应对气候变化地方典型案例集》等八个特别报告。总体上看，《第四次气候变化国家评估报告》的编制工作有如下特点：

一是创新编制管理模式。本次报告充分借鉴联合国政府间气候变化专门委员会（IPCC）的工作模式，形成了较为完善的编制过程管理制度，推进工作机制创新，成立编写工作领导小组、专家委员会、编写专家组和编写工作办公室，坚持全面系统、深入评估、全球视野、中国特色、关注热点、支撑决策的原则，确保报告的高质量完成，力争评估结果的客观全面。

二是编制过程科学严谨。为保证评估质量，本次报告在出版前依次经历了内审专家、外审专家、专家委员会和部门评审"四重把关"，报告初稿、零稿、一稿、二稿、终稿"五上五下"，最终提交编写工作领导小组审议通过出版。在各部分作者撰写报告的同时，我们还建立了专家跟踪机制。专家委员会主任徐冠华院士和副主任刘燕华参事负责总体指导；专家委员会成员按照领域分工跟踪指导相关报告的编写；同时还借鉴 IPCC 评估报告以及学术期刊的审稿过程，开通专门线上系统开展报告审议。

三是报告成果丰富高质。本次报告充分体现了科学性、战略性、政策性和区域性等特点，积极面向气候变化科学研究的基础性工作、前沿问题以及中国应对气候变化方面的紧迫需求，深化了对中国气候变化现状、影响与应对的认知，较为全面、准确、客观、平衡地反映了中国在该领域的最新成果和进展情况。此外，此次评估报告特别报告也是历次《气候变化国家评估报告》编写工作中报告数量最多、学科跨度最大、质量要求最高的一次，充分体现出近年来气候变化研究工作不断增长的重要性、复杂性和紧迫性，同时特别报告聚焦各自主题，对国内现有的气候变化研究成果开展了深入的挖掘、梳理和集成，体现了中国在气候变化领域的系统规划部署和深厚科研积累。

本次报告得出了一系列重要评估结论，对支撑国家应对气候变化重大决策和相关政策、措施制定具有重要参考价值。一方面，明确中国是受全球气候变化影响最敏感的区域之一，升温速率高于全球平均。如中国降水时空分布差异大，强降水事件趋多趋强，面临洪涝和干旱双重影响；海平面上升和海洋热浪对沿海地区负面影响显著；增暖对陆地生态系统和农业生产正负效应兼有，中国北方适宜耕作区域有所扩大，但高温和干旱对粮食生产造成损失更为明显；静稳天气加重雾霾频率，暖湿气候与高温热浪增加心脑血管疾病发病与传染病传播；极端天气气候事件对重大工程运营产生显著影响，青藏铁路、南水北调、海洋工程等的长期稳定运行应予重视。另一方面，在碳达峰、碳中和目标牵引下，本次评估也为今后应对气候变化方面提供了重要参考。总而言之，无论是实施碳排放强度和总量双控、推进能源系统改革，还是加强气候变化风险防控及适应、产业结构调整，科技创新都是必由之路，更是重要依靠。

我们必须清醒地认识到，碳中和目标表面上是温室气体减排，实质是低碳技术实力和国际规则的竞争。当前，中国气候变化研究虽然取得了一定成绩，形成了以国家层面的科技战略规划为统领，各部门各地区的科技规划、政策和行动方案为支撑的应对气候变化科技政策体系，较好地支撑了国家应对气候变化目标实现，但也要看到不足，在研究方法和研究体系、研究深度和研究广度、科学数据的采集和运用，以及研究队伍的建设等方面还有提升空间。面对新形势、新挑战、新问题，我们要把思想和行动统一到习近平总书记和中央重要决策部署上来，进一步加强气候变化研究和评估工作，不断创新体制机制，提高科学化水平，强化成果推广应用，深化国际领域合作，尽科技工作者最大努力更好地为决策者提供全面、准确、客观的气候变化科学支撑。

本次报告凝聚了编写组各位专家的辛勤劳动以及富有创新和卓有成效的工作，同时也是领导小组和专家委员会各位委员集体智慧的集中体现，在此向大家表示衷心的感谢。也希望有关部门和单位要加强报告的宣传推广，提升国际知名度和影响力，使其为中国乃至全球应对气候变化工作提供更加有力的科学支撑。

中国科学院院士、科学技术部原部长

目 录

摘　要 ·· 1

第一章　地方应对气候变化政策与行动概况 ································ 8
　　第一节　地方应对气候变化的背景及意义 ································ 8
　　第二节　地方应对气候变化的政策 ··· 13
　　第三节　地方应对气候变化的重点行动 ·································· 18
　　小　结 ··· 23
　　参考文献 ·· 24

第二章　地方应对气候变化试点特色与亮点 ······························ 26
　　第一节　积极开展试点行动 ··· 26
　　第二节　试点总体进展情况 ··· 32
　　第三节　探索形成特色亮点 ··· 36
　　小　结 ··· 54

第三章　地方应对气候变化成效评估 ·· 55
　　第一节　低碳发展情况评估 ··· 55
　　第二节　适应气候变化评估 ··· 60
　　第三节　问题挑战分析 ··· 62

小　　结 ………………………………………………………………… 67

第四章　强化地方应对气候变化政策与行动的建议 ……………… 68
第一节　强化地方应对气候变化工作的建议 ……………………… 68
第二节　推进试点示范工作的政策建议 …………………………… 72
小　　结 ………………………………………………………………… 75
参考文献 ………………………………………………………………… 75

第五章　深圳市应对气候变化行动案例 ……………………………… 76
第一节　总体情况 …………………………………………………… 77
第二节　案例1：开拓创新，建立中国首个碳排放权交易市场 …… 81
第三节　案例2：新能源汽车推广，保有量全球最高 ……………… 93
第四节　案例3：碳排放达峰与空气质量达标，推动经济高质量发展
　　　　　………………………………………………………………… 97
第五节　案例4：超大型城市可持续发展创新示范区 ……………… 100
小　　结 ………………………………………………………………… 104
参考文献 ………………………………………………………………… 105

第六章　成都市应对气候变化行动案例 ……………………………… 106
第一节　总体情况 …………………………………………………… 106
第二节　案例1：发展低碳交通，稳步推进绿色出行 ……………… 111
第三节　案例2：推广电能替代，大力推进节能降碳 ……………… 122
第四节　案例3：建设天府绿道，巩固城市绿色碳汇 ……………… 125
小　　结 ………………………………………………………………… 129
参考文献 ………………………………………………………………… 129

第七章　武汉市应对气候变化行动案例 ……………………………… 130
第一节　总体情况 …………………………………………………… 130

第二节　案例1：实施碳排放达峰，引领城市低碳行动 ⋯⋯⋯⋯⋯ 136
　　第三节　案例2：武钢转型，迈向绿色发展 ⋯⋯⋯⋯⋯⋯⋯⋯⋯⋯ 147
　　第四节　案例3：评估先行，打造气候适应型城市 ⋯⋯⋯⋯⋯⋯⋯ 153
　　小　结 ⋯⋯⋯⋯⋯⋯⋯⋯⋯⋯⋯⋯⋯⋯⋯⋯⋯⋯⋯⋯⋯⋯⋯⋯ 158
　　参考文献 ⋯⋯⋯⋯⋯⋯⋯⋯⋯⋯⋯⋯⋯⋯⋯⋯⋯⋯⋯⋯⋯⋯⋯ 159

第八章　太原市应对气候变化行动案例 ⋯⋯⋯⋯⋯⋯⋯⋯⋯⋯⋯⋯ 160
　　第一节　总体情况 ⋯⋯⋯⋯⋯⋯⋯⋯⋯⋯⋯⋯⋯⋯⋯⋯⋯⋯⋯ 160
　　第二节　案例1：经济结构转型，打造绿色低碳之城 ⋯⋯⋯⋯⋯⋯ 164
　　第三节　案例2：控制散煤燃烧，协同实施大气污染防治 ⋯⋯⋯⋯ 174
　　第四节　案例3：倡导低碳出行，构建绿色交通体系 ⋯⋯⋯⋯⋯⋯ 179
　　小　结 ⋯⋯⋯⋯⋯⋯⋯⋯⋯⋯⋯⋯⋯⋯⋯⋯⋯⋯⋯⋯⋯⋯⋯⋯ 182
　　参考文献 ⋯⋯⋯⋯⋯⋯⋯⋯⋯⋯⋯⋯⋯⋯⋯⋯⋯⋯⋯⋯⋯⋯⋯ 183

第九章　南昌市应对气候变化行动案例 ⋯⋯⋯⋯⋯⋯⋯⋯⋯⋯⋯⋯ 184
　　第一节　总体情况 ⋯⋯⋯⋯⋯⋯⋯⋯⋯⋯⋯⋯⋯⋯⋯⋯⋯⋯⋯ 184
　　第二节　案例1：聚焦体制机制，开展低碳立法工作 ⋯⋯⋯⋯⋯⋯ 190
　　第三节　案例2：聚焦问题导向，推进天然气利用 ⋯⋯⋯⋯⋯⋯⋯ 197
　　第四节　案例3：发展新兴产业，建设低碳工业园区 ⋯⋯⋯⋯⋯⋯ 203
　　小　结 ⋯⋯⋯⋯⋯⋯⋯⋯⋯⋯⋯⋯⋯⋯⋯⋯⋯⋯⋯⋯⋯⋯⋯⋯ 208
　　参考文献 ⋯⋯⋯⋯⋯⋯⋯⋯⋯⋯⋯⋯⋯⋯⋯⋯⋯⋯⋯⋯⋯⋯⋯ 209

第十章　镇江市应对气候变化行动案例 ⋯⋯⋯⋯⋯⋯⋯⋯⋯⋯⋯⋯ 210
　　第一节　总体情况 ⋯⋯⋯⋯⋯⋯⋯⋯⋯⋯⋯⋯⋯⋯⋯⋯⋯⋯⋯ 210
　　第二节　案例1：政府主导，推动绿色低碳转型 ⋯⋯⋯⋯⋯⋯⋯⋯ 214
　　第三节　案例2：卓有成效，构建生态文明建设管理服务云平台 ⋯ 220
　　第四节　案例3：成果转化，持续举办国际（镇江）低碳大会 ⋯⋯ 226

小　结 ·· 229
参考文献 ·· 230

第十一章　常德市应对气候变化行动案例 ·· 231
第一节　总体情况 ·· 231
第二节　案例1：坚持绿色发展，先行建设海绵城市 ······························· 236
第三节　案例2：坚持协调发展，依法建设湿地城市 ······························· 243
第四节　案例3：坚持创新发展，系统建设宜居城市 ······························· 251
小　结 ·· 255
参考文献 ·· 256

第十二章　郴州市应对气候变化行动案例 ·· 257
第一节　总体情况 ·· 258
第二节　案例1：守护绿水青山，打造金山银山 ······································ 260
第三节　案例2：绿色循环，推动稀贵金属产业可持续发展 ····················· 263
第四节　案例3：盘活"热水"资源，实现低碳循环发展 ·························· 266
小　结 ·· 269
参考文献 ·· 270

摘　　要

　　中国政府高度重视气候变化问题，实施积极应对气候变化国家战略，通过实施地区差异化碳排放强度控制，推动优化开发区率先实现碳排放达峰，开展地方低碳发展和气候适应试点示范，加快区域低碳发展和韧性社会建设，提升全国绿色低碳发展水平和气候适应能力。各地方也不断增强责任感，认真落实各项目标任务与要求，积极探索体制与机制创新，特别是通过先行先试，形成一批各具特色的低碳和气候适应型城市。综合考虑典型性、代表性和可复制性等因素，结合相关政府及文献评估工作，选定了深圳、成都、武汉、太原、南昌、镇江、常德、郴州八个城市作为典型案例城市，分别从低碳发展、适应气候变化和可持续发展等角度，重点展示了上述城市的特色亮点以及优秀的做法。

　　通过明确目标任务，压实地方应对气候变化责任及措施。现有研究表明，充分发挥地方主动性和创造性，积极探索绿色低碳发展路径和制度创新，协同推进经济高质量发展和生态环境高水平保护，已成为中国地方应对气候变化政策与行动的核心要义与重要任务。一是推动地方应对气候变化工作具有重要意义。随着经济发展和排放格局的变化，地方在气候治理中的地位逐渐上升，地方应对气候变化的作用日益凸显。推动地方积极应对气候变化，有利于加快推进低碳发展，确保落实碳排放强度约束性目标，进而为全球地方应对气候变化贡献中国样板。二是国家明确了地方应对气候变化的主要目标与任务。中国政府将碳排放控制目标作为约束性指标纳入国民经济和社会发展五年规划纲要，通过《国家应对气候变化规划》和《"十三五"控制温室气体排放工作方案》，分解落实了地方控制温室气体排放目标责任，明确了地方应对气候变化主要任务，建立了碳排放强度目标责任评价考核制，并通过开展和深化试点示范工作，逐步完善相关管理制度。三是地方在应对气候变化重点领域采取了一系列政策与行动。在减缓气候变化方面，着力在低碳产业、低碳建筑、低碳交通和低碳消费四大重点领域，加快产业结构低碳化转型与改造，开展能源消耗总量和强度双控，大力发展非化石能源和天然气，加快绿色低碳建筑发展，优先发展公共交通和绿色出行，倡导绿色低碳的生活方式和消费模式等。在适应气候变化领域，主要从城市规划、建筑、交通、能源、水资源管理、地下工程、绿化防沙等方面组织开展相关政策与行动。

通过地方先行先试，努力打造各具特色的亮点与试点示范样板。现有文献分析表明，试点地区围绕批复的试点工作实施方案，认真落实各项目标任务，积极探索体制机制创新，加快形成绿色低碳发展的新格局，取得了积极成效。一是地方积极申报开展各类试点示范。先后于2010年、2012年和2017年批复了三批国家低碳省市试点，包括6个省区和81个城市，并于2017年在全国28个市（县）开展国家气候适应型城市建设试点。同时，还陆续开展了7个碳排放权交易试点、8个低碳城（镇）试点、51个低碳工业园区试点、数百个低碳社区试点，以及三批国家可持续发展议程创新示范区。二是试点示范总体进展情况良好。前两批42个低碳试点省市的GDP总量占全国的比重从2010年的49.5%上升到2018年的55.1%，而能源消费总量和碳排放总量的比重则下降至40%左右；共有28个省（市）通过政府文件公开发布了碳排放达峰峰值年份目标，有33个试点省（市）编制完成了低碳发展规划，有29个试点省（市）设立了低碳发展或节能减排专项资金；试点省市均成立了应对气候变化或低碳发展领导小组；有10个试点省（市）建立了重点企业温室气体排放统计核算工作体系，有17个城市建设了碳排放数据管理平台。国家气候适应型试点城市以提升城市适应气候变化能力为切入点，通过加强顶层设计，将适应气候变化理念融入城市规划、建设、管理全过程，实施了有针对性的适应气候变化行动。三是探索形成各具特色的试点示范优秀案例。国家低碳省市试点主要通过立法强化低碳发展理念、推动新能源汽车等低碳产业发展、探索碳排放权交易等制度政策、构建城市碳排放数据管理体系等；国家适应型城市试点主要在协同海绵城市建设、提升监测预警能力、保障城市生命线等领域；国家低碳城（镇）试点旨在把低碳理念融入规划、打造良好低碳环境等；国家工业园区低碳试点侧重加强低碳管理、加大低碳技术研发等主题；低碳社区试点集中在建立明确的激励政策导向、开展低碳普惠制、垃圾分类等方面。

通过开展绩效评估，发现地方应对气候变化的问题与短板。现有评估结果表明，通过建立国家城市低碳发展指标体系和国家适应气候变化指标体系，对地方应对气候变化的进展与成效进行评估，聚焦试点城市，分析面临的问题与挑战，有助于为提升应对气候变化能力提供决策支撑，为推动高质量发展提供政策导向。一是开展城市低碳发展评估。结合中国城市低碳发展内涵、发展要求和工作进展，国家城市低碳发展指标体系确定4个一级指标和16个二级指标，对36个国家低碳试点城市低碳发展情况进行比较分析和综合评估，其中：5个城市优秀，12个城市良好，反映低碳试点城市创建进程不一，低碳发展水平尚存在较大提升空间。二是开展城市气候适应型评估。国家适应气候变化指标体系包含5个一级指标和16个二级指标，评估结果试点城市得分普遍偏低，得分最高为90.0分，最低分为10.0分，平均分为53.1分；得分较高的试点城市，各领域的适应工作进展较为均衡、无明显短板；得分较低的试点城市，整体工作进展不明显，对适应工作的重视程度有待提高。三是问题挑战分析。根据评估结果，分析确定试点城市在低碳发展目标设定、转型路径探索和低碳发展动力转换等方面与国家的要求仍有差距，尤其在低碳转型速度不断加快的背景下，一些试点城市表现出一定程度的动力不足，亟须加强研究、剖析根源、凝聚共识、大胆探索，"对症下药"找准破解路径。

围绕强化目标力度，提出深化地方应对气候变化政策与行动的建议。中国地方应对气候变化的成功经验，不仅有助于探索生态优先、绿色低碳发展为导向的高质量发展新路，而且也可为其他发展中国家提供可以借鉴的中国智慧和中国方案。一是建议地方强化应对气候变化政策与行动力度。围绕峰值、总量控制等目标引领，推动地方强化规划和方案编制，发挥规划综合引导作用，凝聚和提升地方应对气候变化规划实施的合力；鼓励地方制定促进低碳发展的法规、制度与标准，落实有约束力的量化减排目标；强化政策与行动落地，形成地方应对气候变化的有效法律保障；强化地方应对气候变化政策与行动的资金保障，引导并调动全社会参与地方应对气候变化的积极性。二是建议进一步深化推进试点示范工作。应对气候变化各类试点示范作为中国政府推动应对气候变化的有效举措，还需进一步围绕有力度的目标，深化对重大政策、重大制度、重大技术的试点示范工作；围绕城市发展战略定位，加强制度顶层设计，探索各具特色低碳发展新模式，完善部门间协调机制，发挥协同效应，形成试点合力；充分利用大数据、信息化工具以及智能管理方式，加强科技与金融在气候变化领域试点示范中的协同融合，推动构建绿色低碳发展的决策支撑系统和服务平台。

深圳市积极探索碳排放权交易、绿色低碳新能源汽车跨越式发展、城市碳排放达峰和空气质量达标"双达"行动等，协同推动经济高质量发展和生态环境高水平保护。截至 2019 年，深圳碳交易市场涵盖了国家 39 类工业行业中的 26 个行业类产品，深圳碳排放交易所会员总数达到 2 184 家，碳市场的履约率约 99%，碳市场总成交量从 2017 年的 3 500 万吨增长到 2019 年的 7 513 万吨；已累计推广纯电动公交车 1.63 万辆，纯电动物流车保有量 7.2 万辆，新能源私家车保有量 21.77 万辆；率先提出了碳排放达峰、空气质量达标、经济高质量发展达标的"三达"理念，牢固树立和践行"绿水青山就是金山银山"的理念，绿色低碳发展与可持续发展理念紧密结合，产生更大的协同效应。

成都市通过大力推广电能替代、发展低碳交通、建设天府绿道等,探索应对气候变化与城市发展战略的有机融合。截至2019年,累计完成1 873台燃煤锅炉淘汰及清洁能源改造,实现年节约标煤逾490万吨;双流机场推进"油改电",实现年减少标煤5.4万吨,年减排二氧化碳11.85万吨,年节约能耗费用1.05亿元;开通公交线路1 238条,在营公交车18 248辆,其中新能源汽车5 621辆,占车辆总数的30.8%,超过4 400辆纯电动出租汽车陆续投入运营;累计建成天府绿道3 689千米,沿绿道串联生态区55个、绿带155个、公园139个、小游园323个、微绿地380个,增加开敞空间752万平方米,不断增加居民生活绿色空间、巩固城市绿色碳汇,绿色低碳发展模式正逐步呈现。

武汉市围绕率先实现碳排放达峰、武钢转型和气候适应性基础设施建设等重点工作,将低碳绿色发展融入城市发展战略与规划之中。围绕实现碳排放峰值目标,全面实施《武汉市碳排放达峰行动计划(2017~2022年)》等,2018年,全社会碳排放总量约为1.37亿吨,其中能源领域排放约1.15亿吨,完成年度确定的全市碳排放总量不超过1.55亿吨的控制目标;武钢全厂吨钢综合能耗2011年至2018年由627千克标准煤/吨降至583千克标准煤/吨,年均下降约1%;针对13个行政区域的空间热点以及13项不同领域的关键议题完成整体的风险评估;海绵城市建设协同发力,推进四水共治,已完成青山、汉阳示范区建设,示范区38.5平方千米全部达到海绵城市建设要求。

太原市以资源型城市转型升级为主题,围绕产业、能源和交通低碳转型,积极探索创新发展和可持续生产与消费模式,努力走出一条产业优、质量高、效益好、可持续发展之路。2019年,三次产业结构为1.1:37.7:61.2,其中,装备制造业、新材料产业、电子设备制造产业共完成投资90.9亿元,新材料产业实现正增长;新能源装机总量54万千瓦;完成农村地区"煤改电"62 706户;实现市区35吨以下燃煤锅炉"清零",替代拆除20吨以下燃煤锅炉168

台；完成 22.6 万户农村清洁供暖改造；26 个城中村完成整村拆除，拔掉土小锅炉 1.2 万台，市区在用 65 吨以上燃煤锅炉全部实现超低排放改造；539 台燃气锅炉完成超低排放改造；城区 8 292 辆出租汽车全部更新为纯电动车，新购 2 600 辆清洁能源公交车。

南昌市聚焦体制机制创新、低碳能源消费和新兴产业发展，成为中国首个出台低碳促进条例的城市。2016 年 4 月经市人大审议通过了《南昌市低碳发展促进条例》，并于当年 9 月施行，条例共 9 章 63 条；推进天然气利用，截至 2018 年底改造完成老旧地下燃气管 350 余千米，惠及 12 万用户；已形成以航空装备、电子信息、生物医药、新材料"2+2"为主导产业的发展体系，2018 年，战略性新兴产业增加值增长 11% 左右，占规模以上工业增加值比重达 28% 左右；汽车和新能源汽车、绿色食品、电子信息产业主营业务收入分别突破 1 300 亿元、1 100 亿元和 1 000 亿元。

镇江市通过建立项目化低碳转型推进机制，首创低碳城市建设管理云平台，持续举办国际（镇江）低碳大会等，低碳城市建设卓有成效。构建起一套比较完备的低碳发展组织领导机制、规划体系、政策体系，逐年编制低碳发展九大行动，每一年细化编排 100 余项目标任务，并将任务分解纳入年度党政目标管理考核体系，形成了低碳发展的项目化推进机制；探索建立生态补偿机制，目前专项基金总额为每年 3.1 亿元左右；率先构建起具有监测分析和管理服务功能的生态文明信息化综合云平台，推动信息化与城市产业转型、低碳发展、生态文明建设的深度融合；积极搭建"讲好镇江故事"的平台，2017 年起每年召开低碳大会，2017 年推动市级层面集中签约 13 个低碳产业项目，2018 年推动 36 个低碳发展项目签约落地，2019 年签约落地项目约 80 个。

常德市突出绿色、协调和创新发展，着力建设海绵城市、湿地城市和宜居城市，持续提升城市适应气候变化的能力与水平。2019 年，在海绵城市建设试点示范区原定总面积 41.2 平方千米的基础上，市中心城区海绵城市建成区达标总面积扩至 63.84 平方千米，三年共完成投资近 80 亿元；现有湿地面积 19.09 万公顷，占国土面积的 10.50%，纳入保护的湿地面积 13.68 万公顷，湿地保护率达 71.66%；国家级湿地类型自然保护区 1 处、保护面积 26 960 公顷；国家湿地公园 8 处，保护面积 17 377.99 公顷；有植物 865 种、鸟类 285 种、鱼类 120 多种，其中，国家一、二级保护鸟类 20 余种；位列《2019 中国内地及港澳台 100 座城市宜居指数排名》第 8 名。

郴州市加强生态环境保护，强化稀贵金属产业发展和温泉资源利用的可持续性，推动绿色低碳循环发展。实施环境综合整治项目 66 个，对 27 家有证矿山全部实行保护性退出；东江湖流域内 124.69 万亩林地全面实行封山育林、禁伐保护，占资兴市林地总面积的 59.4%；发展冷水资源利用高端化，东江湖大数据产业园能源消耗和运行成本与常规相比降低 40%左右；从各类有色金属冶炼危废物和"城市矿产"提炼稀贵金属及其他有色金属 20 万吨左右，减少废渣排放千万吨以上，节约标煤 90 万吨、节水 5 200 万吨；推进以绿色制造与循环经济为主导的工业生态文明建设进程，探索开发与保护并重的可持续发展模式。

第一章 地方应对气候变化政策与行动概况

绿色、低碳、循环发展已经成为当今世界经济发展的主要潮流，也是世界各国实现可持续发展的重大战略选择和关键举措。历经 40 多年改革开放，中国虽已取得了举世瞩目的经济发展成效，但仍面临严峻的资源环境形势和复杂的外部环境。充分发挥地方主动性和创造性，积极探索绿色低碳发展路径和制度创新，协同推进经济高质量发展和生态环境高水平保护，已成为中国地方应对气候变化政策与行动的核心要义和重要任务。

第一节 地方应对气候变化的背景及意义

一、地方应对气候变化的背景

（一）可持续发展成为全球发展趋势

在 1992 年里约环发大会之后，中国提出了"中国环境与发展十大对策"，明确指出走可持续发展道路是中国当代以及未来的必然选择。1994 年，中国率先发布了国家层面的《中国 21 世纪议程》，从人口、环境与发展的具体国情出发，系统提出了中国可持续发展的总体战略、对策及行动方案。2003 年，中国提出了科学发展观，强调以人为本和可持续发展。2011 年 3 月，全国人大发布《中华人民共和国国民经济和社会发展第十二个五年规划纲要》，首次提出"绿色发展，构建资源节约型、环境友好型社会"。此后，绿色、低碳、循环发展多次出现在中国政府的文件和报告中，并成为国家发展战略。随着《变革我们的世界——2030年可持续发展议程》在联合国的通过，中国政府也出台了《中国落实2030年可持续发展议程国别方案》。践行可持续发展理念在成为全球共识的同时，也是新时代中国经济转型升级，实现高质量发展的必然选择。

（二）气候变化是人类面临的共同挑战

目前，中国已成为全球第二大经济体，相对于发达经济体仍保持着高速的经济增长率。中国也是世界第一大碳排放国，应对气候变化是中国实现可持续发展的关键举措。中国应对气候变化的成效将关系到全球应对气候变化目标的实现。2015年6月，中国政府向联合国气候变化框架公约秘书处提交了《强化应对气候变化行动——中国国家自主贡献》，计划2030年左右二氧化碳排放达到峰值并争取尽早达峰，同时还计划到2030年二氧化碳排放强度比2005年下降60%~65%，非化石能源占一次能源消费比重提高到20%左右。2020年9月22日，习近平主席在第七十五届联合国大会上宣布"中国将提高国家自主贡献力度，采取更加有力的政策和措施，二氧化碳排放力争于2030年前达到峰值，争取在2060年前实现碳中和。"这一系列行动目标已经为中国温室气体排放控制划定了一条"生态红线"。近年来，中国在应对气候变化领域做出了切实努力，在积极参与国际气候治理进程的同时，把应对气候变化融入国家经济社会发展中长期规划之中，通过法律、行政、技术、市场等多种手段，积极探索绿色、低碳、循环的发展道路。

（三）中国正在经历快速的城镇化

改革开放以来，中国经历了世界历史上规模最大、速度最快的城镇化进程。据 2019 年国民经济和社会发展统计公报显示，2019 年末，中国城镇常住人口 84 843 万人，城镇人口占总人口比重（城镇化率）首次超过 60%。随着中国城市化的不断推进，城市的基础设施建设、工业活动、交通运输及居民生活都将消耗大量能源，城市将成为碳排放增长的最主要领域之一。大量研究表明，城市化与环境的矛盾也最为突出，这种矛盾在城镇化率处于 40%~60%的阶段表现最为明显，因此中国在快速城镇化过程中如何摆脱高碳锁定和环境污染，践行可持续发展是实现经济发展和环境保护双赢的有效途径。

二、地方应对气候变化的作用

（一）地方在减缓气候变化中的作用日益凸显

地方作为社会经济活动的中心，已成为温室气体排放的重要主体。IEA（国际能源署）的研究显示，从全球层面而言，约占全球 50%人口的城市，其能源消耗约占全球能源消耗总量的三分之二，二氧化碳排放约占 70%。经济合作与发展组织（Organization for Economic Co-operation and Development, OECD）的研究也显示，城市承担着一个国家 75%的能源消耗和 80%的温室气体排放。一方面，大规模的工业生产、快速的城市化建设和城市居民生活水平的提高，将显著促进碳排放的增长；另一方面，城市化也能带来产业结构的优化，从而降低碳排放强度。虽然城市化进程对碳排放表现出双重性，但是大部分的研究结果都表明二者在中国均呈现出增长趋势，且表现为正相关关系，因此，城市化是促进碳排放增长的重要原因。

（二）适应气候变化是应对地方风险的有效途径

地方不仅是温室气体排放的主要领域之一，更是气候风险的高发地区。气候灾害所导致的城市的经济损失规模巨大。随着全球气温的升高，干旱、海平面上升、热浪、极端天气等气候灾害对城市的威胁逐步显现。气候变化导致的粮食减产、水资源紧缺、生态系统功能恶化、能源转型紧迫等问题，不仅增加了居民的生活成本，还降低了居民的生活质量。地方在气候变化中的脆弱性促使其具有更强的动力参与国家乃至全球的气候治理。

（三）地方在全球气候治理中的地位逐渐上升

以巴黎气候峰会为转折点，地方在全球气候多层治理体系中的地位日益凸显，成为落实《巴黎协定》和国家自主贡献的重要力量。《巴黎协定》明确鼓励各国政府，同时鼓励私营部门、金融机构、城市和其他非国家主体积极参与应对气候变化，最大程度地凝聚全球力量。城市作为重要的非国家行为体，在推动国家低碳转型、增强减排行动、弥合减排缺口方面，有着重要的优势。在以清洁技术和生物技术为代表的全球第六次创新浪潮的带动下，城市政府在城市空间规划、运输体系设计或交通政策执行、城市基础设施项目开发、废弃物管理等领域，将利用新经济模式实现经济转型、提高能效、改变高碳的生活方式，为全球应对气候变化和可持续发展做出贡献。

三、地方应对气候变化的贡献

随着全球科技创新和技术进步所产生的新技术、新业态、新模式，为城市的规划理念、交通运输方式、废弃物管理方式、城市空间开发模式提供了新的可能，为城市的低碳转型提供了技术支撑。创新城镇化路径、打破高碳城市化的"路径依赖"，成为新时期地方应对气候变化、实现可持续发展的基本要求。

（一）有利于《巴黎协定》目标的实现

根据政府间气候变化专门委员会（Intergovernmental Panel on Climate

Change，IPCC）的第六次评估报告，如果要将全球平均气温升高控制在工业革命前水平的 2℃之内，全球温室气体排放量在 2030 年前需减少四分之一，但从目前各国所提交的国家自主贡献报告来看，减排力度与达到该目标之间还存在显著差距。可以预见，未来各国尤其是新兴经济体对二氧化碳减排空间的需求将更为迫切。因此，在《巴黎协定》下，次国家和非国家行为体在国际气候行动中开始扮演越来越重要的角色。以城市为代表的一些重要的次国家行为体，在全球气候治理体系中的角色逐渐活跃，地位也日渐上升。城市是经济活动中心，也是温室气体排放的重要主体，城市碳减排目标的实现直接关系着中国应对气候变化的成效和可持续发展目标的实现。

（二）有力推动了中国的生态文明建设

中国已经实施了全方位、大力度、开创性的生态文明建设实践，探索从工业文明向生态文明的转型。中国地方的可持续发展，重点是实现低碳排放和低污染，这就要求城市建设尽可能高效地利用能源，同时对土地、空气、水、矿产资源等自然资源使用的节约和高效，让天蓝、地绿、水净成为常态。中国提出的生态文明建设，在城市化视域下形成城市生态文明理念，这是城市化进程中生态环境问题治理的重要突破。中国提出的城市生态文明与西方工业文明进程中的城市化在理念、机制建设等方面有着本质差别。中国的城市生态文明建设已经成为中国城市现在和未来提升城市综合竞争力、保持城市长期繁荣发展的重要因素，代表着城市现代文明的发展方向。中国城市的低碳发展实践将是实现生态文明的有效途径。

（三）为全球可持续发展贡献了中国智慧

面对全球可持续发展的危机，广大发展中国家普遍面临着发展与环境的矛盾，而中国地方应对气候变化和可持续发展的行动，则通过将可持续发展的指标和经济发展指标纳入中国省、市的发展总体规划，运用先进的低碳技术，在能源、交通、建筑、工业、居民生活等领域探索出了适合发展中国家的可持续发展模式。中国地方在可持续发展领域所取得的成绩，为广大发展中国家树立了一面旗帜，提高了发展中国家应对气候变化和实现可持续发展的信心，有助于世界各国从工业文明向生态文明整体转型。中国长期致力于引导应对气候变化国际合作，努力成为全球生态文明建设的重要参与者、贡献者和引领者。通过地方应对气候变化和可持续发展的探索，可以让中国为全球的绿色低碳发展提供经验和借鉴，为构建人类命运共同体凝聚共识、贡献中国智慧。

第二节　地方应对气候变化的政策

中国地方应对气候变化的政策特点是以政府为主导，自上而下，由国家的宏观政策指导，向地方的中观政策设计，再到具体领域的微观政策操作逐步延伸和细化。应对气候变化的国家方案和政策主要由中央政府根据经济发展阶段和国情提出，明确温室气体减排的目标和重点领域，并且通过推动地方实施低碳和可持续发展的试点、示范建设，对地方应对气候变化提出方向性、原则性政策安排。地方根据国家方案的部署和低碳、可持续发展试点示范的任务，出台地方的低碳发展规划，研究制定相应的地方控制温室气体排放实施方案。地方相关部门再通过采取一定的政策手段，在相应的重点领域具体落实各项任务，实现低碳、可持续发展的目标，主要涉及产业、建筑、交通、消费等领域。地方应对气候变化和可持续发展涵盖范围广，涉及利益关系复杂，依靠单一的政策机制或手段无法实现低碳化发展的目标，需要通过系统的设计和评估，有机组合和综合运用多种政策工具和手段。

一、减缓气候变化的主要政策

（一）明确国家控温目标和时间表

2009年11月，中国政府宣布，到2020年单位国内生产总值（GDP）二氧化碳排放量（以下简称"碳排放强度"）比2005年下降40%～45%。碳排放强度目标已作为约束性指标被纳入"十二五"规划纲要之中，这是中国控制温室气体排放的第一步。如前所述，2015年6月30日，中国向《联合国气候变化框架公约》（United Nations Framework Convention on Climate Change, UNFCCC）秘书处正式递交了国家自主贡献目标。2020年，中国主动提出2030年前碳达峰和2060年碳中和的最新气候目标，受到世界各国和国内社会各界的广泛关注。碳达峰碳中和工作为新时代中国的低碳发展确立了新目标，注入了新动力，符合中国低碳发展战略内在演化逻辑。这一战略部署符合中国可持续发展的内在要求，也是维护气候安全、共谋全球生态文明建设的必然选择。

（二）建立碳排放强度目标责任评价考核制

地方人民政府温室气体排放目标责任评价考核是中国一项重要制度。"十二五"期间，单位GDP碳排放强度下降目标已经成为国务院对各省、自治区、直辖市层面的约束性指标。2011年中央政府通过《"十二五"控制温室气体排放工作方案》，加强对省级人民政府控制温室气体排放目标完成情况的评估、考核。2017年国家发展改革委制定了《"十三五"省级人民政府控制温室气体排放目标责任考核办法》，并组织开展对全国31个省（区、市）2016年度控制温室气体排放目标责任的评价考核。2018年，国务院机构改革之后，生态环境部联合相关部门完成对各省（区、市）2017年度控制温室气体排放目标责任的评价考核。省级政府通过制定本地区碳排放指标分解和考核办法，加强对各责任主体的减排任务完成情况的跟踪评估和考核。目前，温室气体排放目标责任考核是各级政府和有关部门作为领导班子综合考核评价、干部奖惩任免和领导换届考查、任职考察的重要依据。一些低碳试点城市还将本地温室气体排放目标与任务分配到下辖区县，强化了基层政府目标责任和压力传导，逐步形成温室气体排放目标责任层层推进的常态化工作机制。

（三）逐步完善相关管理制度并加大试点力度

在应对气候变化管理制度方面，目前中国在温室气体排放目标责任评价考核、统计核算、配额交易、排放报告、核查等方面已形成了相关制度体系。2011年成立全国人大环资委、全国人大法工委、国务院法制办和17家部委组成的应对气候变化法律起草工作领导小组，加快推进《应对气候变化法》和《碳排放权交易管理条例》的立法程序。目前山西、青海、石家庄和南昌开展了地方应对气候变化和低碳发展的专门立法，逐步将温控目标、污染防治、碳交易等工作纳入法制轨道。在具体制度上，通过开展全国碳排放权交易市场机制建设，构建温室气体自愿减排交易体系，建立低碳产品标准、标识和认证制度，充分发挥市场机制的配置作用，夯实了低碳发展的标准体系。在基础能力建设上，国家应对气候变化战略研究和国际合作中心的成立，以及地方各类低碳发展专业研究机构、能源计量中心等的成立，为低碳发展提供了技术支撑和人才保障。自"十二五"起，深入开展低碳省区、城市、城（镇）、园区、社区等不同层级的试点工作。试点地区在建立控制温室气体排放目标责任制、建立工业园区低碳管理模式建设低碳社区和特色城镇低碳发展模式等方面进行了积极探索，在交通、工业、建筑和能源等相关领域开展低碳试点示范，逐步形成了绿色低碳生产方式和生活方式，从整体上带动和促进了全国范围的应对气候变化和绿色低碳发展。

二、适应气候变化的主要政策

适应气候变化的目标是增强地方适应气候变化的能力、形成适应区域格局。地方适应气候变化主要围绕促成气候变化脆弱区域主动、合理地适应，并将基础设施、农业、水资源、海岸带和相关海域、森林和其他生态系统、人体健康以及旅游业等作为适应气候变化的重点。

2007 年国务院出台《中国应对气候变化国家方案》以后，又发布了《国家适应气候变化战略》。2015 年，向《联合国气候变化框架公约》秘书处递交的国家自主贡献目标，明确了在农业、林业、水资源等重点领域和城市、沿海、生态脆弱地区形成有效抵御气候变化风险的机制和能力，并逐步完善预测预警和防灾减灾体系等气候适应目标。2016 年 2 月 4 日，国家发展改革委、住建部联合印发《城市适应气候变化行动方案》，旨在落实 2013 年发布的《国家适应气候变化战略》，针对国内城市面临的高温、干旱、内涝等气候变化挑战，从城市规划、建设、管理等方面开展行动，全面提高城市适应气候变化能力。

国家、部门和地方政府也陆续根据适应气候变化的重点领域实施了相应的适应气候变化的措施。表 1–1 所列的是若干重点领域的适应气候变化政策文件，这些文件或是直接的适应气候变化行动方案，或是明确提到了适应气候变化的举措和要求。

表 1–1　重点领域的适应气候变化政策

领域	政策文件
林业	《林业应对气候变化"十二五"行动要点》《林业适应气候变化行动方案（2016～2020）》
城市	《气候适应型城市行动方案》
农业	《农业应对气候变化行动方案》
水资源	《全民节水行动计划》
防灾减灾	《国家综合防灾减灾规划（2016～2020 年）》
建筑	《绿色建筑行动方案》

三、可持续发展主要政策

中国坚定践行可持续发展理念，在经济建设和社会发展中倡导绿色、生态、低碳、循环的可持续发展理念，力争改变以资源耗竭、环境污染支撑经济增长的发展方式，不仅在应对气候变化领域做出了积极的努力，更是在可持续城市建设方面走出了一条兼顾发展、和谐、创新的特色路径。不仅积极开展低碳城市、适应城市的试点，还积极创建环保模范城市、资源节约型和环境友好型社会，推进生态示范城市、海绵城市、健康城市、智慧城市建设，同时，各地还大力促进绿色基础设施建设，如绿色交通、绿色建筑、新能源汽车充电基础设施建设等，使城市的发展更加低碳、安全、舒适、智慧、有活力，发展更具可持续性。2018年，国家科技部启动国家可持续发展议程示范区的建设，山西省太原市、广西壮族自治区桂林市、广东省深圳市三个城市作为首批示范区，湖南省郴州市、云南省临沧市、河北省承德市作为第二批建设国家可持续发展议程创新示范区。国家可持续发展议程创新示范区是为了破解新时代社会主要矛盾、落实新时代发展任务作出示范并发挥带动作用，为全球可持续发展提供中国经验而作出的重要决策部署。

表 1–2　主要试点示范项目相关政策

序号	试点示范项目	相关政策文件	主导部委	核心内容	颁布时间
1	可持续发展议程创新示范区	《中国落实 2030 年可持续发展议程创新示范区建设方案》	科技部	以科技为核心的可持续发展问题系统解决方案，为中国破解新时代社会主要矛盾、落实新时代发展任务作出示范并发挥带动作用	2016 年 12 月
2	海绵城市	《关于推进海绵城市建设的指导意见》	住建部	适应环境变化和应对自然灾害等方面具有良好的"弹性"	2015～2016 年

续表

序号	试点示范项目	相关政策文件	主导部委	核心内容	颁布时间
3	健康城市	《全国健康城市评价指标体系2018版》	国家卫健委	提出标准化的指标体系，给出了每个指标的定义、计算方法、口径范围、来源部门等信息。引导各城市改进自然环境、社会环境和健康服务，全面普及健康生活方式，满足居民健康需求，实现城市建设与人的健康协调发展。	2018年
4	生态示范城市	《关于大力推进生态文明建设示范区工作的意见》	环保部	将"生态建设示范区"正式更名为"生态文明建设示范区"，并明确指出生态文明建设示范区和生态省市县、生态文明建设试点之间的关系	2013年
5	智慧城市	《关于组织开展新型智慧城市评价工作 务实推动新型智慧城市健康快速发展的通知》	国家发展改革委	全面推进新一代信息通信技术与新型城镇化发展战略深度融合，提高城市治理能力现代化水平，实现城市可持续发展的新路径、新模式、新形态，落实国家新型城镇化发展战略。	2016年

第三节 地方应对气候变化的重点行动

应对气候变化是一项系统工程，需要在地方各个领域推进低碳化发展和气候适应型建设，其中减缓气候变化主要包括低碳产业、低碳建筑、低碳交通和低碳消费四个重点领域。政策制定的核心是降低能源消耗，调整能源结构，减少二氧化碳排放。对于不同领域的节能减排问题，分别采取针对性的政策措施，分类渐进推进行业和部门的低碳化。

一、减缓气候变化主要行动

（一）低碳产业

在低碳产业方面，各地都根据发展实际，制定更加符合低碳发展要求的产业政策。运用强制性和激励性政策手段，推广节能减排技术，改造高碳型传统产业，大力发展低碳型新兴产业，同步推进产业存量和产业增量的低碳化，推动技术减排和结构减排。以强制性政策措施完善高耗能、高排放行业的准入、退出机制，遏制高能耗产业过度发展，加快淘汰过剩行业的落后产能，控制高碳产业碳排放的增量和总量。通过排放禁令、排放标准等产业规制，强制关停规模小、能耗高、排放大的企业。通过工业项目审批的节能审查、区域性产业限批等行政手段，从投资环节限制不符合低碳环保要求的企业进入。

地方在推动产业低碳发展领域，采用强制性和激励性政策相配合，促使企业实现技术升级和改造，提高资源利用效率，降低能源消耗和碳排放强度。通过行政处罚，对未完成碳排放配额履约的企业处以高额行政罚款，并限期治理。通过政府财政补贴奖励，鼓励企业研发、应用先进适用的节能减排技术，淘汰落后技术、工艺和设备。以激励性政策措施，加大对低碳型产业发展的资金支持，大力发展节能环保、新能源、新材料、信息网络和高端制造等具有低碳特征的新兴产业，以产业结构的升级，达到减少二氧化碳排放的效果。

（二）低碳建筑

在低碳建筑方面，各地积极发展绿色建筑，完善建筑领域节能减排的政策措施。按照国家绿色建筑评价相关标准体系的要求，地方从建筑的设计、施工和使用等各环节，推广应用节能技术，逐步推进城市建筑的低碳化。完善建筑行业相关法规、标准和规范。研究推广绿色节能建筑设计标准和施工规范，限定建筑报建的能耗准入条件，强制新建建筑必须达到建筑节能标准，以遏制高碳建筑的增加。完善促进绿色建筑发展的经济激励政策。对绿色建筑给予一定的财政支持，研究制定绿色建筑容积率奖励办法，鼓励绿色建筑的建造和购买，提高绿色建筑在城市建筑中的比重。不少城市还制定完善针对既有建筑节能改造的政策，加大公共建筑节能改造的财政投入；鼓励节能服务公司与建筑使用单位开展合同能源管理项目，承担建筑节能改造成本，并获取相应补贴和部分节能收益。完善推广建筑节能新技术的支持政策。推进热电联产等分布式能源的发展，制定建筑和家庭太阳能发电的相关配套政策，推广地源热泵、太阳能热水系统的建筑应用。

（三）低碳交通

在低碳交通方面，各地积极探索城市交通运输低碳化的促进政策。完善交通运输节能环保的标准，强化交通运输设施和装备的低碳环保要求，加快低碳交通运输技术研发和节能环保交通运输装备应用，鼓励和引导居民绿色出行，建立以公共交通为主导、广泛应用节能环保运输装备的城市低碳交通运输体系。加大城市公共交通系统建设的财政投入，优化设计城市综合交通系统，推进交通运输智能化建设，提高城市交通运行效率，从而降低城市交通系统的能耗和排放。在公共交通中推广应用低能耗、低排放交通运输装备，不断提高城市公交车辆、出租汽车中新能源车辆的比例。完善推广新能源汽车的支持政策。通过财政补贴、税费优惠等政策手段，加大新能源、节能新技术研发和应用的资金投入，积极发展纯电动、混合动力、氢燃料等新能源汽车，完善鼓励购置和使用新能源汽车的配套政策。加大鼓励居民绿色出行的政策引导。一方面，不同城市根据各自情况，采取不断提高汽车排放标准、限购与限行、征收排放费等措施，控制尾气排放；另一方面，坚持推行公共交通低票价的价格政策，引导公众更多地选择公共交通，提高公共交通出行分担比例。

（四）低碳消费

在低碳生活方面，各地通过完善促进低碳消费的政策体系，促进社会消费行为和生活方式的转变。城市低碳消费政策的推行应循序渐进，按照认知性、可行性、可操作性、可承受性、可接受性的"5A"原则制定和实施，以综合性的政策引导、推动城市社会生活的低碳化。以社会手段倡导低碳生活方式。运用信息、宣传、教育等政策工具，培育公众的低碳意识，使公众认知、认同低碳生活消费的理念，营造低碳消费的社会氛围。通过地方政府行为的表率影响、低碳社区和园区的典型示范、低碳企业的模范表彰等，发挥榜样在引领社会行为中的作用，开展低碳生活全民行动，引导市民自觉选择低碳生活方式。强化以经济手段激励低碳消费行为，通过低碳节能产品消费补贴的奖励政策，如新能源汽车、高效照明产品、节能家电等补贴，鼓励市民购买低碳节能产品，扩大低碳节能产品的消费市场。探索采取税费等手段，对高能耗产品征收消费税，限制高碳产品的市场规模。以行政手段规范低碳产品消费。完善能效标准、能效标识和低碳产品认证制度，并不断提高相关标准。推进实施"领跑者计划"，研究确定高耗能产品和终端用能产品的"领跑者"先进能效指标，并适时将其纳入能效标准中。例如北京发布《"绿色北京"行动计划》，绿色消费模式和低碳生活方式正在逐渐培养和形成，低碳消费倡导消费时选择未被污染或有助于公众健康的绿色产品，绿色产品消费群体占到近五成。

二、适应气候变化主要行动

2017年，中国发布了《开展气候适应型城市建设试点的通知》，启动了气候适应型城市建设试点工作。2017年初，中国正式启动28个气候适应型城市建设试点的创建工作。各试点采取了一系列适应气候变化的举措，取得了积极成效。试点城市通过识别自身的气候风险，制定并出台各自的《城市适应气候变化行动方案》，根据所在城市面临的气候变化主要风险和问题，从技术支撑、城市规划、建筑、交通、能源、水资源管理、地下工程、绿化防沙等方面组织开展适应气候变化的行动。

防灾减灾是适应气候变化的重要领域。地方针对强降水、高温、干旱、台风、冰冻、雾霾等极端天气气候事件，修改完善城市基础设施设计和建设标准；加强气候灾害管理和防御，积极应对热岛效应和城市内涝；发展被动式超低能耗绿色建筑，实施城市更新和老旧小区综合改造；增强城市绿地、森林、湖泊、湿地等生态系统在涵养水源、调节气温、保持水土等方面的功能；健全政府、企业、社区和居民等多元主体参与的适应气候变化管理体系。这一系列的行动显著提升了地方适应气候变化的能力。

水资源管理是中国适应气候变化工作优先推进的领域之一，开展了河湖水整治、排水管网建设、海绵城市建设等一系列行动，如浙江省形成五级联动的"河长制"体系，做出"治污水、防洪水、排涝水、保供水、抓节水"的"五水共治"重大部署，建立全民治水长效机制，筑牢高标准生态屏障。

三、开展国际合作交流活动

开展国际合作交流活动也是应对气候变化的主要举措之一。首先，政府加强气候变化领域国际合作顶层设计。从国家战略层面提出了多个中外城镇化领域加深合作的框架性文件，与其他国家的政府、城市、企业、机构等，在具体领域开展了多种形式的合作。2012 年《中欧城镇化伙伴关系共同宣言》从城市群、城市基础设施、城市公共服务和城市管理等 14 个方面推动中欧城市、企业在城镇化领域的务实合作。2014 年，中国与英国签署《关于加强绿色、低碳城镇化合作的谅解备忘录》，支持中英两国在绿色、低碳城镇化方面开展联合研究、企业投资、经验借鉴和产业园区等形式的合作；与德国签署《中德合作行动纲要：共塑创新》，深化中德工业、城镇化及农业等领域的创新合作。

地方各城市积极参与了应对气候变化的相关合作和交流。2015年，深圳、广州、武汉、延安、金昌等城市参加了第一届中美气候智慧型/低碳城市峰会，签署了《中美气候领导宣言》，加入了城市达峰联盟，积极开展在低碳城市规划、低碳交通、低碳建筑和适应气候变化等方面的合作，其中武汉市还通过举办C40城市可持续发展论坛以及C40年度专题研讨会，主动利用国际低碳交流平台，提升城市影响力。2016年，北京市通过成功主办第二届"中美气候智慧型/低碳城市峰会"，充分利用峰会的交流平台和交流机制，宣传中国近年来的低碳发展成果，借鉴美国州、市在低碳转型过程中的经验和教训，扩大中国城市管理者的国际化视野，触动城市低碳转型的内生动力。同年，首届亚太经济合作组织（Asia-Pacific Economic Cooperation, APEC）高层合作论坛在浙江宁波举行，以"城镇化与包容性增长"为主题，发布"宁波倡议"。

在低碳城市建设方面开展务实合作。中国与欧盟联合开展了"中欧低碳生态城市合作项目"，与芬兰合作开展了中芬合作共青数字生态城、中芬（丹阳）数字生态园区、中芬生态谷和中芬北京移动硅谷生态创新园等生态合作试点项目。2017年，世界银行"通过国际合作促进中国清洁绿色低碳城市发展"系列项目成果交流会在北京举行，引导和促进国家第三批低碳试点城市的建设工作。2018年，中欧可持续城镇化合作项目落户景德镇，旨在全面提升城市规划、建设和管理水平。

小　结

绿色、低碳、循环发展已经成为当今世界经济发展的主要潮流，中国应对气候变化已经形成了由国家宏观政策指导，向地方中观政策设计，再到具体领域的微观政策操作的模式。随着中国提出了碳达峰碳中和的目标，地方在应对气候变化中正在发挥越来越重要的作用，尤其是城市作为社会经济活动的中心，已成为温室气体排放的重要主体。无论是对于实现《巴黎协定》的目标，还是提升适应气候变化的能力，城市的作用日益凸显。中国的地方政府在应对气候变化领域做出了积极的探索和努力，出台了一系列的政策，也启动了省级、市级、工业园区、居民社区多个层面的试点，形成了可复制、可推广的低碳发展经验，同时还加大了在应对气候变化领域的国际合作与交流。

参考文献

Intergovernmental Panel on Climate Change（IPCC）, 2007. *Climate Change 2007: Impacts, Adaptation and Vulnerability. Working Group II Contribution to the Fourth Assessment Report of the IPCC.* Cambridge University Press.

Intergovernmental Panel on Climate Change（IPCC）, 2022. *Climate Change 2022: Mitigation of Climate Change, Working Group III Contribution to the Sixth Assessment Report of the IPCC.* Cambridge University Press.

International Energy Agency（IEA）, 2008. *World Energy Outlook 2008.* IEA/OECD, Paris.

United Nation Framework Convention on Climate Change（UNFCCC）, 2015. *The Paris Agreement.*

巢清尘、胡婷、张雪艳等："气候变化科学评估与政治决策"，《阅江学刊》，2018年第1期。

陈占明、吴施美、马文博等："中国地级以上城市二氧化碳排放的影响因素分析:基于扩展的STIRPAT模型"，《中国人口·资源与环境》，2018年第10期。

国家发展和改革委员会："中国应对气候变化的政策与行动2016年度报告"，2016年。

国家发展和改革委员会应对气候变化司：《中华人民共和国气候变化第二次国家信息通报》，中国经济出版社，2013年。

国家统计局城市社会经济调查司：《中国城市统计年鉴》，2019年。

潘家华："新时代生态文明建设的战略认知、发展范式和战略举措"，《东岳论丛》，2018

年第 3 期。
田丹宇:"推动应对气候变化立法 形成系统法律制度合力",《中国环境报》,2019 年 10 月 25 日。
王锋、冯根福:"优化能源结构对实现中国碳排放强度目标的贡献潜力评估",《中国工业经济》,2011 年第 4 期。
吴静、朱潜挺:"后《巴黎协定》时期城市在全球气候治理中的作用探析",《环境保护》,2020 年第 5 期。
武占云:"中国可持续城市建设理念与实践",《环境经济》,2018 年第 24 期。
张友国:"经济发展方式变化对中国碳排放强度的影响",《经济研究》,2010 年第 4 期。
周枕戈、庄贵阳、陈迎:"低碳城市建设评价:理论基础、分析框架与政策启示",《中国人口·资源与环境》,2018 年第 6 期。

第二章　地方应对气候变化试点特色与亮点

为进一步推动地方应对气候变化工作，中国分别于 2010 年、2012 年和 2017 年批复三批国家低碳省市试点，包括 6 个省区和 81 个城市，并于 2017 年在全国 28 个市（县）开展国家气候适应型城市建设试点，试点涉及 31 个省（区、市），涵盖全部 5 个计划单列市，充分覆盖不同气候特征、不同经济发展水平和碳排放水平的地区。几年来，试点省市围绕批复的试点工作实施方案，认真落实各项目标任务，积极探索体制机制创新，加快形成绿色低碳发展的新格局。

第一节　积极开展试点行动

一、启动国家低碳试点

为落实国家控制温室气体排放行动目标，调动地方低碳转型的积极性，积累对不同地区分类指导的工作经验，探索中国在工业化、城镇化深入发展阶段既要发展经济又要应对气候变化的可行路径，努力建设以低碳为特征的产业体系和消费模式，2010 年 7 月 19 日，经国务院批准同意，国家发展改革委印发了《关于开展低碳省区和低碳城市试点工作的通知》（发改气候

〔2010〕1587 号），要求试点省市编制规划、制定政策、调整产业、加强数据管理等，致力于低碳试点的基础能力建设，正式启动了国家低碳省区和低碳城市试点工作。

第一批低碳试点工作启动后，各试点省市高度重视，按照试点工作有关要求，制定了低碳试点工作实施方案，逐步建立健全低碳试点工作机构，积极创新有利于低碳发展的体制机制，探索不同层次的低碳发展实践形式，从整体上带动和促进了全国范围的绿色低碳发展。

为进一步探寻不同类型地区的控制温室气体排放路径和绿色低碳发展模式，根据国务院印发的"十二五"控制温室气体排放工作方案（国发〔2011〕41 号），国家发展改革委于 2012 年 11 月 26 日正式印发《关于开展第二批国家低碳省区和低碳城市试点工作的通知》（发改气候〔2012〕3760 号）。与第一批试点相比，第二批试点通知中增加了"明确工作方向和原则要求"和"建立控制温室气体排放目标责任制"两个任务，要求试点省市要把全面协调可持续发展作为开展低碳试点的根本要求，以全面落实经济建设、政治建设、文化建设、社会建设、生态文明建设"五位一体"总体布局为原则，进一步协调资源、能源、环境、发展与改善人民生活的关系，同时要确立科学合理的碳排放控制目标，并将减排任务分配到所辖行政区以及重点企业；制定本地区碳排放指标分解和考核办法，对各考核责任主体的减排任务完成情况开展跟踪评估和考核。

2016 年 10 月，国务院印发了《"十三五"控制温室气体排放工作方案》（国发〔2016〕61 号），要求以碳排放峰值和碳排放总量控制为重点，将国家低碳城市试点扩大到 100 个城市。按照"十三五"规划《纲要》和《国家应对气候变化规划（2014~2020 年）》的要求，为落实《方案》中 100 个试点城市的目标、深化低碳试点工作、鼓励和推动更多的城市先行先试，国家发展改革委组织各省、自治区、直辖市和新疆生产建设兵团发展改革委开展了第三批低碳城市试点的组织推荐和专家点评。经统筹考虑各申报地区的试点实施方案、工作基础、示范性和试点布局的代表性等因素，确定在内蒙古自治区乌海市等 45 个城市（区、县）开展第三批低碳城市试点。任务要求方面，第三批试点通知中明确要求以实现碳排放峰值目标、控制碳排放总量、探索低碳发展模式、践行低碳发展路径为主线，探索低碳发展的模式创新、制度创新、技术创新和工程创新。国家对第三批低碳试点的工作增加了"创新"和"统筹"两个关键词，并在试点通知中明确了对每个试点的制度创新要求，对中国低碳城市建设提出了更高要求。

表 2–1　三批国家低碳省市试点名单和任务要求

批次	名单	任务要求
第一批 2010.07	广东、辽宁、湖北、陕西、云南、天津、重庆、深圳、厦门、杭州、南昌、贵阳、保定（5省8市）	（1）编制低碳发展规划 （2）制定支持低碳绿色发展的配套政策 （3）加快建立以低碳排放为特征的产业体系 （4）建立温室气体排放数据统计和管理体系 （5）积极倡导低碳绿色生活方式和消费模式
第二批 2012.11	北京、上海、海南、石家庄、秦皇岛、晋城、呼伦贝尔、吉林、大兴安岭地区、苏州、淮安、镇江、宁波、温州、池州、南平、景德镇、赣州、青岛、济源、武汉、广州、桂林、广元、遵义、昆明、延安、金昌、乌鲁木齐（1省28市）	（1）明确工作方向和原则要求 （2）编制低碳发展规划 （3）建立以低碳、绿色、环保、循环为特征的低碳产业体系 （4）建立温室气体排放数据统计和管理体系 （5）建立控制温室气体排放目标责任制 （6）积极倡导低碳绿色生活方式和消费模式
第三批 2017.01	乌海、沈阳、大连、朝阳、逊克县、南京、常州、嘉兴、金华、衢州、合肥、淮北、黄山、六安、宣城、三明、共青城、吉安、抚州、济南、烟台、潍坊、长阳土家自治县、长沙、株洲、湘潭、郴州、中山、柳州、三亚、琼中黎族苗族自治县、成都、玉溪、普洱市思茅区、拉萨、安康、兰州、敦煌、西宁、银川、吴忠、昌吉、伊宁、和田、新疆兵团第一师阿拉尔市（45市）	（1）明确目标和原则 （2）编制低碳发展规划 （3）建立控制温室气体排放目标考核制度 （4）积极探索创新经验和做法 （5）提高低碳发展管理能力

二、开展城市适应气候变化试点

为进一步落实国家适应气候变化战略提出的重点任务，国家发展改革委、住房城乡建设部 2016 年 8 月 2 日下发《关于印发开展气候适应型城市建设试点的通知》及附件《气候适应型城市建设试点工作方案》（发改气候〔2016〕1687 号），要求在统筹协调的基础上分类指导，针对气候变化条件下典型城市的突出问题，通过试点示范，探索和推广行之有效的经验做法。《工作方案》提出到 2020 年，试点城市普遍实现将适应气候变化纳入经济和社会发展总体规划、城市规划及产业发展相关专项规划、建设标准，适应气候变化理念知识广泛普及，适应气候变化治理水平显著提高，取得明显的生态效益、社会效益和经济效益，相关试点经验经过总结推广，引领带动中国城市适应气候变化工作。2017 年 2 月 21 日，国家发展改革委、住房城乡建设部下发《关于印发开展气候适应型城市建设试点工作的通知》（发改气候〔2017〕343 号），提出以全面提升城市适应气候变化能力为核心，坚持因地制宜、科学适应，吸收借鉴国内外先进经验，完善政策体系，创新管理体制，将适应气候变化理念纳入城市规划建设管理全过程，完善相关规划建设标准，要求到 2020 年，试点地区适应气候变化基础设施得到加强、适应能力显著提高、公众意识显著增强，打造一批具有国际先进水平的典型范例城市，形成一系列可复制、可推广的试点经验，并要求试点地区在每年 12 月底前提交试点工作进展报告。从地域分布来看，选取的试点城市包括东北地区 2 个、华北地区 1 个、华中地区 7 个、西北地区 8 个、华东地区 5 个、华南地区 2 个、西南地区 3 个，共计 28 个城市。

表 2–2　国家气候适应型城市试点名单和地域分布

城市	省份	地区
朝阳市、大连市	辽宁省	东北地区
呼和浩特市	内蒙古自治区	华北地区
岳阳市、常德市	湖南省	华中地区
武汉市、十堰市	湖北省	
六盘水市、毕节市赫章县	贵州省	
安阳市	河南省	
庆阳市西峰区、白银市	甘肃省	西北地区
西宁市	青海省	
库尔勒市、阿克苏市石河子市	新疆维吾尔自治区/新疆建设兵团	
商洛市、西咸新区	陕西省	
丽水市	浙江省	华东地区
合肥市、淮北市	安徽省	
济南市	山东省	
九江市	江西省	
海口市	海南省	华南地区
百色市	广西壮族自治区	
广元市	四川省	西南地区
璧山区、潼南区	重庆市	

三、推进其他各类试点

为进一步鼓励地方在应对气候变化及低碳发展领域先行先试，中国陆续开展了 7 个碳排放权交易试点、8 个低碳城（镇）试点、51 个低碳工业园区试点、数百个低碳社区试点，目前正在积极推动气候投融资试点以及第三批国家可持续发展议程创新示范区。

2011 年底，国务院印发了《"十二五"控制温室气体排放工作方案》，提出"探索建立碳排放权交易市场"的要求。2011 年 10 月，国家发展改革委印发《关于开展碳排放权交易试点工作的通知》，批准北京、上海、天津、重庆、湖北、广东和深圳等七省市开展碳交易试点工作。

为探索新城（镇）低碳发展新模式，2015年国家发展改革委发布《关于加快推进低碳城（镇）试点工作的通知》，选取广东深圳国际低碳城、广东珠海横琴新区、山东青岛中德生态园、江苏镇江官塘低碳新城、江苏无锡中瑞低碳生态城、云南昆明呈贡低碳新区、湖北武汉花山生态新城、福建三明生态新城作为首批国家低碳城（镇）试点。

2011年12月，《国务院关于印发"十二五"控制温室气体排放工作方案的通知》出台，明确指出要依托现有高新技术开发区、经济技术开发区等产业园区，开展低碳产业试验园区试点。为落实《"十二五"控温方案》及《工业领域应对气候变化行动方案（2012~2020年）》，推进工业低碳转型，2013年9月，工业和信息化部与国家发展和改革委员会联合发布《关于组织开展国家低碳工业园区试点工作的通知》（工信部联节〔2013〕408号）。2014年7月确定了第一批国家低碳工业园区试点，并出台了《国家低碳工业园区试点实施方案编制指南》。2015年8月及12月分批次批复了第一批39家试点和第二批12家试点实施方案。

为积极探索新型城镇化道路，加强低碳社会建设，倡导低碳生活方式，推动社区低碳化发展，国家发展和改革委员会于2014年3月下发了《关于开展低碳社区试点工作的通知》，决定组织开展低碳社区试点，2015年2月又印发了《低碳社区试点建设指南》，从宏观战略布局到微观推进机制都作出了明确的指导，并将低碳社区试点工作进展和目标完成情况纳入国家碳排放强度下降目标责任考核。

为在破解新时代社会主要矛盾、落实新时代发展任务中作出示范并发挥带动作用，并为全球可持续发展提供中国经验，2018年3月，国务院正式批复同意深圳市、太原市、桂林市为首批国家可持续发展议程创新示范区；2019年5月，国务院分别正式批复同意湖南省郴州市、云南省临沧市、河北省承德市为国家可持续发展议程创新示范区。

第二节 试点总体进展情况

一、低碳试点成效显著

国家低碳试点通过采取各项措施，试点地区在强化应对气候变化理念、控制温室气体排放、推动低碳发展方面取得积极成效，积累了好的经验做法。

一是试点地区总体的碳排放强度下降快于全国。从 2010 年到 2018 年，前两批 42 个低碳试点省市的 GDP 总量占全国的比重从 49.5%上升到 55.1%，而能源消费总量和碳排放总量的比重则下降至 40%左右，体现出试点的总体低碳发展情况优于全国平均水平。10 个试点的省和直辖市中，有 9 个省市的单位 GDP 碳排放下降率在"十二五"时期快于全国同期水平。

二是提出了地方碳排放达峰目标。共有 73 个试点省市开展了峰值年份目标研究，28 个省市通过印发政府文件公开发布了峰值年份目标（不完全统计），其中提出不晚于 2020 年左右达峰和 2021~2025 年期间达峰的各有 9 个和 11 个。北京、深圳、广州、武汉、镇江、贵阳、吉林、金昌、延安和海南等城市和省份陆续加入了"率先达峰城市联盟"，向国际社会公开宣示了峰值目标并提出了相应的政策和行动。试点地区通过对碳排放峰值目标及实施路线图研究，不断加深对峰值目标的科学认识和政治共识，不断强化低碳发展目标的约束力，不断强化低碳发展相关制度与政策创新，加快形成促进低碳发展的倒逼机制。

三是制定了低碳发展战略规划。各试点积极探索低碳发展模式与路径，编制应对气候变化、低碳发展专项规划或气候适应型城市建设专项规划，融入地方政府规划体系，并将低碳发展目标纳入年度计划或政府工作报告（如云南省率先建立全省低碳发展规划体系、深圳市探索建立低碳发展规划实施机制)。共有 33 个试点省市编制完成了低碳发展专项规划,有 13 个试点省市编制完成了应对气候变化专项规划,其中有 22 个省市的 32 份规划以人民政府或发展改革委的名义公开发布;通过将低碳发展主要目标纳入国民经济和社会发展五年规划,将低碳发展规划融入地方政府的规划体系;通过编制低碳发展规划,明确本地区低碳发展的重要目标、重点领域及重大项目,积极探索适合本地区发展阶段、排放特点、资源禀赋以及产业特点的低碳发展模式与路径,充分发挥低碳发展规划的引领作用,有力地提高了应对气候变化工作在地方经济社会发展中的战略地位,将应对气候变化理念融入城市生态文明建设总体布局。

四是构建低碳发展产业体系。试点省市大力发展服务业和战略性新兴产业,加快运用低碳技术改造提升传统产业,积极推进工业、能源、建筑、交通等重点领域的低碳发展,并以重大项目为依托,着力构建以低排放为特征的现代产业体系。共有 29 个试点省市设立了低碳发展或节能减排专项资金,为低碳技术研发、低碳项目建设和低碳产业示范提供资金支持。海南省在全国率先提出"低碳制造业"发展目标,把低碳制造业的 12 个重点产业列入全省"十三五"规划,使其成为新常态下经济提质增效的重要动力和新的增长点,低碳产业体系构建带来的低碳经济转型效果已经显现。

五是完善了应对气候变化管理体制。试点省市均成立了应对气候变化或低碳发展领导小组,建立了低碳发展工作的协调机制,北京、天津、镇江、广元等大部分试点成立了应对气候变化处(科)或低碳办。部分试点还将碳排放强度下降目标分解落实到下辖行政区、部门行业及重点企业,并开展监督考核,强化了基层政府控制温室气体排放的管理职能和压力传导。

六是探索了低碳发展制度。石家庄、南昌等部分试点开展低碳发展地方立法,建立常态化温室气体清单编制和温室气体排放统计报告制度,建设低碳城市管理平台,开展碳排放总量控制、碳排放评估、碳标识与认证、碳交易、碳普惠等制度创新,建立与低碳发展相适应的制度体系,不断强化低碳发展的支撑体系。所有试点省市均开展了地区温室气体清单编制工作，有10个试点省和直辖市建立了重点企业温室气体排放统计核算工作体系，有17个城市建设了碳排放数据管理平台，借此能够及时掌握区县、重点行业、重点企业的碳排放状况。

七是带动全社会形成低碳氛围。各试点通过举办低碳大会、组织低碳日活动、低碳主题宣传栏、建设低碳社区、社区低碳驿站、创建低碳家庭、试行碳积分、碳币、碳信用、碳普惠制等方式，探索从碳排放的"末梢神经"抓起，让人民群众有更多参与感和获得感，有效提升全民应对气候变化意识，促进形成绿色、低碳生活的社会风尚。部分试点省市开展了低碳产品的标识与认证，推动低碳产品的生产与消费，并通过成立低碳研究中心、低碳发展专家委员会、低碳发展促进会、低碳协会等机构，加快形成全社会共同参与的良好氛围。

二、气候适应型试点积极探索

气候适应型城市建设试点围绕上报的试点工作方案，以提升城市适应气候变化能力为切入点，通过加强顶层设计，将适应气候变化理念融入城市规划、建设、管理全过程，对城市构建气候适应体系提供指导。各试点城市先行先试，采取了一系列政策措施，在强化适应气候变化理念、协调推进适应工作等方面积累了好的经验做法。

一是强化了城市适应气候变化理念。试点城市以适应气候变化理念为引领，发布了气候适应型城市建设行动方案，开展气候变化风险识别和评估，优化城市发展目标，将绿色建筑、气候预警和防灾减灾、城市绿化、公共交通发展等重点指标任务纳入地方政府规划体系，统筹推进经济社会发展、城市建设和应对气候变化工作。部分试点编制了气候适应型城市建设专项规划，在生态修复规划、生态绿廊规划、智慧城市规划等相关领域规划中体现适应气候变化理念，并在编制的生态环境保护总体方案、生态文明建设考核办法、绿色发展指标体系中加入适应气候变化相关内容，将气候适应型城市建设融入城市生态文明建设总体布局。

二是实施了适应气候变化行动。试点城市针对面临的强降水、高温、冰冻、雾霾等气候风险综合施策，全面执行绿色建筑节能标准，推进海绵城市建设，实施地下综合管廊建设、管理、运营维护，促进地下空间合理布局和综合管理，加强城市生态绿化功能，实施河段改造、截洪、排水管网建设工程，开展沙化土地治理工程，推广使用清洁能源车辆，加速公路、航道升级改造工程，开展保护区划分、整治、监控、风险防控与应急能力建设，推动极端天气应急预警系统构建，提高城市生态系统稳定性、生命线安全性和抗风险能力。

三是开展了适应气候变化能力建设。每年召开气候适应型城市建设研讨会，组织国内外专家为试点落实适应气候变化目标任务答疑解惑。同时根据实际情况不定期举办适应气候变化培训班，提升试点适应气候变化工作意识和能力。各试点成立适应气候变化试点建设领导小组，建立政府、企业、社区和居民等多元主体参与的适应气候变化管理体系，成立专家团队和工作支撑队伍，建设适应气候变化网络信息平台，组织形式多样的宣传科普活动。

四是启动了国际交流合作。常德、丽水、青岛、百色等试点分别与亚洲开发银行、德国国际合作机构、瑞士发展署等国际组织围绕气候风险评估、防灾减灾、城市水系统、气候智慧型农业等开展交流活动和项目合作，组织城市适应气候变化相关研究，通过学习借鉴国际经验，利用国际资源提高适应气候变化的能力。

第三节 探索形成特色亮点

一、低碳试点

（一）强化低碳发展理念

一是牢固树立并践行低碳发展理念。镇江市设立双组长的低碳发展领导小组，强化对低碳发展的党政同责。镇江市把低碳城市建设作为推进苏南现代化示范区建设、建设国家生态文明先行示范区的战略举措，统一认识，强化领导，不仅成立了以市委书记为第一组长、市长为组长的低碳城市建设领导小组，同时还成立了区县低碳城市建设工作领导小组，形成了"横向到边、纵向到底"的工作机制。建立项目化推进机制，强化目标任务落实到位。市政府出台了《关于加快推进低碳城市建设的意见》，将低碳城市建设重点指标、任务和项目分解落实情况纳入市级机关党政目标管理考核体系。市低碳办通过《镇江低碳城市建设目标任务分解表》，将低碳城市建设九大行动计划分解细化为102项目标任务，按月督查、每季调度低碳建设项目，并以简报形式及时通报相关情况。

二是坚持一张绿色低碳蓝图绘到底。四川省广元市坚持"以创建森林城市、低碳产业园区和低碳宜居城市为抓手"的低碳发展思路，强化生态立市、低碳发展的战略定位，在全国率先创新性设立了正县级的市低碳发展局（与市发改委合署办公），配备了专职副局长，市发改委内部增设了低碳发展科。在全国率先以市人大通过地方立法的形式，确定每年8月27日为"广元低碳日"，并成立了广元市低碳经济发展研究会，坚持不懈抓引导，不断壮大由市民自发成立的低碳志愿者队伍，通过政策解读以及步行、轮滑、骑车等方式宣传低碳生活，积极倡导广大市民低碳旅游、低碳装修、低碳出行、低碳消费。

(二)推动低碳产业发展

一是研究构建低碳发展规划体系。云南省"十二五"规划《纲要》明确提出从生产、消费、体制机制三个层面推进低碳发展,推动经济社会发展向"低碳能、低碳耗、高碳汇"模式转型,并在"十三五"规划《纲要》中进一步提出建立全省碳排放总量控制制度和分解落实机制。率先由云南省人民政府印发实施了《低碳发展规划纲要(2011~2020年)》,明确提出有效控制温室气体排放,大幅度降低二氧化碳排放强度,基本建立有利于低碳发展的体制机制框架,基本形成以低碳排放为特征的产业体系,全面推进低碳社会建设,逐步建立低碳生活方式和消费模式,使得低碳发展意识深入人心,低碳试点建设取得明显成效,成为全国低碳发展先进省份。率先组织完成了16个州(市)级低碳发展规划编制并由本地区人民政府印发实施,将全省低碳发展规划中提出的"到2020年单位国内生产总值的二氧化碳排放比2005年降低45%以上,非化石能源占一次能源消费比重达到35%,森林面积比2005年增加267万公顷,森林蓄积量达到18.3亿立方米"等量化目标的责任和压力传导到各州(市),并率先开展对州(市)人民政府低碳发展目标的年度考评工作。

二是探索建立低碳发展规划实施机制。深圳市出台《深圳市低碳发展中长期规划(2011~2020年)》,谋划低碳发展长远蓝图。规划系统阐明了全市低碳发展的指导思想和战略路径,成为深圳低碳发展的战略性、纲领性、综合性规划,要求在长期规划的宏观指导下,具体实施五年方案落实低碳试点重点任务。《深圳市低碳试点城市实施方案》从政策法规、产业低碳化、低碳清洁能源保障、能源利用、低碳科技创新、碳汇能力、低碳生活、示范试点、低碳宣传、温室气体排放统计核算和考核制度、体制机制等11个方面明确了具体任务和56项重点行动。深圳市还将推动低碳发展有机融入城市发展全局。从深圳市"十二五"规划纲要开始,将低碳理念融入到发展规划,不断提高低碳城市建设水平,将低碳技术融入到创新能力建设,持续解决技术、产业与低碳发展深度融合问题,将低碳标准要求融入到产业规制,加快促进传统产业的低碳转型与升级,实现绿色低碳与经济社会发展有机融合。

三是强化碳排放峰值目标的引领与倒逼作用。宁波市积极探索峰值目标约束下低碳发展的"宁波模式",一方面强化低碳引领,明确提出实行燃煤消费总量控制,原煤消费总量不得超过 2011 年水平,并将这一目标正式纳入《宁波市大气污染防治条例》规定;另一方面强化峰值倒逼作用,率先对电力、石化、钢铁三大行业进行碳排放总量控制,到 2020 年分别控制在 6 580、2 480 和 1 100 万吨以内,以此倒逼电力行业不再新上燃煤电厂、石化行业重大装置优化布局、钢铁行业着力调整产品结构。

（三）倡导低碳生活方式

一是探索碳普惠制。2015 年广东省启动碳普惠制试点,印发了《广东省碳普惠制试点工作实施方案》,尝试将城市居民的节能、低碳出行和山区群众生态造林等行为,以碳减排量进行计量,建立政府补贴、商业激励和与碳市场交易相衔接等普惠机制,并将广州、东莞、中山、韶关、河源、惠州六市列为首批试点城市。2019 年广州市制定印发了《广州市建筑和交通领域碳交易机制建设及碳普惠制试点工作实施方案》《广州市 2019 年碳普惠制试点工作实施方案》等政策文件,启动了全国首个城市碳普惠平台,通过个人碳足迹计算、低碳行为量化、低碳积分取得、低碳积分兑换,探索碳普惠内部交易闭环机制的生态圈建设。市民用户日常工作生活中的低碳行为可以转换成碳币,用于兑换商品或者折扣券,以此鼓励和引导市民在生活中践行低碳消费、低碳出行、低碳生活的理念。

二是加快构建全民参与机制。镇江市政府将低碳建设目标写入政府工作报告,接受人民代表监督,成功举办了镇江国际低碳技术与产品交易展示会,研究发布了低碳发展镇江指数,开设了"美丽镇江·低碳城市"机构微博和"镇江微生态"微信公众号,每周发送低碳手机报,并在市区重要地段、机关单位电子屏、公交车车身等投放低碳公益广告,不断提升市民的认同感与获得感。

(四)探索相关配套政策

一是科学立法促进低碳发展。2016 年 7 月石家庄市在全国率先实行《石家庄市低碳发展促进条例》。该条例共 10 章 63 条,包括低碳发展的基本制度、能源利用、产业转型、排放控制、低碳消费、激励措施、监督管理和法律责任等。该条例在低碳制度创新方面实现了一定的突破,提出了建立碳排放总量与碳排放强度控制制度、温室气体排放统计核算制度、温室气体排放报告制度、低碳发展指标评价考核制度、碳排放标准和低碳产品认证制度、产业准入负面清单制度、将碳排放评估纳入节能评估等。2019 年 9 月,南昌市开始实施《南昌市低碳发展促进条例》。该条例共 9 章 63 条,包括总则、规划与标准、低碳经济、低碳城市、低碳生活、扶持与奖励、监督与管理、法律责任和附则。该《条例》重视聚焦公众低碳认知度和获得感,倡导低碳生活方式,专门设置了"低碳城市"一章,将城市规划、公共设施布局、低碳建筑、低碳交通、新能源汽车、城市园林绿化、低碳示范创建等活动规范化,并相应设定了"500 元以上 5000 元以下罚款"的罚则,具有较强的可操作性。

二是探索建立重大项目碳排放评价制度。镇江市人民政府印发了《镇江市固定资产投资项目碳排放影响评估暂行办法》,并在能评和环评等预评估的基础上,分析项目的碳排放总量和排放强度,建立包括单位能源碳排放量、单位税收碳排放量、单位碳排放就业人口等 8 项指标构成的评估指标体系,从低碳的角度综合评价项目合理性并划定为用红、黄、绿灯表示的三个等级。北京市和武汉市尝试在已有的固定资产投资项目节能评估基础上增加碳排放评价的内容,严格限制高碳产业项目准入,北京市两年来共完成碳排放评估项目 475 个，核减二氧化碳排放量 53 万吨，核减比例达到 8.8%。广东省探索碳评管理和新建项目配额发放有机结合，以碳评结果核定企业配额发放基准。

三是组织实施低碳产品标准、标识与认证制度。广东省编制了低碳产品认证实施方案，完成了指定铝合金型材低碳产品评价技术规范，完成了电冰箱和空调两类低碳产品评价试点工作，并在中小型三相异步电动机和铝合金型材两类产品中开展低碳产品认证示范工作，还与香港开展了复印纸、饮用瓶装水、玩具等产品的碳标识互认研究。云南省开展了高原特色农产品低碳标准和认证制度研究，组织了全省低碳产品认证宣贯会，在硅酸盐水泥、平板玻璃、中小型三相异步电动机、铝合金建筑型材等行业的重点企业开展试点，"十二五"期间，云南省共有四家企业获得 15 张国家低碳产品认证证书。

四是加强顶层设计强化支撑保障。湖北省先后出台了《中共湖北省委 湖北省人民政府关于加强应对气候变化能力建设的意见》《湖北省人民政府关于发展低碳经济的若干意见》《湖北省低碳省区试点工作实施方案》《湖北省"十二五"控制温室气体排放工作实施方案》《湖北省碳排放权交易试点工作实施方案》《湖北省碳排放权管理和交易暂行办法》等一系列法规和文件，为全省低碳发展和试点工作提供了有力的依据和准则。

（五）构建数据管理体系

一是建立温室气体排放统计核算体系。上海市 2014 年发布实施了《上海市应对气候变化综合统计报表制度》，2015 年发布出台了《关于建立和加强本市应对气候变化统计工作的实施意见》，明确了温室气体排放基础统计和专项调查制度的职责分工，其中：市统计局负责应对气候变化统计指标数据的收集、评估以及温室气体排放基础统计工作，市发展改革委负责温室气体排放核算与相关专项调查工作。目前已实现 2014 年和 2015 年的统计数据上报，为温室气体清单编制、碳排放强度核算等工作提供数据保障。

二是建立常态化的清单编制机制。杭州市自2011年起开始编制市级温室气体清单，制定发布了"温室气体清单编制工作方案"，目前已完成了2005～2014年度全市温室气体清单编制工作，市级温室气体清单编制工作已经进入常态化，并率先建立了县区级温室气体清单编制常态化机制，目前全市13个区、县（市）及杭州经济技术开发区，均已完成了2010～2014年度温室气体清单编制；同时结合市区两级温室气体清单编制，开发了"杭州市温室气体排放数据统计及管理系统"。昆明市早在2011年就率先建立了市级能源平衡表编制工作方案及工作流程，并编制完成了2010～2014年度昆明地区能源平衡表，为全市温室气体清单编制工作奠定了坚实基础。

三是建设数据收集统计系统和数据管理平台。镇江市在全国首创了低碳城市建设管理云平台，围绕实现2020年碳排放峰值目标，以碳排放达峰路径探索、碳评估导向效能提升、碳考核指挥棒作用发挥、碳资产管理成效增强为重点，构建完善的城市碳排放数据管理体系，并依托碳平台的技术支撑，深入推进产业碳转型、项目碳评估、区域碳考核、企业碳管理，进一步打造镇江低碳建设的突出亮点和优势品牌。武汉市重点推进低碳发展三大平台上线运行，基本建成"武汉市低碳节能智慧管理系统"，实现实时掌握全市及各区、重点行业、重点企业的能耗和碳排放数据，进行分析预警；基本完成"武汉低碳生活家平台"，实现低碳商品交易与兑换、低碳基金服务、低碳志愿者联盟、低碳出行倡导、低碳企业家俱乐部等七大服务功能；基本建成"武汉市固定资产投资项目节能评估和审查信息管理系统"，实时掌握项目的能耗及碳排放情况。

二、气候适应型试点

（一）协同海绵城市建设

一是依托海绵城市建设开展气候适应型试点。气候适应型城市建设试点中有 7 个海绵城市试点地区，分别为庆阳市、济南市、常德市、西宁市、武汉市、重庆市璧山区、西咸新区。其中，庆阳市自 2016 年启动海绵城市试点建设项目以来，新增城市绿地 50.5 万平方米，城市绿地率由 30% 提高到 32%，并规划建设由体育健身、生态漫步等 8 个功能区域构成的海绵运动公园，该项目是海绵城市建设与雨洪集蓄保塬生态工程融为一体的示范性工程。济南市自 2015 年成功入选国家首批海绵城市建设试点城市至今，已完成 250 个"海绵化"工程，另有 17 个项目在建；改造老旧小区 200 个，改造与建设道路 9 条、公园 9 个，整治和治理河道湖泊等 13 个，改造管网 260 千米，消除易涝点 9 个。西咸新区在沣西新城秦皇大道两侧设置的绿化带可以收集 85% 的路面雨水，并进行过滤、滞留和渗蓄，大大降低了市政管网排水压力；截至 2018 年 9 月，沣西新城已设定 96 个海绵城市监测点位，部署完成 110 台物联网监测设备，实现数据采集超过 2 000 万条。

二是提升城市雨洪消纳能力。常德市是海绵城市建设的典型案例。自 2015 年入选全国首批海绵城市建设试点以来，经过三年的试点建设，实现了"小雨不积水、大雨不内涝、水体无黑臭、热岛有缓释"的基本目标，形成了大中小海绵体并重构建、混合污水及初期雨水在终端得到有效处理、黑臭水体按流域综合治理、项目建设融合推进等在全国南方丰水地区城市可复制、可推广的模式。主要成就包括：（1）水安全大幅提升。通过划分排水分区，开展防洪大堤、重点闸的项目建设，新建并改造雨水排放管网和雨水泵站提高对雨水径流的渗透、调蓄和排放能力；采用雨污分流，建立管网模型和管网数据库，对雨水和污水进行高效处理；推进海绵型院落、海绵型道路、海绵型公园建设和老城区雨污分流管网改造，有效解决管网堵塞、破裂、渗漏等问题。（2）水环境明显改善。开展黑臭水体专项治理行动，严格管理城市排水许可，对污水处理厂及污水处理设备实施新建改造，从源头开展水环境治理。（3）水生态不断优化。实施景观绿地建设以及重点河湖周边生态驳岸的重建与修复。（4）水产业有序开发。成立专业海绵公司，积极与高校和研究机构开展合作，成立海绵城市工程技术研究中心，催生一批新型技术和材料企业，带动一批传统企业的转型升级。(5)水管理日趋智慧。通过建成污水处理、给排水、海绵城市项目建管绩效数字化管理平台和云计算中心，智慧水务系统基本形成，信息通信技术和网络空间虚拟技术得到广泛应用，传统的水务管理正在逐步向智能化转型。

(二)提升监测预警能力

一是依托智慧城市提升气候灾害监测预测能力。气候适应型城市建设试点中有9个智慧城市试点地区，其中淮北市为提高气候预测能力，加强气候监测体系建设，实施了智慧气象"金云"工程、淮北X波段新一代天气雷达监测工程、新型煤化工基地环境安全气象监测保障工程、现代化气象装备保障工程等四大气象监测工程，并应用网络技术，建立各类观测系统运行监控系统，实现全网实时监控、逐级数据交换、故障自动报警、故障处理追踪和远程控制功能。开展智慧旅游气象服务系统建设，完善手机客户端、电子显示屏、手机短信、预报广播等旅游气象信息和气象灾害预警信息接收与传播设施。结合淮北市"智慧城市"建设工作，建立适应气候变化信息共享平台，推进淮北市气象局等多部门数据共享和业务协同，逐步实现天气气候状况实时监测、气候风险预测预警、灾害应急管理部门联动等功能，有效支撑了城市适应气候变化的精细化、智能化和专业化治理能力。

二是部门协同联动构建气候预警预报体系。九江市联合多家部门做好"气象+"保障服务，采取"气象+农业"模式，建立涉农、涉灾部门的"六联合"机制，联合开展农业病虫害气象等级预报，实时发布农业气象灾害预警与农用天气预报服务产品；采取"气象+环保"模式，开展重污染天气预警和空气质量预报；采取"气象+旅游"模式，开展气象景观提示、灾害天气避险服务等；采取"气象+林业"模式，提供林区气象火险等级预报、火点监测等工作。拜城县初步建立部门联动的气象服务及预警机制，完善气象信息发布和多部门联席会商制度，进一步加强气象与农、林、水、牧、民政、国土等部门的业务联系和沟通交流，完善部门联防联动机制。合肥市通过建立适应气候变化信息共享平台，推进气象、国土、公安、城管、交通等多部门数据共享和业务协同，逐步强化天气气候状况实时监测、气候变化敏感性和脆弱性动态评估、气候风险预测预警、灾害应急管理部门联动等功能。

三是完善气候变化监测预警基础设施和平台建设。九江市实现了人口聚集区每 10 平方千米有一个站点，在中小河流洪水、山洪、地质灾害易发区每 5 平方千米有一个站点；合肥市各类气象观测站平均间距为 6.7 千米，区域自动站覆盖率达 100%；安阳市城市气象监测站网密度达到了 5 千米。安阳市发布《安阳气象预报预警业务一体化平台》；六盘水市成立了气象防灾减灾中心，开发建立了天气监测预警业务平台、评估业务系统和气候评价诊断业务平台；库尔勒市通过微信、手机短信建立了灾害性天气预警标准和预警信息发布平台；合肥市建立了完整的城市内涝预警和应对机制，实现对城市下穿桥等易涝点积涝情况进行逐小时、逐千米预报预警。

（三）保障城市生命线

一是改造城市供能基础设施，建立定期管理巡查机制，制订工作计划，提升人民群众安全感。合肥市实施了城市生命线工程安全运行监测系统项目。毕节市赫章县在春夏两季及气候干燥季节开展线路防山火巡查，在雷雨季节前完成电力设备预防性实验及保护定检，制定抗冰抢险工作计划，在"迎峰度冬"期间就负荷较重片区采取转移负荷的方式满足用户负荷需求，保障电网设备的可靠运行。安阳市改造配电台区 1 834 个、10 千伏线路 806 千米、低压线路 2 239 千米，增加了负荷容量，提高了应对极端天气的能力。

二是提升城市水系统水质、供水保障与稳定性、雨洪消纳水平，将城市河道纳入"河长制"管理范畴，完善水资源监控体系建设，提升人民群众的获得感和幸福感。试点城市率先完成黑臭水体整治工作并取得积极效果。济南开展分质供水试点，确保城市供水。淮北市改造完成老旧供水管网 3 093 米。十堰市建立了对主要河流、水库、湖泊、重要水源地、主要江河排污口、重点生态用水和水功能区界的水环境监测站网体系。

三是充分考虑气候变化风险，改善交通基础设施建设，提升人民群众的安全感。库尔勒市健全了道路照明、标识、警示等指示系统，增强交通车辆、公交站台、大型停车场和机场等对高温、严寒、强降水的防护能力。十堰市对新修公路充分考虑气候变化影响下极端降水、低温冰冻、大风对道路路面、排水、冰冻、桥梁抗风能力等影响，优化公路、管道等线路设计和选址方案，对气候风险高的路段采用强化设计。

四是围绕城市地下综合管廊提升城市适应气候变化能力。气候适应型城市建设试点中有七个地下管廊试点地区。六盘水市作为典型的山地城市，境内地貌组合多样，喀斯特地质地貌显著，地质裂隙、暗河等较多，根据六盘水市地形地貌特征，积极探索智能化管理，运用 BIM 技术，建立 BIM 模型标准，并根据现场地形创新性地采用管廊桥形式，修建全球罕见的管廊桥，完成现浇三舱式箱型梁管廊专用桥主体结构施工，标志着全球首例喀斯特地貌"管廊桥"建成，为喀斯特地貌地区城市综合管廊建设提供了良好的经验；项目建成后，将配套建设完善综合管廊控制中心，控制中心的管理系统可实现对火灾自动报警系统、消防系统、安保系统、光纤测温系统、通风系统、环境监测自动化控制系统、排水系统等进行集中管理，实现统一调度、控制。十堰市的地下管廊建设项目则在国内率先使用钢模台车和推盾工艺进行地下环境复杂路段综合管廊施工，重点在郧阳新区建设环形结构主干线管廊，在旧城核心区建设两横四纵结构主次干线管廊，打造横贯东西、辐射南北的综合管廊骨架网络，形成可借鉴、可复制、可推广的"山地城市集约化建设模式、生态敏感区绿色开发模式、老工业城市政企二元管线体系整合模式"三个十堰特色。武汉市黄家湖大道城市地下综合管廊已于2019年7月全面竣工。改造后的黄家湖大道，8 千米路面从此前的 60 米宽拓至 100 米，双向 6 车道拓宽为双向 8 车道，两侧种植 20 米宽绿化带；道路东侧绿化带下方的地下 8 千米综合管廊和高压电力隧道，将沿线所有高压线和包括电力、通信、给水、污水、再生水、天然气等 6 种管线纳入管廊内，目前已经通电运行。此外，地下管廊建设工作与人工智能技术相结合，综合管廊内将配备巡检机器人，巡检机器人所携带的摄像头可以将地下管廊中高压电缆的情况实时反映到控制中心，对可能出现的管廊漏水、气体超标等情况进行预警，控制中心可以及时掌握情况进行研判。

（四）加强国际合作交流

气候适应型城市建设试点积极强化城市适应气候变化合作。合肥市成功承办由国家住建部和欧盟支持、中欧低碳生态城市合作项目（EC–LINK）主办的中欧生态城市交流营活动。丽水市积极承办首届国家气候适应型城市试点建设研讨会，并先后邀请了联合国环境规划署-世界自然保护和监测中心（UNEP–WCMC）、瑞士驻华大使馆、德国国际合作机构（GIZ）、联合国粮农组织、瑞士再保险等国际组织和金融机构的专家，围绕生态适应、防灾减灾、气候风险评估、气候智慧型农业等开展交流和项目合作。常德市与湖南文理学院、湖南省气象局、德国汉诺威政府及汉诺威水协签订了战略合作协议；正在与未来世界委员会、宜可城地方可持续发展协会、美国可持续发展社区协会、中国·东盟合作秘书处、亚洲开发银行等国际组织洽谈合作事宜。武汉市发展改革委与英国驻汉总领事馆、市气象局、中国地质大学（武汉）共同举办"气候服务与城市气候变化风险评估研讨会"，研讨会重在学习借鉴英国在气候适应型城市建设方面的经验和做法，以及探讨下一步开展合作的领域；与 C40 城市气候领导联盟举办了第二届 C40 城市可持续发展论坛，就双方开展气候适应型城市建设签署了合作备忘录。

三、其他试点

（一）开展低碳城（镇）试点

一是低碳理念融入规划。将低碳理念融入规划中，从而指导试点城（镇）低碳建设。青岛中德生态园委托欧博迈亚与上海建科院联合组成第三方团队负责园区低碳生态建设绿色审查咨询服务，完成《青岛中德生态园绿色建设管理办法》《中德生态园绿色生态城区建设实施方案》，此外还编制了园区概念规划、控制性详细规划及产业、交通、市政、能源、城市设计、生态景观、绿色建筑、道路交通解决方案等 20 余项规划，制定包括 40 项内容的生态指标体系，指导园区低碳开发建设。云南呈贡新区先后出台《关于呈贡新区建设低碳城市实施意见》《呈贡区发展低碳经济总体规划（2011~2020 年）》《昆明呈贡新区 APEC 低碳示范城镇规划（2014~2020 年）》《云南昆明呈贡新区低碳试点工作实施方案》等规划方案，提出"合理规划，有序推进；因地制宜，特色示范；科技先导，政策激励；政府推动，公众参与"的原则，明确重点任务和工程，推动规划有效落实。2016 年，三明生态新城围绕"三次产业完备、经济后发地区发展低碳产业、高碳汇地区走低碳发展"的目标，在学习镇江市低碳管理云平台经验的基础上，完善低碳农业产业系统，建立新型低碳工业系统，打造绿色宜居系统，积极探索适合当地的低碳城建设新模式。2018 年，天津市建设于家堡 APEC 首例低碳示范城镇，以环保、降耗、节能、低碳减排为规划设计要求，以建设千万级规模的高星级超高层绿色建筑城区为目标，实现区内绿色建筑覆盖率 100%，且高星级绿色建筑将超过 70%。

二是打造良好低碳环境。呈贡新区鼓励民众低碳出行，提高公共交通使用便利性，引入公交导向发展（Transit-Oriented-Development, TOD）模式，以公交为核心，通过道路网络、街区结构、功能布局有机结合的规划设计，同时完善轨道交通、有轨电车系统、城市步行系统、自行车和电瓶车道路交通等，尽量减少不必要机动车出行量。在建筑节能方面，武汉花山新城作为武汉市装配式建筑试点，依据《武汉市装配式建筑标准》，对新上马的建筑和房地产项目严格把关，保证装配式建筑的比例，同时针对绿色建筑进行补贴，并在办理相关手续时开设绿色通道。三明生态新城在进行开发建设时，依托自然资源条件，尽可能保留山体，减少对生态环境的破坏，实现绿化覆盖率50.2%，城市人均公园绿地面积34.2平方米/人。青岛中德生态园注重提升居住空间品质，保证园区步行5分钟可达公园绿地居住比例100%，步行范围内配套设施和公共服务设施完善便利的区域比例达到100%，人均公园绿地面积不低于30平方米/人。

三是积极采用清洁能源。深圳低碳城提出2018年实现可再生能源占一次能源消费比重的15%以上，为实现该目标，低碳城推动建设以天然气为主体、太阳能和风能为补充的分布式能源系统，配套建设热电冷管网和智能电网，提高区域能源利用效率，同时大力推动太阳能光伏发电和光热利用协同发展。青岛中德生态园实现分布式能源供给比超过60%，清洁供热率100%。云南呈贡新区实施清洁能源替代传统能源行动，并与天津大学开展合作，通过技术创新带动新能源应用的发展，开展风电场、太阳能光伏项目等建设。

四是大力发展低碳产业。中德生态园通过推广以被动房技术体验中心为代表的被动房建筑，开展被动房技术研发、原材料生产等上下游一体化产业。呈贡新区致力于打造低碳现代商务金融示范区、低碳文化创意产业示范区、低碳现代物流产业示范区、低碳科技信息服务示范区、低碳战略新兴产业示范区、低碳都市现代农业示范区、高原滨湖生态旅游示范区，在低碳产业示范方面共规划了5个项目，投资达到47.5亿元，同时，在政策上给予低碳企业诸多便利，鼓励企业低碳化转型发展。深圳低碳城致力于建立低碳新兴产业聚集区，设定六类严格准入门槛产业，分别为：节能环保产业、新能源产业、生命健康产业、高端装备制造产业、低碳服务业、航空航天产业。

五是开展企业化运行模式。为探索市场化运行模式，激发城（镇）建设过程中效率及后续发展动力，各城镇（试点）地区积极开展"政府主导，企业运作"的市场化模式。镇江文广集团全面实施官塘新区"低碳小镇"项目建设。中德联合集团由青岛经济技术开发区注册成立，是青岛中德生态园开发建设和市场化运作的主体，全面负责中德生态园的规划设计、对外推广、招商服务、基础设施建设、园区运营管理等各项工作。武汉花山新城由湖北省联合发展投资集团有限公司负责建设、维护和运营，该集团自身定位于：前期是花山新城建设和平台搭建者，后期是新城市场化运作的鼓励者和监管者。福建三明生态新城由三明生态工贸区生态新城集团有限公司承担新城规划和建设，该集团为海西三明生态工贸区下属国有全资企业。

（二）开展工业园区低碳试点

一是加强低碳管理，全方位、多角度提升试点园区低碳管理能力。各试点通过创建园区领导小组，举办低碳培训班，编制园区温室气体清单、低碳发展规划，编制企业碳盘查报告、开展企业碳审计，构建园区低碳信息交流平台、建立碳排放在线管理平台等方式，提升园区低碳综合管理能力。例如，上海金桥经济技术开发区创建领导小组和办公室，全面负责低碳工业园区试点工作的推进。2018年，海南老城经济开发区积极开展低碳能力建设，围绕园区低碳发展、碳交易等主题，举办培训班，做好能力支撑。2018年，黑龙江逊克县组织编制园区温室气体清单、低碳发展规划，修订园区碳排放管理制度，举办低碳发展基础能力建设培训会。2017年，温州市经济技术开发区常态化开展温室气体清单编制工作和重点企（事）业单位温室气体排放报告工作，搭建园区碳管理平台，初步建成园区温室气体排放的动态监测、统计和核算体系。天津经济技术开发区推动园区内年能耗1000吨标准煤以上的企业自主编制企业碳盘查报告，设立1亿元节能环保鼓励资金，率先发布园区行业温室气体排放核算报告指南，2018年共有20家企业自愿开展企业碳盘查工作。杭州经济技术开发区积极开展全区 2016 年度能耗在 1 000 吨标煤以上企（事）业单位摸底工作，梳理形成《杭州经济技术开发区 2017 年重点用能单位名单》，将节能减排降碳指标分解落实到重点用能单位。海南老城经济开发区率先在园区企业内开展碳审计，摸清企业碳排放现状，进一步实现节能减碳。苏州工业园区建立碳排放在线管理体系，为园区实现碳排放在线监控管理提供数据源和数据库，在修订的《苏州工业园区企业环境信息公开编制指南》中，设立能耗与温室气体排放专章，鼓励企业按年度对比披露能源消耗总量及强度、温室气体排放种类和排放量及削减措施等信息，在此基础上，园区内企业逐步建立起碳排放信息公开制度，将碳排放信息公开纳入年度环境信息公开报告，并通过园区环境保护网对企业碳排放信息统一发布；2019 年 4 月，发布《苏州工业园区环境保护引导专项资金管理办法》，支持区域性生态环保项目。

二是加强能源低碳化发展。剔旧用新，通过淘汰落后企业、项目和工艺，为先进企业、项目和技术提供发展空间。内蒙古鄂托克经济开发区加速淘汰落后生产工艺，建立重污染、高耗能、低效益行业的退出补偿机制，推进高耗能行业低碳化改造；通过技术改进和产品开发，进一步提高煤矸石、电石渣、粉煤灰等资源综合利用产品的附加值，加强生产工艺的优化调整，推广应用电石渣制水泥等低碳技术，降低园区 5 家大型水泥企业碳排放水平。江苏苏州工业园区关停大量不符合产业规划及高能耗项目，为园区腾出用能空间，促进经济结构的调整转型。2018 年，湖南益阳高新区将园区企业燃煤锅炉全部改造成清洁能源锅炉；力推分布式风光互补发电路灯及 LED 照明设备应用，因地制宜，大力发展可再生能源，提升可再生电力消纳能力。天津滨海高新区已建成地热利用项目 60 多个，建成光伏发电项目 6 个，有 6 个项目获得美国绿色建筑认证（Leadership in Energy and Environmental Design, LEED 认证）或中国绿色建筑认证。浙江嘉兴市秀洲工业园区选择条件好、电力需求集中的工业厂房建设分布式太阳能光伏发电项目，建设并完善热网工程，推行集中供热模式，有序推进区域能源结构的优化。青海格尔木市昆仑经济开发区依托园区内丰富的风能、太阳能资源及电网、土地等优势，重点发展光伏、光热利用。内蒙古鄂托克经济开发区加强余热余压利用和热电联产，完善能量阶梯利用，园区的余热余压综合利用率已达75%以上。鄂尔多斯冶金有限责任公司大型集群电炉烟气余热资源综合利用能效项目，每年可新增供电量67 848万千瓦时。

三是加大技术研发力度，实现园区技术低碳化。2015年，苏州工业园区经发委委托清华大学，结合园区的地理区位、产业形态和近几年企业实际开展的节能技改项目，完成了针对性的节能与低碳技术汇编，制定了《苏州工业园区半导体照明推进实施方案》，重点支持LED照明改造等节能降耗成效显著的技术改造项目和示范工程，建设协鑫能源中心"六位一体"微能源网项目，推动多能协同、新能源微电网示范项目等。嘉兴秀洲工业园区成立新能源建筑集成（光伏）研究中心、分布式光伏检测（认证）中心、分布式光伏碳资产金融管理中心和分布式光伏发电运维管理中心"四大中心"，大力推进低碳技术的研究。池州经济技术开发区大力推动产业低碳化，每年安排500万元低碳发展专项资金支持节能低碳项目的技术改造及产品推广。

（三）开展低碳社区试点建设

一是建立明确的政策导向，研究配套技术和制度机制。广东省对于经主管部门备案的省级低碳社区，按照实际支出给予一定的补助（单项最高不超过30万元）。上海建立起"试点启动、试点遴选、示范评审和示范公示"的低碳社区试点工作制度，是目前全国唯一一个评选出省（市）级低碳示范社区的地区。部分省（自治区、直辖市）出台了与社区试点建设相配套的低碳社区试点建设指南、工作方案、编制大纲或评价指标体系，有效支撑了省级低碳社区试点工作。其中，北京、上海、江西、广西四省（自治区、直辖市）发布试点建设指南，吉林、湖北、甘肃三省发布试点工作方案，广东、陕西两省发布试点报告编制大纲。评价指标体系方面，北京发布地方标准《低碳社区评价技术导则》（DB11/T 1371–2016），广西壮族自治区印发《广西低碳社区试点建设评价指标》，河北省制定《低碳社区指标体系评估标准》，上海在首批省级低碳示范社区评审过程中为各试点单位量身定制了评分体系，还有更多的试点单位自发制定了相关评价指标体系，如重庆市海龙村、江西省婺源县塘村、山西省晋城市等。广东省中山市成立"中山市小榄低碳发展促进中心"，大力开展低碳城镇化建设，并围绕碳足迹评估和认证方法学、碳普惠制等开展了低碳社区配套制度研究实践。

二是低碳理念统领低碳社区试点运营管理全流程。多个社区试点成立"低碳社区创建工作领导小组"，制定《低碳社区试点实施方案》，明确权责分工。浙江省杭州市的良渚文化村制定了年度低碳工作计划，对低碳工作进行了明确分工并将责任落实到人，为社区配套设施安排工作人员及志愿者负责日常管理和日常活动的开展，社区在管理制度、活动计划、活动经费上做出统一安排并确保管理措施落实到位。河北省秦皇岛市在水一方社区、大森店村研究制定了《低碳社区垃圾分类管理制度》《低碳设施维修保养管理制度》《社区低碳考评办法》等低碳社区管理、运营、评价文件。上海鞍山四村为了防止社区工作者流动较大造成低碳工作"断档"，精心编制了低碳社区工作手册，详细记录相关工作流程、具体内容和进展，从工作机制上保障社区低碳建设的可持续性。多数社区试点采用"低碳自治手段"培育低碳文化和低碳生活方式，街道也会不定期地开展与低碳相关性更高的集体活动，如低碳主题宣传、低碳家庭评选、推广低碳节能节水产品等。

三是主动采取低碳技术措施。杭州市良渚文化村与社会运营机构携手共同开展垃圾分类，居民可电话预约回收机构上门对生活垃圾、废品进行回收，并利用垃圾兑换成积分，在小区的专营便利店换取商品，废品循环利用率达到85%以上。广东省小榄镇于 2014 年底完成太阳能光伏可利用屋顶面积调查，2015～2020 年间分两阶段实施 15 万千瓦分布式光伏工程，预计 2020 年光伏发电量达到 1.5 亿千瓦时以上，占小榄全社区综合电耗的 15%。上海延吉七村的湿垃圾减量预处理系统位于社区垃圾箱房，采用全封闭设计，箱房内安装了除废气、处理废水的设备，把对小区环境的影响降到了最低；该处理机采用物理分离以及高温烘干等叠加式处理技术，通过高速离心装置将固液分离，可一次性处理 2~3 吨厨余垃圾，垃圾重量比处理前可减少近 80%，满足了整个小区日常生活垃圾的处理需求，大幅降低了垃圾运输处置成本。

（四）加强各类试点协同

一是低碳城市与低碳社区、低碳小镇等区域内不同层次试点的协同推进。杭州市委在 2009 年底率先提出《关于建设低碳城市的决定》，并将低碳社区和特色小镇建设作为重要抓手和平台。一是创新低碳社区试点载体。在全市 40 多个社区开展了"低碳社区"试点，研究制定并推行了"低碳社区考核（参考）标准""低碳（绿色）家庭参考标准""家庭低碳计划十五件事"等制度创建，开展了"万户低碳家庭"示范创建活动。二是将低碳发展融入到特色小镇创建之中。在发展理念上体现低碳，将特色小镇定位于产业鲜明、低碳、生态环境优美、兼具文化韵味和社区功能的新型发展平台；在产业定位上体现低碳，明确特色小镇的产业发展应紧扣产业升级的趋势，集聚资本、知识等高端要素，聚焦信息、健康、金融等七大新产业以及茶叶、丝绸等历史经典产业。

二是低碳城市与低碳交通、低碳建筑等区域内不同领域试点的协同推进。深圳市坚持办好不同层面、不同类型的试点，系统推进、形成合力。一是将国家低碳城市试点与国家低碳交通运输体系试点相结合。截至 2015 年底，公交机动化出行分担率提升至 56.1%，累计推广新能源汽车 3.6 万辆，新能源公交大巴占公交车总量比重超过 20%。二是将低碳试点与国家可再生能源建筑应用示范城市建设相结合。截至 2015 年底，全市共有 320 个项目获得绿色建筑评价标识，绿色建筑总建筑面积达到 3 303 万平方米，太阳能热水建筑应用面积达到 2 460 万平方米。杭州市加快推进交通领域低碳发展的模式创新。一是率先提出了建设"公共自行车、电动出租车、低碳公交、水上巴士及地铁'五位一体'"公交体系，赋予了城市公交更广泛的低碳内涵。二是建设了全球规模最大的公共自行车系统，真正将"低碳为民"的发展理念落到实处。三是开创了"微公交"电动车租赁模式，规避了换电充电难、初始成本高等难题。

三是低碳城市与智慧城市、生态文明先行示范区等国家综合试点相协同。试点地区充分利用相关行政资源，加强协同治理，力求形成合力。延安市以绿色循环低碳发展为重点，编制生态文明先行示范区建设实施方案。杭州市以智慧城市"一号工程"为抓手，以打造万亿级信息产业集群为目标，全力推进国际电子商务中心、全国云计算和大数据产业中心等，全面打造低碳绿色的品质之城。

小　结

中国已开展三批国家低碳省市试点，28 个国家气候适应型城市建设试点，7 个碳排放权交易试点、8 个低碳城（镇）试点、51 个低碳工业园区试点、数百个低碳社区试点，以及两批国家可持续发展议程创新示范区。各类试点整体上取得了积极成效，形成了特色亮点，主要包括低碳试点强化低碳发展理念、推动低碳产业发展、倡导低碳生活方式、探索相关配套政策、构建数据管理体系，气候适应型试点协同海绵城市建设、提升监测预警能力、保障城市生命线、加强国际合作交流，低碳城（镇）试点将低碳理念融入规划、打造良好低碳环境、积极采用清洁能源、大力发展低碳产业、开展企业化运行模式，工业园区低碳试点加强低碳管理、推进能源低碳化发展、加大技术研发力度，低碳社区试点建立明确的政策导向、低碳理念统领、主动采取低碳技术措施等。各类试点协同增效，为地方应对气候变化工作积累了好的经验和做法。

第三章 地方应对气候变化成效评估

为了科学、客观、定量地反映中国地方应对气候变化水平、进展和不足，需要构建评估体系和方法，对地方应对气候变化的进展与成效进行评估，遴选典型案例，分析面临的问题与挑战，为提升应对气候变化能力提供决策支撑，为推动高质量发展提供政策导向，为加强生态文明建设探索实践创新，为构建人类命运共同体贡献中国方案。

第一节 低碳发展情况评估

一、构建评价指标体系

结合国家低碳试点省市工作总结评估，国家气候战略中心建立了城市低碳发展指数，在"低碳试点工作评估打分标准"提出的低碳发展理念、低碳发展指标、工作与成效、特色亮点等四大类一级指标、16个分项指标的基础上，基于先进性与时代性相统一、客观性与代表性相结合、约束性与引导性相协调、科学性与可行性相一致原则，结合对低碳试点城市的初步评价，研究提出了一套能够综合反映中国城市低碳发展理念、低碳发展水平、低碳发展进展、低碳管理水平的"城市低碳发展指标体系"，具体内容如下。

"城市低碳发展指标体系"包含四个一级指标：1. 低碳发展理念，即城市低碳发展规划战略导向和低碳发展峰值目标的先进性，权重占20%；2. 低碳发展水平，即城市低碳发展相关指标的先进性，权重占30%；3. 低碳发展进展，即城市低碳产业、能源、交通等领域的进展及成效，权重占30%；4. 低碳发展管理，即城市低碳发展相关管理体制和治理水平，权重占20%。结合中国城市低碳发展内涵、发展要求和工作进展，进一步确定16个二级指标（表3-1）。

表3-1 "城市低碳发展指标体系"及权重和打分规则

一级指标	二级指标	权重（%）	打分规则
低碳发展理念	低碳发展规划战略导向作用	10.0	依据国家低碳城市试点建设的相关要求，视该项指标的完成情况定量打分
	峰值目标的先进性	10.0	
低碳发展水平	单位GDP碳排放（吨二氧化碳/万元）	10.0	确定该项指标的城市先进值，以此为基准值进行标准化打分
	人均碳排放（吨二氧化碳/人）	10.0	
	单位能源碳排放（吨二氧化碳/吨标准煤）	10.0	
低碳发展进展	服务业增加值比重比上年增幅（%）	4.3	确定该项指标的国家水平，以此为基准值进行标准化打分
	单位GDP能耗比上年降幅（%）	4.3	
	非化石占一次能源消费比重比上年增幅（%）	4.3	
	单位工业增加值能耗比上年降幅（%）	4.3	
	公交机动化出行分担率（%）	4.3	
	城市建成区绿地率（%）	4.3	
	PM$_{2.5}$年均浓度比上年降幅（%）	4.3	
低碳发展管理	管理体制和工作机制	5.0	依据国家低碳城市试点建设的相关要求，视该项指标的完成情况定量打分
	温室气体清单编制	5.0	
	碳排放管理平台	5.0	
	低碳发展制度创新	5.0	

为了将城市低碳发展指标体系指数化，需收集上述二级指标的年度数据，并依据一定的打分规则和评分细则统一打分。每项指标的打分规则视指标特征确定，主要包括以下三种方式：依据工作任务完成情况打分、依据城市先

进值打分、依据国家水平打分。此外，为实现低碳城市横向比较及纵向比较，运用"标准化处理（归一化处理）法"对"低碳发展水平"和"低碳发展进展"下的 10 个定量指标进行标准化打分。最后，基于权重法对各二级指标得分进行加权求和，得到各城市的年度"低碳发展指数"。

二、进展成效初步评估

运用"城市低碳发展指标体系"对前两批国家低碳试点城市（共计 36 个）2017 年度的低碳发展情况进行比较和评估，评估结果如图 3-1 所示。将各城市按"指数"得分排序，初步确定 5 个优秀城市、12 个良好城市、11 个得分中等城市和 8 个得分偏低城市。

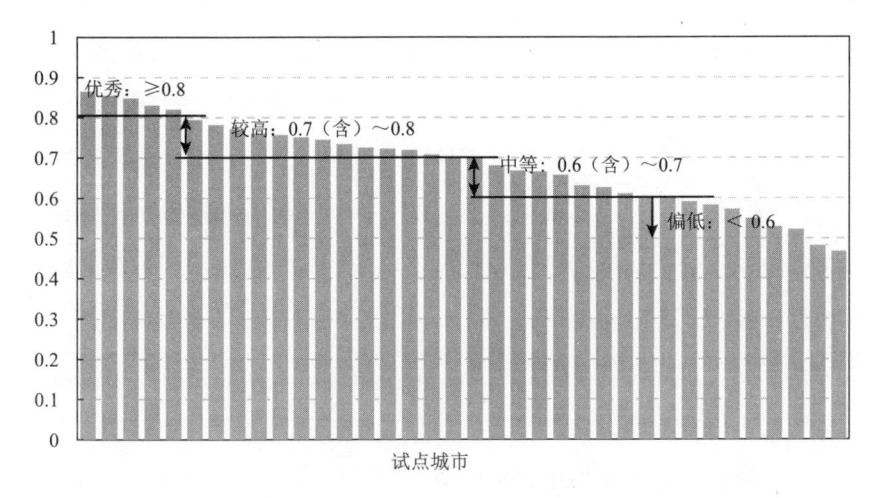

图 3-1 2017 年度国家低碳试点城市低碳发展指数评价结果

对评价指数的总体分析显示，中国低碳试点城市的低碳发展普遍存在较大提升空间，指数得分没有超过 0.9 的城市，只有杭州、北京、厦门、昆明、深圳 5 个城市得分高于 0.8。根据图 3-1 所示的城市分档，比对各城市之间单个指标得分的差别（如图 3-2 所示），可得出如下初步结论：

一是排序优秀城市在低碳发展规划、排放峰值目标、单位 GDP 碳排放下降、单位 GDP 能耗下降、单位工业增加值能耗下降、建成区绿地率、管理体制和工作机制、清单编制等指标的得分率均在 90％以上，体现了这些城市在全面推进低碳发展工作上力度较大，低碳发展的进展较为顺利。部分得分较低的试点城市，由于地方政府失面地将资金和政策诉求作为申报参与低碳试点的内在动力之一，没有主动将低碳发展理念直接融入到地区经济社会发展或地方相关专项规划之中，没有真正将低碳作为城市转型的抓手，有概念炒作和形象工程之嫌。

二是单位能源碳排放、制度创新、碳排放管理平台建立等指标得分率较低，反映出试点城市总体能源结构优化调整成效不够显著，推动低碳试点的制度创新与配套政策动力不足，碳排放大数据管理手段运用不充分等。多数试点城市的数据基础薄弱，对试点主要目标的完成情况和实现路径缺乏定量分析和数据支撑。在清单编制上，很多地方没有形成常态化机制，清单编制的科学性也有待提高。尚有部分试点地区基础数据较差，存在数据不透明、不一致、不匹配、不可比等现象；也有部分试点地区存在基础统计体系不完善、工作机制不健全、机构设置和人员不稳定、资金保障不到位等问题。很多城市没有编制能源平衡表。

三是不同城市间在低碳发展规划、清单编制、人均碳排放、单位能源碳排放等指标上得分差别较大，反映出部分城市低碳发展理念和管理工作落实不到位、低碳发展进展较为缓慢等原因。部分试点城市的低碳城市规划并没有真正体现"低碳"，发展模式缺乏亮点，很多城市只是参照其他城市的规划模板，没有形成自身的特色，没有提出系统性的低碳发展目标，只是将涉及的各领域部门低碳发展规划进行拼凑，没有深入挖掘低碳城市建设的内涵并体现地方特色。

四是试点城市间得分差异较大，低碳试点创建进程参差不齐，反映出地方主管部门对低碳试点工作的推动力度有较大差异。多数试点城市未将低碳发展纳入绩效考核体系。缺乏低碳项目实施的监督跟踪制度，降碳指标完成情况尚未纳入经济社会发展综合评价体系和干部政绩考核体系，无法形成减碳约束力。在资金支持上，多数试点缺乏支持城市低碳发展的专项资金，或配套的投融资机制，大量资金缺口导致低碳项目无法实施。此外，在试点工作推进中，相关从业人员的专业素质和能力层次欠缺，可能导致部分试点政策的落实不到位、不充分。

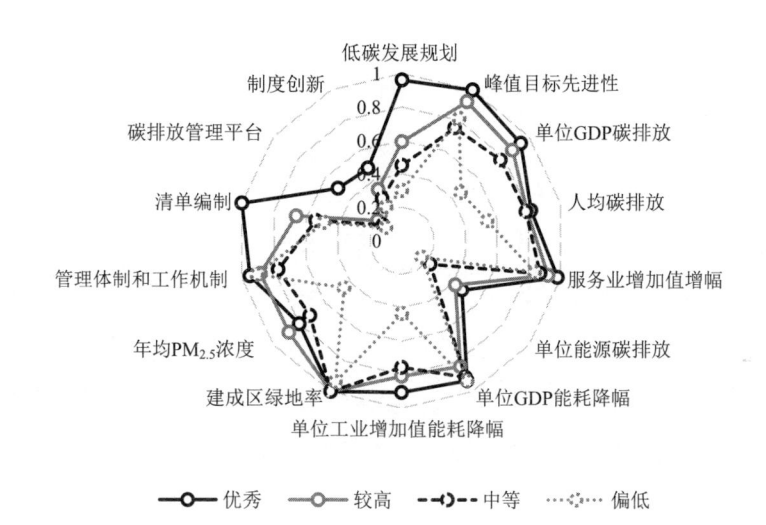

图 3-2 基于排名的国家低碳试点城市低碳发展指数二级指标平均值

为充分体现城市应对气候变化行动特色，对处于不同发展阶段的地方更具借鉴意义，本报告对有一定工作基础、排名相对靠前的城市进行了筛选，确定了一些亮点突出、各具特色、有示范意义的城市案例。

第二节 适应气候变化评估

一、构建评价指标体系

为了更加客观地对国家适应气候变化工作的进展进行综合统计、考核、监测和评价，国家气候战略中心构建了国家适应气候变化指标体系，包含5个一级指标：A1适应理念类指标，代表城市在适应气候变化行动方面的行动规划的工作情况；A2方案落实类指标，代表城市适应气候变化实施方案的落实情况；A3基础能力建设类指标，表征城市在适应气候变化公众意识培育和基础研究方面的水平；A4监测预警和应急机制类指标，表征城市在气候变化监测预警和灾害应急处理方面的能力建设水平；A5其他重点适应行动，指城市在防灾减灾、建筑、交通、城市能源系统、综合管廊建设、绿化防沙、城市内涝防洪等方面采取的具体行动，旨在反映城市生命线系统、建筑、基础设施等重点适应领域的适应能力现状。综合考虑指标内涵、数据质量和可得性，最终选取了16个指标构成评价体系。如表3–2所示。

表3–2 气候适应型城市建设试点评价指标体系

编号	一级指标	分数	二级指标	分数
1	城市适应理念（A1）	20分	编制城市适应气候变化行动方案	10分
			制定城市适应气候变化规划	10分
2	针对性的适应行动与政策（A2）	30分	落实试点方案主要任务	30分
			亮点加分	
3	能力建设（A3）	20分	公众意识	10分
			基础研究	10分
4	提高监测预警和灾害防控能力（A4）	14分	极端气候事件监测、预警、预报体系	7分
			应急处理机制建设	7分

续表

编号	一级指标	分数	二级指标	分数
5	其他重点适应行动（A5）	16分	防灾避险点	2分
			执行绿色建筑比例/既有建筑改造情况	2分
			交通基础设施改善	2分
			供能保障与稳定性管理	2分
			地下管廊建设	2分
			绿化覆盖率	2分
			防沙土地治理率	2分
			城市防洪和雨洪消纳水平	2分

二、进展成效初步评估

总体来看，试点城市得分普遍偏低（见图3-3），可能有三条主要因素，一是2017年国家应对气候变化的职能调整，刚好处于气候适应型城市建设试点正式启动的第一年，而城市应对气候变化职能的调整步伐慢于国家，主管部门、机构和人员到位时间参差不一。这些因素都会影响到试点建设的执行进展。二是试点城市并不掌握《气候适应型城市建设试点考核表评分标准》，因此未能依照评分标准的打分点完成《年度进展报告》，可能会遗漏部分得分点。三是信息收集不足，适应行动由各个部门具体实施，试点城市没能及时全面梳理试点建设的进展。

从城市得分率来看，高分地区的一级指标得分率较为平均，基本在30%以上，没有明显短板，且多项二级指标得分率超过80%。而低分地区均存在若干项得分率低于30%的一级指标，且二级指标得分率均未超过50%，工作存在明显短板，可能由以下两点原因所致：一是城市适应气候变化工作的数据基础、技术规范、政策和体制机制建设等多项基础能力建设工作开展不充分，导致部分信息无法收集或部分工作没有开展；二是未能及时收集到采取适应行动的各部门实施进展信息。这反映出部分试点地区的适应气候变化体制机制建设较为薄弱，表现为数据基础差，适应气候变化的工作信息缺乏综合性和系统性。由此可以得出初步结论：

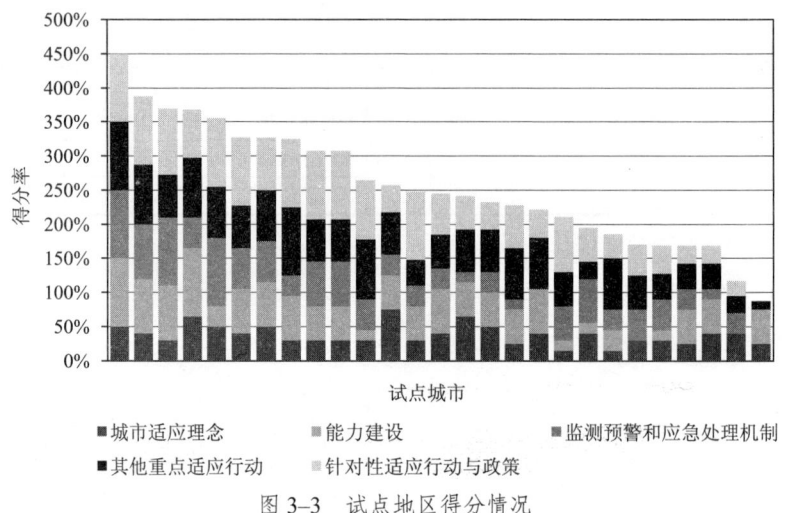

图 3-3　试点地区得分情况

1. 得分较高的试点城市，不仅整体工作进展显著，且各领域的适应工作进展较为均衡、无明显短板，已初步构建起部门间适应信息的协调沟通机制，工作有亮点。

2. 得分较低的试点城市，不仅整体工作进展不明显，且多领域的适应工作进展不佳、工作存在短板或尚未构建起部门间适应信息的协调沟通机制，对适应工作的重视程度有待提高。

第三节　问题挑战分析

应对气候变化是一项复杂、系统、长期的系统工程，只有"进行时"，没有"完成时"，需要全社会付出持之以恒的努力。各地在推进应对气候变化的过程中，开拓创新，争做典范，取得了明显成效，积累了许多值得推广的经验，同时一些深层次的问题、矛盾和挑战逐渐显现。从评估结果来看，试点城市在低碳发展目标设定、转型路径探索和低碳发展动力转换等方面与社会的预期仍有差距，尤其在经济逐渐回暖的背景下，一些试点城市表现出一定程度的动力不足，亟须加强研究、剖析根源、凝聚共识、大胆探索，"对症下药"找准破解路径。

一、尚缺乏低碳发展内生动力

一是对低碳发展认识存在误区，低碳政策连贯性较差。低碳城市建设根本上是要处理好资源环境约束和社会经济发展的关系，作为低碳城市建设的各项主体，政策制定者和执行者对低碳发展的认识非常重要，但事实上还是有一些问题，例如一些地方的认识不足，认为能耗和碳排放的问题与经济增长相互制约，没有将保增长与调结构、促转型相结合。也有承诺达峰年份的城市，认为预期年份达峰存在困难。此外，地方领导存在频繁调动现象，不利于政策长期执行。

二是未将低碳发展融入发展规划。地方政府将资金和政策诉求作为申报内在动力，没有主动将低碳发展理念直接融入到地区经济社会发展或地方相关专项规划之中，没有将低碳作为城市转型的抓手。部分规划中重大项目的低碳相关性不强，仍热衷于发展高耗能高排放项目建设，存在概念炒作和形象工程。尽管在开展低碳试点工作的相关通知中，并未明确对试点省市给予任何优惠政策或者专项资金，但是低碳试点仍吸引了许多地方政府的关注。

三是企业未能认识低碳转型的机遇。由于低碳试点工作仍处于摸索阶段，除参与碳排放交易试点的企业外，大多数企业仍然延续着传统的经营理念和生产模式，认为节能减排只是一种责任，在推动低碳发展的具体行动措施上较为被动，而即使部分企业希望能够抓住低碳经济的发展机遇，却面临着资金、技术等困难。即便是参与碳排放权交易试点的企业，其碳资产管理意识仍然薄弱，需要进一步认识低碳发展带来的机遇。

四是社会公众低碳生活意识欠缺。一些试点省市采取了种类多样的手段宣传和推广低碳生活的理念：比如，为配合"全国低碳日"，宣传低碳生活理念，近年来北京、上海、天津、云南等低碳省市纷纷开展系列活动，以展览、路演、市集等众多方式，希望唤起公众的低碳生活意识。然而，对于大多数试点省市来说，低碳宣传教育机制还远未建立，公众参与途径有限，宣传方式不够多元，理论性的宣传较多，而喜闻乐见、生活化的宣传较少。从效果角度来说，公众尚未形成真正低碳的消费与生活方式。

二、数据支撑能力尚薄弱

一是温室气体清单等排放数据支撑不足。作为低碳试点工作的要求之一，参与低碳试点的省市均已经或正在编制其温室气体清单。虽然一些城市学习镇江市开始尝试建立统一的碳数据管理平台，重点企业的碳排放直报系统也在建立，但低碳发展规划编制所需的数据积累依然不足，对试点主要目标的完成情况和实现路径缺乏定量分析和数据支撑。在清单编制上，很多地方没有形成常态化机制，清单编制的科学性也有待提高。尚有部分试点地区基础数据较差，存在数据不透明、不一致、不匹配、不可比等现象；也有部分试点地区存在基础统计体系不完善、工作机制不健全、机构设置和人员不稳定、资金保障不到位等问题。

二是低碳目标提出的科学性支撑不足。经过对有关试点省市实施方案的分析，大部分的低碳试点省市的减排目标与国家层面的目标基本一致，能耗强度目标和碳排放强度目标基本上在国家承诺目标的区间之内，体现低碳省市试点先行先试的带动性不强，设立的低碳目标约束性有限。部分试点地区政府低碳发展目标不明确，没有把低碳发展目标纳入地区国民经济和社会发展规划与年度计划，将主要目标与任务落到实处，低碳发展目标对本地区生态文明建设的引领作用难以发挥；有些试点地区提出的低碳目标不先进，相应的试点实施方案看上去像是一个高碳城市建设设想，低碳发展目标对本地区社会经济活动及重大生产力布局的约束作用难以体现；一些试点地区并没有将低碳发展目标进行分解落实，将责任与压力传导给基层，低碳发展目标倒逼产业结构和能源结构调整的作用难以发挥。

三是低碳建设评估标准研究支撑不足。根据低碳试点工作方案，第二批和第三批试点城市要求设定碳排放峰值，但大多数城市只是为了满足评审专家要求，给出了碳排放达峰的时间，并未从国家战略角度充分认识碳排放峰值对于形成倒逼机制的作用。尽管大多数城市结合自身发展阶段提出达峰目标，但尚未确定分领域、分部门、分技术的目标分解，未能识别减排的关键领域和贡献程度，提出具体的达峰路径。由于低碳城市缺少官方的、统一的建设和评估标准，缺乏对减排成本效益和影响评价的分析，难以判断相对最优的措施和适用性技术，导致规划和实施方案的可操作性较差。各试点城市虽然也强调了规划的指导性，但就实施方案来看，存在着两种倾向：一种是由于没有明确的系统评估指标和标准，导致具体实现路径不清晰；另一种是操之过急，提出了一些不符合国情和地方基础的目标，没有理解低碳是一个相对的概念和要求。

三、奖惩政策力度仍不足

一是地方未将低碳发展纳入绩效考核体系。缺乏低碳项目实施的监督跟踪制度，降碳指标完成情况尚未纳入经济社会发展综合评价体系和干部政绩考核体系，无法形成减碳约束力。目前试点省市缺少实施有效的考核奖惩措施，最终是否完成指标，并没有实质性的奖惩措施，例如监管不力导致资金未能落到实处，低碳产品在市场上竞争力不足等问题。有些省市只是提出了要结合低碳发展目标制定相应的低碳系统的考核指标体系，并未阐明该体系与政府绩效考核指标体系之间的联系，甚至依旧以 GDP 的考核作为绩效考核的依据；有些省市尚未明确低碳考核的内容。以各试点省市 2015 年政府工作报告为例，在 42 个试点省市中，有 4 个省市的政府工作报告并未提及低碳发展或碳排放目标。

二是资金覆盖面窄，低碳创新能力不足。在资金支持上，很多低碳省市虽列出投资需求和项目，但缺乏配套的投融资机制，而且基本没有县一级的低碳专项资金，大量资金缺口导致低碳项目无法实施。在试点工作推进中，相关从业人员的专业素质和能力参差不齐。比如一些低碳中介机构的工作人员，可能并未接受系统学习或专业培训就直接上岗，或者由于缺少经验积累，在实际操作中并不能够正确应用。这些因素使得有关工作的实施效果一般。此外，产学研合作未被重视，科研单位的研究处于学科前沿，但是与企业实际生产产品的结合相对不强，造成低碳技术的实用性不足，同时，由于缺少创新成果转化机制，科研人员无法通过成果的市场应用获得更大的利益分享，因而缺少动力去推动成果的市场化，使得一些具备市场潜力的高精尖低碳技术成果，未能在产业层面对低碳发展形成助力。

四、部门协调机制尚不畅

低碳发展、生态文明建设、大气污染防治等顶层政策设计都体现了可持续发展理念，具有一定契合性，但目前在城市层面未能实现协同，导致人们在认识上难以获得统一，政策执行中缺乏系统性和条理性，政策的落实效果必然大打折扣。比如，国家低碳、绿色、城镇化、环保、可再生能源、生态文明、可持续发展方方面面的试点很多，试点工作的内涵相关，但主管单位不同，如何发挥政策协同效应，成为当前低碳转型实践中的一大难题。

低碳发展涉及城市的产业、交通、建筑等具体部门，但在执行过程中存在政出多门、协调不畅的现象，使得节能降耗、环境保护、产业结构调整和碳汇建设等相关政策难免各行其是、相互掣肘。从杭州市的部门职责及实际分工情况看，全市的节能工作由经信委负责，而应对气候变化工作则由发改委负责，二者尚未建立起适当的沟通机制。这种条块式的分割方式在全国其他城市也有一定的普遍性。

针对上述问题，武汉市实施碳排放达峰引领城市低碳行动发展模式，武钢主动制定绿色低碳转型战略推动可持续发展；镇江市编制和出台了一系列低碳发展规划和政府性规章，并积极宣传低碳理念，持续扩大国内外影响，提升了低碳发展内生动力；镇江市构建生态文明建设管理服务云平台，武汉市开展气候脆弱性评估工作，为加强数据支撑能力提供了思路；南昌市出台低碳发展促进条例；深圳市探索碳金融创新，推出多款产品活跃市场；太原市大力控制散煤燃烧，保障了低碳行动奖惩力度；常德市提升适应理念，建设海绵、湿地、宜居城市；深圳市提出碳排放达峰、空气质量达标、经济高质量发展达标的"三达"理念，促进了不同部门间协调合作，形成了一些可复制、可推广的低碳模式供各地方借鉴。

小　结

结合国家低碳试点省市工作总结评估，国家气候战略中心建立了城市低碳发展指标体系，对前两批国家低碳试点城市的低碳发展情况进行比较和评估，结果显示中国低碳试点城市的低碳发展仍普遍存在较大提升空间。为了更加客观地评价国家适应气候变化工作的进展，国家气候战略中心构建了国家适应气候变化指标体系，总体上试点城市得分普遍偏低。根据评估结果，发现目前试点普遍存在缺乏低碳发展内生动力、数据支撑能力薄弱、奖惩政策力度不足、部门协调机制不畅等四类问题，亟须在日后工作中予以解决。

第四章 强化地方应对气候变化政策与行动的建议

积极应对气候变化既是中国参与国际事务、承担国际责任的要求，也是中国国内自身发展的需要和生态文明建设的重要举措。党的十九大报告提出，积极引导应对气候变化国际合作，成为全球生态文明建设的重要参与者、贡献者、引领者。对于日益走近世界舞台中央的中国来说，地方和城市应对气候变化的成功经验，不仅可为其他发展中国家提供可以借鉴的中国智慧和中国方案，而且有助于探索生态优先、绿色低碳的高质量发展新路。

第一节 强化地方应对气候变化工作的建议

一、强化规划和方案编制

发挥规划综合引导作用，低碳发展专项规划应始终以城市规划为根本导向，立足于城市的发展阶段和潜力，将城市经济发展目标、民生建设目标、环境保护目标与碳峰值目标相结合，制定统一的发展目标和发展计划，尤其是用好已有出台的各项低碳发展部门领域的专项规划，将部门的工作整合，在此基础上做出部门间的目标细分，明确各方职责，也为政策考核提供依据。

同时通过部门联席会议制度、生态补偿制度等加强政策沟通，建立利益协调机制，从而节约管理成本，最大限度地发挥政策协同效应。

（一）提升地方应对气候变化规划的科学性

自碳达峰碳中和目标愿景提出以来，中国在多个场合表明实现双碳目标的决心，正在形成中国碳达峰碳中和的"1+N"政策体系。2021年发布了《中共中央国务院关于完整准确全面贯彻新发展理念做好碳达峰碳中和工作的意见》，随后国务院进一步印发《2030年前碳达峰行动方案》，"N"中具体细分领域政策文件也将陆续出台。为保障地方应对气候变化规划的有效实施，要在更好发挥政府的引导作用前提下，围绕国内应对气候变化顶层设计的贯彻执行，研究制定量化部门分解目标，倒排时间节点，研究建立向"强度控制、总量控制"和"增量控制、存量调整"的倒逼机制，制定地方对接新气候目标约束的规划行动方案，最大程度地激发地方各类主体的活力和创造力，发挥规划在地方应对气候变化、实现碳达峰目标具体行动中的指导作用。

（二）提升地方应对气候变化规划实施的合力

加强对地方应对气候变化规划实施的协调管理，需要明确地方应对气候变化的管理机构、企业等建设参与主体的责任与义务，在本地区对接国民经济和社会发展总体规划、专项规划和区域规划基础上，加强统筹管理和衔接协调，科学制定低碳发展政策和配置地方低碳发展的公共资源，细化落实地方应对气候变化所提出的达峰目标和主要部门任务，加强地方低碳发展战略、主要目标、主要任务和重点工程与园区低碳发展路线图的衔接，共同推动地方应对气候变化发展路线图的顺利实施。

（三）完善地方应对气候变化规划的实施机制

成立负责地方应对气候变化规划制定以及具体实施的机构，以加强对规划实施的组织、协调和督导保障；从政策实施、体制创新等方面予以积极支持，创造良好的政策环境；同时要强化调研指导、跟踪检查和督促落实，地方应对气候变化规划中确定的约束性指标以及重点工程、主要任务等，要明确责任主体、实施进度要求，并及时总结有效做法和成功经验，完善政策措施。

二、强化峰值等目标引领

当前是 2030 年前实现碳达峰的关键期，需要研究制定明确的、与长期目标相符且科学合理的应对气候变化目标，完善碳达峰的倒逼机制，还要考虑不同区域特点，研究制定不同区域不同行业应对气候变化的差异化目标。

作为城市低碳发展的"先驱者"，低碳试点省市应以身作则，增强紧迫感，对低碳发展有更加严格的要求，制定高于一般城市水平的年度低碳发展规划，争取尽快实现峰值，发挥引领和示范效应。鼓励城市形成规范性低碳文件，加紧法规政策配套建设；同时，加强减排方案的成本收益分析，制定量化细分的减排目标，将目标细化到每一个部门，明确工业、交通和建筑各领域达峰路径，并进一步制定相关法令法规和财政政策来确保这些行动方案的实施。政府定期公开项目开展进程和目标完成情况，接受公众监督，向社会传递政府减排的信心和决心。加强对具体措施和实施方案的技术可行性和经济有效性评估，明确各领域碳减排的贡献程度，明确分阶段、分部门、分领域的达峰路径，促进低碳发展理念转化为各行各业的具体行动。

三、强化政策与行动落地

（一）形成地方应对气候变化的有效组织保障

成立地方应对气候变化的领导小组，各有关部门须根据职责分工，将地方应对气候变化的相关任务纳入本部门年度工作计划，明确责任人与进度要求，切实加强对规划实施的指导和支持，同时突出各部门间的协作配合。具体包括：在产业领域由经发委与其他部门相互协作，促进节能低碳思路及相关工作与产业结构转型升级进程深度融合。在能源领域，由经发委统一牵头，强化与重点用能单位以及能源管理杰出企业的合作共建，巩固智慧用能理念在园区的落地。在社会（建筑、交通和社区）领域，形成经发委、规划建设委、综合行政执法局、社会事业局以及各社工委、各街道的合力，促进节能低碳理念进一步渗入社会的各个方面。

（二）强化地方应对气候变化政策的财力保障

加强地方财政年度预算与地方应对气候变化的衔接协调，在明晰各建设主体支出责任的基础上，加强地方财政对应对气候变化政策实施的保障作用，鼓励地方设立应对气候变化的专项资金，加大地方财政配套支撑。地方的中期财政规划和年度预算要结合地方应对气候变化政策提出的目标任务和财力可能，合理安排地方应对气候变化专项资金支出规模和结构，并充分发挥财政资金在地方应对气候变化工作上的引导和杠杆作用；同时积极拓宽融资渠道，完善投融资机制。

（三）调动全社会参与地方应对气候变化的积极性

结合地方应对气候变化的实际需求，还应充分调动公众、金融机构、科研机构、碳咨询管理机构、非政府组织和中介服务组织等社会机构的积极性，鼓励其参与到地方应对气候变化的全过程；应充分利用各社会机构的专业优势，有效整合低碳建设的多种资源，创新多元化服务体系，切实发挥其专业化服务职能；同时，还应通过各种能力建设加强企业、居民参与地方应对气候变化的主人翁意识，形成地方从上至下、群策群力、共建共享的绿色低碳发展的良好局面。

第二节　推进试点示范工作的政策建议

一、深化试点示范工作

（一）明确城市定位，探索特色发展途径

主动适应经济发展新常态，深刻地认识到地方应对气候变化和可持续发展是长期系统工程，需要明确定位，推动个性化导向发展，确立体制机制的具体创新方向，突出地方发展目标和发展途径的特色。对于第三产业占城市国内生产总值比例大于55%的消费型城市，重点控制交通、建筑和生活领域碳排放的快速增长，建立绿色消费模式；对于第二产业占城市国内生产总值比例大于50%的工业型城市，着力推进产业转型升级，培育绿色低碳经济增长点；对于二产和三产比例接近且不超过50%的综合型城市，应实施碳排放强度和总量双控，努力实现经济社会的跨越式发展；对于一产比例较高且城市化水平较低的生态型城市，应根据生态资源禀赋合理布局产业和能源体系。未来政策的顶层设计需充分考虑地方应对气候变化和可持续发展的多样性和复杂性，采用差异化、精准化的可持续发展模式，这也是未来推动地方应对气候变化、实现可持续发展的重点和关键。

（二）加强顶层设计，形成试点合力

深入开展低碳省区、城市、城（镇）、园区、社区等不同层级的试点工作。试点地区在建立控制温室气体排放目标责任制、建立工业园区低碳管理模式、建设低碳社区、建设特色城镇低碳发展模式等方面进行积极探索，在交通、工业、建筑和能源等领域开展低碳试点示范，逐步形成绿色低碳生产方式和生活方式，从整体上带动和促进全国范围的应对气候变化和绿色低碳发展。

未来要形成不同低碳试点和其他可持续发展相关试点的合力，形成协同发展的有效局面。要明确地方相关试点示范的管理机构、企业等建设参与主体的责任与义务，在本地区国民经济和社会发展总体规划、专项规划和区域规划的统筹下，加强协调管理和衔接工作，保障试点示范的发展战略、主要目标、主要任务和重点工程与地方的有效对接与顺利实施。

二、加强科技与金融在试点中的协同融合

在推动应对气候变化和可持续发展的试点示范中，充分发挥技术创新的作用，把低碳城市规划、建设、管理与智慧城市结合起来，建立低碳城市的智能化管理平台，是推进低碳城市建设的有效途径。智慧城市作为一种决策的手段和工具，在进行城市规划、建设、管理以及资源与环境保护的过程中，可以起到不可替代的作用。根据低碳城市工作的需求，低碳城市的智能化管理平台，可以针对低碳城市建设评价体系的应用而建立，基于大数据技术，实现对低碳城市建设评价的数据管理、数据分析、可视化结果输出等基本要求。智能化管理平台的开发，不仅是信息技术和智能技术的运用，更主要是城市治理方式的改变。

可通过大数据、信息化工具以及智能管理方式，实现全市政务信息系统互联互通，加快低碳数据的开放，鼓励社会力量挖掘数据价值，促进低碳信用体系建设，在低碳信息化领域探索有益的创新经验。推广厦门、镇江建设碳排放智能管理云平台的先进经验，对具体能源或产品的排放数据从源头进行跟踪和管理，为在线精准监测、自动碳规范盘查、减碳效果诊断和减碳路径分析等提供依据。同时，积极发展节能减碳中介，搭建低碳发展平台。可采用合同能源管理等模式，通过节能服务公司专业化运作，垫付资金逐步返还，能有效推进低碳项目的实施，培育碳减排咨询、认证、培训等中介结构，为减排企业提供技术咨询、减排核查、能力建设等相关服务。

三、构建评建结合长效机制，实行分类指导

评价是管理的基础，低碳城市的建设首先要有一套科学的理论、评估方法和考核标准，既要能够反映城市低碳发展现状，又要能够在考虑城市地域特点和资源禀赋的同时兼顾城市向低碳转型的努力程度，能够帮助城市了解其低碳发展的现状与差距，发现问题，找出优势与劣势，进而科学地推动中国城市低碳转型进程。在建设低碳城市之前，需要有一个量化测度的评价工具，基于评价结果才能实现指导制定低碳城市发展的政策措施。因此，低碳城市的建设过程中，既要考虑对低碳城市的"评价"，又要以低碳城市"建设"目标为导向；建设是发展的基础和过程，评价是管理的手段和保障，"建设"与"评价"相结合才能形成完整的低碳城市评价体系，才能真正有利于城市低碳发展。

构建一套"评建结合"的低碳城市建设评价指标体系，要实现以下几项功能：一是能够对低碳城市现状进行评价，准确判断低碳城市的基本状况和发展阶段；二是能找出现状与目标之间的差距，即对低碳城市前期规划的有关政策措施进行检讨评价；三是针对差距，定位建设中的关键问题和薄弱环节，同时这也将是对低碳城市开展分类指导的着力点；四是对低碳城市建设的持续推进给出下一步的计划行动。低碳城市建设是一个艰巨的任务，也是一个需要长期努力的过程，如果没有一套科学客观可测度的评价机制，很难做到对低碳城市建设的全过程进行长期监督和指导。

为了完成对低碳城市现状和努力程度的评估、实现对建设的动态监控，建立评估与未来导向的结合机制并形成行动建议，使科学的"评价"成为开展各项"建设"工作的先行任务，使其能够应用到中国低碳城市的评估工作中，并用来指导未来城市应对气候变化的实践，构建以"评建结合"为逻辑架构的低碳城市评价指标体系，对实践的指导意义更大。

小　结

地方和城市应对气候变化的成功经验，对内有助于探索生态优先、绿色低碳的高质量发展新路，对外可为其他发展中国家提供可以借鉴的中国智慧和中国方案。未来地方应对气候变化需进一步强化规划和方案编制、强化峰值等目标引领、强化政策与行动落地。低碳试点示范作为中国政府推动中国应对气候变化的有效举措，还需进一步深化试点示范工作，一是明确城市定位，探索特色发展途径；二是加强顶层设计，形成试点合力；三是加强部门间协调机制，发挥协同效应。同时，在深化试点工作中，可通过大数据、信息化工具以及智能管理方式，加强科技与金融在试点中的协同融合。

参考文献

周枕戈、庄贵阳、陈迎："低碳城市建设评价:理论基础、分析框架与政策启示"，《中国人口·资源与环境》，2018年第28期。

陈楠、庄贵阳："中国低碳试点城市成效评估"，《城市发展研究》，2018年第25期。

禹湘、陈楠、李曼琪："中国低碳试点城市的碳排放特征与碳减排路径研究"，《中国人口·资源与环境》，2020年第7期。

第五章　深圳市应对气候变化行动案例

深圳 1979 年设市，1980 年成立经济特区，现为国家副省级计划单列城市，是中国南部海滨城市，毗邻香港。作为中国最年轻的特大城市，改革开放 40 多年来，深圳市以相对低的资源环境代价，在国内实现了多项领先的经济社会发展指标。深圳率先提出了"深圳质量"的理念，逐步形成更加清晰、可行性强的绿色低碳发展路径，实现了经济质量和生态质量"双提升"。经济发展方面，2019 年的 GDP 总量为 2.7 万亿元人民币。深圳历史上共经历了三次关键发展阶段，深圳特区初创时期是 1979 年到 1992 年，在此阶段深圳主要进行了市场化改革，努力实行基础设施建设并发展外向型经济；第二阶段是社会主义市场经济体制和支柱产业发展较快的阶段，从邓小平南巡讲话开始，深圳逐步建立起社会主义市场经济，调整优化产业结构，以高新技术产业为经济发展新突破口，并自 2000 年以来确立大力发展高新技术、金融、物流、文化四大支柱产业；第三阶段深圳特区坚持转型升级、驱动创新，全力推动高质量和可持续发展。产业结构转型方面，2019 年深圳第三产业占 GDP 比重为 60.9%。该市以"三来一补"作为起点，经历了蛙跳式的演进，高新技术迅速崛起，第三产业蓬勃发展，有效推动经济建设由数量型、资源消耗型向质量型、集约化经营转变。

第一节 总体情况

一、低碳发展理念

坚持低碳规划引领。深圳市出台了《深圳市低碳发展中长期规划（2011～2020年）》，阐明了2011～2020年间深圳低碳发展的指导思想和战略路径，是深圳低碳发展的战略性、纲领性、综合性规划。

绿色低碳融入城市发展全局。从《深圳市国民经济和社会发展第十二个五年规划纲要》开始，设置"绿色低碳发展"专章，将应对气候变化和绿色低碳发展纳入经济社会发展各方面和全过程。结合深圳市"十三五"规划编制和五年试点工作的情况，编制了《深圳市应对气候变化"十三五"规划》，在充分评估深圳低碳发展的基础上，提出深圳应对气候变化和绿色低碳发展的指导思想、目标要求和主要任务。

建立健全组织架构体系。成立市政府层面的深圳市应对气候变化及节能减排工作领导小组，市长亲任组长，市发改委、科创委、经信委、人居环境委等多个市直机关全部作为成员单位，全面统筹应对气候变化和低碳发展工作，整合全市力量齐抓共管。专门设立领导小组办公室，作为应对气候变化和低碳发展工作的综合协调机构。

抢抓低碳发展机遇。绿色是可持续发展的必要条件和人民对美好生活追求的重要体现。绿色发展理念是破解发展难题、厚植发展优势的必由之路。深圳始终坚持绿色发展理念，在更高层次、更大平台上谋划发展。

二、低碳产业发展

低碳新兴产业快速增长。深圳市科学把握新常态下产业低碳转型的重点和力度，低碳型新兴产业对稳增长、调结构、促转型的作用更加明显。2002～2009年，深圳低碳发展理念初显雏形；2010～2015年深圳全面推进低碳政策，建立中国首个工业、交通碳排放管理体系；2016年之后，深圳系统性完善绿色低碳发展政策体系。2018年，深圳市单位GDP能耗下降率4.2%，"十三五"以来累计下降率为12.1%。战略性新兴产业增加值年均增速约20%，约为同期GDP增速的两倍，构成了深圳经济增长的核心驱动力。

传统产业低碳化转型持续加快。深圳持续促进制造业的转型升级，一方面推动存量优化，随着《深圳市突出环境问题整改工作方案（2017～2020年）》的出台，淘汰三千余家低端及污染企业；另一方面推动增量优质，服装、钟表、黄金珠宝等优势传统产业逐步向总部、研发设计等高端环节发展。2018年先进制造业和高技术制造业增加值分别为6 564.83亿元和6 131.20亿元，分别增长12.0%和13.3%，占规模以上工业增加值比重分别提升至72.1%和67.3%。

现代服务业发展迅速。深圳市围绕提升经济发展质量和有效降低碳排放水平，不断提升服务业发展能力和规模。服务业占本市生产总值比重从2010年的52.4%提高到2018年的58.8%，已经形成了以第三产业为主导，以先进制造业和现代服务业为主要驱动的产业结构和经济发展模式。"十三五"期间，金融业增加值从2 550亿元提高到3 667亿元以上。节能服务业发展迅猛，在国家发展改革委备案的节能服务企业由95家增加到155家，产业低碳化发展趋势更加明显。

三、低碳生活方式

宣传力度进一步加大。深圳市配合全国节能宣传周和全国低碳日活动，每年组织开展应对气候变化成果展、低碳大课堂、"低碳深圳行"自行车骑行、"深圳百位市民亲近绿色建筑、感受幸福生活"开放体验日、"我为地球体检"以及"地球一小时"等一系列形式多样、趣味性、参与性强的体验活动，广泛宣传低碳环保知识，并将低碳知识纳入基础教育、高等教育、职业教育体系，以绿色课程、绿色活动、绿色评价、绿色校园为抓手，构建有特色的低碳教育体系。

绿色消费方式逐步成形。全市出台全国首份循环经济产品政府采购目录，政府优先采购低碳经济以及循环经济产品。积极开展零售业节能示范活动，全年开展零售业节能培训 16 期，五家零售业门店被评为节能示范店，加大环保绿色产品推广力度，减少过度包装和一次性包装，提高消费者和商家的节能环保意识。

四、相应配套政策

坚持立法先行。深圳市政府充分发挥政府引导作用，从立法、规划、制度建设抓起，谋划和构建试点工作的长效机制，通过健全组织架构体系，不断加强工作协调，动员全市力量共同推进应对气候变化和低碳发展工作。充分利用特区立法权优势，深圳市强化立法先行思路，率先出台地方性法规和政府规章，为推动碳交易试点奠定了坚实的法律基础，颁布全国首个《深圳经济特区碳排放管理若干规定》，明确了碳排放管控制度、配额管理制度、碳排放抵消制度、碳排放权交易制度、碳排放报告核查制度和惩罚制度等六大重要制度；《若干规定》提出的碳排放权交易在中国是一项全新的事物，此前尚未有相应的法律法规进行规范。另外深圳市还出台了《深圳市碳排放权交易管理暂行办法》，其中阐述了碳排放权交易试点涉及的各项要素，包括总量设置、配额分配、数据量化报告与核查、注册登记、交易与履约等内容；明确了碳排放权交易试点各类主体，如政府主管部门、减排企业、市场投资者、交易场所、市场服务机构等的各项职责权利；规范了碳排放权交易市场的运行、管理、监督办法和准则。

建立低碳发展实施机制。认真贯彻落实国家、省、市的一系列低碳发展指导性文件，明确具体工作任务，制订实施《深圳市低碳发展中长期规划（2011~2020年）》和《深圳市低碳试点城市实施方案》，明确了应对气候变化和低碳发展的总体思路，基本形成法律法规、规划政策、标准规范等自上而下具有强制引导性和可操作实施性的政策法规体系，从政策法规、产业低碳化、低碳清洁能源保障、能源利用、低碳科技创新、碳汇能力、低碳生活、示范试点、低碳宣传、温室气体排放统计核算和考核制度、体制机制等11个方面明确了五年内推进低碳发展的具体目标和56项重点行动，将重点任务逐级分解、逐项落实，明确责任主体和进度要求，建立动态分类考核机制，强化督办督查。

五、数据管理体系

温室气体清单编制工作稳步推进。一是健全了温室气体清单编制组织架构。由深圳市发改委牵头统筹全市温室气体清单编制工作，市经贸信息委、规划国土委、人居环境委、交通运输委、住房建设局、水务局、统计局、城管局、机关事务管理局等部门及相关企业和行业协会配合提供相关数据和资料。二是组织编制了城市温室气体清单，基本摸清了能源消费、工业生产过程、农业、土地利用变化与林业、废弃物五个部门碳排放的基本情况，为碳交易开展和五年碳排放强度目标实现奠定了基础。三是实现了温室气体清单编制常态化。由市财政专门安排预算资金用于深圳市年度温室气体清单编制工作。

温室气体排放统计核查制度进一步健全。一是建立健全温室气体统计核算和报告制度。深圳市以开展碳交易为契机，建立了工业控排企业、建筑物、交通运输企业温室气体统计核算制度，并且规定企业每年需提交第三方核查报告，加快建立全市温室气体统计核算体系和相关考核制度。二是建立碳核查技术规范和方法学体系，在全国率先制定了《组织的温室气体排放量化和报告规范及指南》（SZDB/Z 69–2012）和《组织的温室气体排放核查规范及指南》（SZDB/Z 70–2012）等标准化技术指导文件以及配套的专业行业核查方法学；出台了《建筑物温室气体排放的量化和报告规范及指南（试行）》《建筑物温室气体排放的核查规范及指南（试行）》和《公交、出租车企业温室气体排放量化和报告规范及指南》（SZDB/Z 141–2015），对建筑物运行中和不同类型交通运输企业的温室气体排放的量化、报告和核查进行了规定。三是完善核查机构和人员队伍的管理。出台了《深圳市碳排放权交易核查机构及核查员管理暂行办法》，推动深圳市碳核查机构和人员管理的法治化和制度化。着力提升核查机构专业技术能力，开展核查机构和核查员备案工作。

第二节　案例 1：开拓创新，建立中国首个碳排放权交易市场

深圳市一直致力于碳市场建设，是中国首个碳排放权交易市场试点城市，该区域性碳市场现阶段仍有很大优势，但问题和挑战并存，自 2013 年启动以来，不断迎接挑战，成功地带动了当地碳金融的发展。

一、碳交易启动，实现总量强度双降

深圳率先启动碳交易市场，明确提出要按照市场化、法治化、国际化的方向和要求推动碳市场建设。深圳碳市场经过五年试点的建设与发展，创造了多个全国第一：全国首家碳市场、全国首家碳市场能力建设中心、全国首单"碳债券"、全国首家向境外投资者开放的碳交易平台、全国首个私募碳基金启动等。

（一）率先启动碳交易市场

2011 年 10 月 29 日，国家发展和改革委员会印发了《关于开展碳排放权交易试点工作的通知》（发改办气候〔2011〕2601 号），同意北京、天津、上海、重庆、湖北、广东及深圳开展碳排放权交易试点。在七个试点省市中，深圳是唯一的副省级计划单列市，在筹备碳市场的开始就明确提出要按照市场化、法治化、国际化的方向和要求推动碳市场建设。在市委、市政府的高度重视下，经过多方共同努力，深圳碳交易市场于 2013 年 6 月 18 日正式启动，是全球发展中国家第一个开展配额交易的碳市场，深圳也成为全国最先正式启动碳交易市场的试点城市。经过四年多的运作，深圳市已将最初的 636 家重点工业企业和 197 栋大型公共建筑，纳入碳排放管控范围，初步建成多层次的碳交易市场。交易所内每天不断刷新的成交记录，被视为深圳践行绿色低碳发展理念的重要窗口。截至 2019 年，深圳排放权交易所会员总数达到 2 184 家，其中纳入深圳碳市场的管控单位数量达到 766 家、建筑物业主单位 197 家、个人投资者 1 017 个、公益会员 171 家、机构投资者 33 家。

深圳充分利用特区立法权优势，率先出台地方性法规和政府规章，为推动碳交易试点奠定了坚实的法律基础。2012 年 10 月 30 日，市第五届人民代表大会常务委员会第十八次会议通过了《深圳经济特区碳排放管理若干规定》

（以下简称《若干规定》）。《若干规定》明确了碳排放管控制度、配额管理制度、碳排放抵消制度、碳排放交易制度、碳排放报告核查制度和惩罚制度等六大重要制度。碳排放权交易在中国是一项全新的事物，此前尚未有相应的法律法规进行规范。《若干规定》作为地方性法规，对深圳市碳排放权交易试点工作作了纲领性和概括性规定，碳排放权交易试点工作仍然需要更为详细和具体的法律法规进行明确和规范。为保障深圳市碳排放权交易试点的正常开展和规范运行，2014年3月市政府出台了《深圳市碳排放权交易管理暂行办法》（以下简称《管理办法》），该办法的篇幅之长和规定之细居各试点碳交易管理办法之首。《管理办法》阐述了碳排放权交易试点涉及的各项要素，包括总量设置、配额分配、数据量化报告与核查、注册登记、交易与履约等内容；明确了碳排放权交易试点各类主体，如政府主管部门、减排企业、市场投资者、交易场所、市场服务机构等的各项职责权利；规范了碳排放权交易市场的运行、管理、监督办法和准则。《若干规定》和《管理办法》为深圳碳市场建立和顺利运行保驾护航。

（二）创新碳交易体制机制

一是开创总量与强度双控模式。深圳没有钢铁、化工、水泥等高耗能、高污染、高排放行业，以高技术产业、战略性新兴产业和现代服务业为主的较低能耗、低排放产业特征，决定了深圳碳交易体系适于采用碳总量和碳排放强度双重控制模式。一方面根据经济发展情况为纳入碳交易体系的管控单位设置碳排放总量；另一方面根据管控单位及其行业的历史碳排放强度为每个行业和管控单位设定碳排放强度目标，并根据实际生产情况对每个管控单位的配额进行调整。同时规定，配额调整中的新增配额不超过扣减配额，保证了碳排放总量不会因为配额调整而被突破。这种双重控制模式既符合碳交易"总量控制"的要求，又适应深圳当前管控单位不断发展成长的需要。

二是创新配额分配机制。深圳纳入碳交易的管控单位不仅数量多，而且行业类型和产品复杂多样，涵盖了国家 39 类工业行业中的 26 个行业类产品，如何科学、合理、公平、公正地分配碳配额是深圳建立碳市场面临的最大挑战。根据复杂独特的产业特点，深圳创造性地提出了基于有限理性重复博弈理论的碳配额分配机制，并开发了博弈软件。该方法将子行业类型、产品类型、规模类型近似的企业分成组别，政府对不同组别的企业先行根据其所属子行业的碳排放强度目标设定配额数量上限，再要求同一组别的企业通过博弈软件同时上报碳排放量以及工业增加值目标，由博弈软件根据企业上报的数据按照规则进行配额分配，此办法有效地解决了不完全信息条件下政府主管部门无法获得单个企业碳排放强度目标的问题，提高了企业在配额分配过程中的参与程度，极大地提高了配额分配的效率，同时，利用电子化配额分配软件有效地避免了配额分配过程中的人为干预，防止可能出现的权力寻租等不当行为。

三是建立市场调节机制。为稳定碳市场价格水平，激励管控单位深度减排，深圳大胆创新，建立了相对完善的市场调节机制，主要包括配额固定价格出售机制和配额回购机制。这两种机制一方面强调以温和的市场方式调控市场，避免了对碳市场的强冲击，另一方面对这两种机制设定了相应的调控限制，例如调控的力度、频率、对象等，预防政府无限制干预市场，防止政府过度干预导致市场失灵。

四是保障和激励碳市场创新。借鉴国际碳市场的发展经验，深圳碳市场早在设计过程中已经为碳市场创新创造条件。《若干规定》鼓励机构和个人参与碳交易，《管理办法》规定配额可以通过转让、质押以及以其他合法方式取得收益，更是为碳市场创新奠定了法律基础。目前，深圳碳市场已经基于现货开发了包括碳质押、碳债券、碳基金、碳配额托管等一系列碳金融产品和服务，帮助企业利用碳资产进行融资，同时为投资者提供多样化的投资渠道，充分发挥碳资产作为金融资产的功能和价值。

(三)碳市场运行高效活跃

一是企业履约率高。深圳在履约前期严格执行法律,坚持履约日期不调整,充分利用媒体渠道宣传相关法律,公开违约执法流程,彻底打消了部分管控单位的观望态度和消极思想,有效地保障了深圳碳市场首年度的履约,成为国内仅有的两家没有推迟履约的试点之一。试点以来,深圳碳排放管控单位的年度碳排放履约率一直较高,2017年履约率达99%,2018年履约率为99.12%,2019年履约率回到99%。履约的管控单位数量居各试点省市之首,已经接近或者等同国际成熟碳市场的履约率,远远超过预期。

二是市场交易活跃。2013年至2015年间,深圳市政府根据深圳产业结构特点每年给企业分配3 000万吨碳排放配额,这个额度相对于全国七个试点城市来说是最小的,仅占2.5%。虽然配额规模小,但从另一个角度也说明深圳企业排放量小,产业结构轻,绿色程度高。虽然配额规模小,但深圳碳市场活跃度和流动性在全国领先。碳市场总成交量从2017年的3 500万吨增长到2019年的7 513万吨。

三是碳排放的量化与数据质量保证(Monitoring Reporting Verification,MRV)机制完善。在MRV规范和指南的制定方面,深圳以ISO 14064–1:2006《组织层次上对温室气体排放和清除的量化与报告的规范及指南》和《温室气体议定书:企业核算与报告准则》为基础,结合深圳实际情况,编制并以地方标准形式出台了《组织的温室气体排放量化和报告规范及指南》(SZDB/Z 69–2012)和《组织的温室气体排放核查规范及指南》(SZDB/Z 70–2012),规范了组织层面温室气体量化、报告和核查的原则与要求。针对建筑和交通运输领域,深圳出台了《建筑物温室气体排放的量化和报告规范及指南(试行)》《建筑物温室气体排放的核查规范及指南(试行)》和《公交、出租车企业温室气体排放量化和报告规范及指南》(SZDB/Z 141–2015),对建筑物运行中和不同类型交通运输企业的温室气体排放的量化、报告和核查进行了规定。此外，深圳还建立了第三方核查机制，对核查机构和核查员进行规范管理，出台了《深圳市碳排放权交易核查机构及核查员管理暂行办法》。

四是有效交易日多。开展试点以来，深圳碳市场每年有效交易日均在 200 个以上，2013~2019 年有效交易日分别为：90 天、237 天、238 天、226 天、245 天、246 天、248 天，碳市场平均价格保持在 40 元/吨左右，居 7 个试点市场首位。深圳碳交易体系的市场功能初步发挥，形成了相对完整的价格曲线，为交易主体提供了初步有效的决策信息。

表 5–1　2013~2019 年深圳碳市场有效交易日与交易价格

年份	2013	2014	2015	2016	2017	2018	2019
有效交易日（天）	90	237	238	226	245	246	248
交易价格变动区间，为最低价至最高价（元）	28~143.99	21~93.5	21.04~57.98	14.27~56	14.25~51.76	5.24~58.91	3~53.67

资料来源：数据由深圳排放权交易所提供。

（四）市场化减排效果明显

一是实现了碳排放总量和碳排放强度的"双降"。深圳在首个履约年度成功实现了碳排放总量和碳排放强度的双重下降。开展碳交易首年度 635 家管控单位的碳排放总量相较 2010 年下降了 375 万吨，下降幅度为 11.5%；同时，单位工业增加值碳排放强度较 2010 年下降 33.5%。2015 年管控单位的碳排绝对量较 2010 年下降了 531 万吨，碳排放强度下降率高达 41.8%，远超"十二五"期间国家下达深圳的 21% 的下降目标。同期，635 家管控单位 2013 年工业增加值比 2010 年增加了 1 051 亿元，上升幅度为 42.6%，2015 年比 2010 年增加了 1 484 亿元，增幅达 54.7%。实践证明，管控单位在保持经济增长的同时，实现了单位产出碳排放水平以更快速度下降，有效控制了经济增长驱动下工业能源消耗和碳排放上升的势头，促进了深圳绿色低碳发展。

二是制造业达峰值，有力促进了全市碳减排。深圳制造业在全市各领域中率先达到碳排放峰值，经过多年碳交易市场运行，制造业碳排放总量和碳排放强度实现了持续稳定下降，其排放量占全市碳排放的比重也从2010年的37%下降到2015年的26%。通信设备、计算机及其他电子设备制造业碳排放占比下降，但增加值占比显著上升；机械、设备、仪表制造和有色金属压延业碳排放占比基本不变，增加值占比小幅下降；塑胶、橡胶、金属和非金属制造和压延业碳排放占比上升，但增加值占比小幅下降；造纸、印刷和化学制品制造业，文教体育用品和家具制造业，食品、饮料、农副食品制造业等碳排放和增加值占比均呈现下降。总体上，制造业内部中低碳排放强度、低能耗行业占比上升，推动制造业达峰后碳排放总量和碳排放强度稳定下降，实现了经济增长与碳排放量的绝对脱钩。

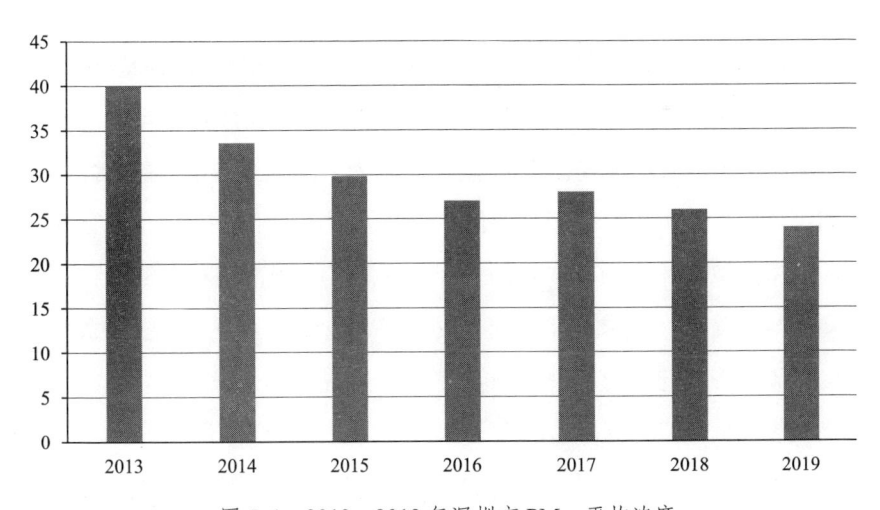

图 5-1 2013~2019 年深圳市 $PM_{2.5}$ 平均浓度

资料来源：《2013~2019 年度深圳市环境状况公报》。

三是"深圳蓝"更加靓丽。从碳交易市场启动的2013年到2019年，深圳 $PM_{2.5}$ 平均浓度由40微克/立方米下降到24微克/立方米。深圳连续多年在全国 GDP 排名前 20 位的城市中空气质量位居第一，实现了经济效益和生态效益"双提升"。 由此可见，碳市场在推动深圳经济发展方式转变、能源结构优化、节能减排、加快城市碳排放达峰等方面发挥了重要作用。

二、碳金融创新，多款产品活跃市场

深圳碳金融主要围绕配额和 CCER 等碳资产，以及与低碳相关的项目融资等方面。截至目前，深圳成功发行国内首只碳债券，支持发起国内首只碳基金，推出碳配额质押、跨境碳金融交易产品，以及绿色结构性存款产品，一系列碳金融服务产品发挥了资本杠杆的放大效应，极大地活跃了深圳的碳排放交易。

（一）创新多个碳金融第一

一是成功发行国内首只碳债券。2014 年 5 月，市交易所与浦发银行、国家开发银行、中广核财务公司合作，为中广核风电公司成功发行国内首只碳债券"中广核风电附加碳收益中期票据"，是为中国碳金融市场破冰之举。在银行间市场引入跨市场要素产品的债券组合创新，对于包括 CCER 交易市场在内的新型虚拟交易市场有扩容的作用，提高了金融市场对碳资产和碳市场的认知度与接受度，其推广和大规模发行极大地促进了整个金融体系和资本市场向低碳经济导向下的新型市场转变。

二是成为世界银行国际金融公司国内首个碳交易合作伙伴。2014 年 4 月 22 日，交易所成为世界银行国际金融公司（IFC）在中国首个战略合作伙伴，IFC 与交易所共同探索和开发创新型碳排放权交易产品，为深圳建设可持续发展的碳交易市场和碳交易金融中心凝结核心竞争力。深圳市政府领导认为本次合作对深圳碳市场的发展意义重大，"标志着深圳碳市场的发展将跃上一个新的层次，也就是更加丰富、更加成熟和潜力更为巨大的碳金融市场"。

三是推出国内首笔绿色结构性存款业务。2014年11月27日，深圳排放权交易所、兴业银行深圳分行和华能碳资产管理公司联合推出国内首笔绿色结构性存款业务。绿色结构性存款主要面向深圳碳排放权市场的参与企业，根据企业配额管理、资金收益等要求，在原有理财或结构性存款产品的基础上，引入第三方碳资产运营管理机制，在产品到期日提供多样化的支付结构选择，为企业提供更加灵活的资产管理方案。惠科电子（深圳）有限公司通过认购兴业银行深圳分行发行的绿色结构性存款，获得常规存款利息收益的同时，在结构性存款到期日，将获得不低于1 000吨的深圳市碳排放权配额。

四是成功完成国内单笔最大的碳交易、国内首单跨境碳资产回购交易。由深圳能源集团股份有限公司控股的妈湾电力有限公司和BP在深圳排放权交易所成功完成国内首单跨境碳资产回购交易业务，交易标的为400万吨配额，交易额达亿元人民币规模，同时也是全国试点碳市场启动三年以来最大的单笔碳交易。此次跨境碳资产回购业务的落地，是深圳碳金融创新服务实体经济的实践典范，为深圳以及未来全国碳市场发展注入了新的活力。

五是成立国内首只私募碳基金。2014年10月11日，深圳诞生国内首支私募碳基金"嘉碳开元基金"。该基金主要开展标准化碳资产开发业务和碳排放权交易业务。私募碳基金的出现进一步丰富了深圳碳金融业务序列，引导了民间资金投资的流向。

（二）推出多个碳金融新业务与新产品

一是成功推出碳配额质押业务。碳配额质押业务是交易所和合作银行共同推出的最新碳资产融资业务。管控单位通过碳配额质押，可以更加灵活地管理碳资产，提前变现，增强配额在管控单位资产中的地位，激励管控单位提升碳资产管理水平和温室气体减排力度。作为肩负碳金融创新使命的深圳前海要素交易平台，深圳排放权交易所为其机构会员——广东南粤银行和深圳市富能新能源科技有限公司推介并撮合成功全国首单以碳配额作为单一质押品的贷款业务。交易所受主管部门的授权为双方提供了质押见证服务，出具了《配额所有权证明》和《深圳市碳排放权交易市场价格预分析报告》。作为深圳碳交易的主管部门，深圳市发展和改革委员会在 2015 年 11 月 2 日受理了深圳市富能新能源科技有限公司碳排放配额质押登记的申请；南粤银行深圳分行对富能公司批复了 5 000 万元人民币的贷款额度，成为国内碳金融领域的一大创新。

二是积极推进绿色债券业务。深圳排放权交易所通过整合券商、银行、会计师事务所、律师事务所、评估机构等合作伙伴的专业团队，在绿色气候债券领域积极探索，现已取得阶段性的突破。在主管部门的支持下开展绿色债券政策研究；与证券商和银行合作，主导设计附加碳收益的绿色债券，并向企业推介；帮助企业申请地方政府对于绿色债券的支持政策，如贴息政策等；协助企业申请绿色债券的认证，发挥贴标绿色债券的营销效益。

三是成功推出"绿商汇"创新型低碳金融产品。2016 年 6 月 17 日在第四届深圳国际低碳城论坛碳交易分论坛上，深圳市汇碳金融服务有限公司（简称"汇碳金融"）推出了"绿商汇"创新型低碳金融产品。"绿商汇"创新型低碳金融产品致力于打造集碳资产担保与融资、碳资产管理以及碳盈余和 CCER 项目的开发与投资三个服务版块为一体的全方位、链条式、个性化综合服务方案，通过整合各方资源，构建了银企合作、政企合作的坚实基础。

四是成功推出国内首款互联网碳金融产品——配额宝。作为深圳排放权交易所的战略合作伙伴，汇碳金融凭借在互联网金融以及碳资产管理领域积累的专业优势，在深圳排放权交易所的支持下推出了国内首款互联网碳金融产品——配额宝，致力于为控排企业推进节能减排提供高效的资金解决方案。配额宝是一款创新型的碳配额质押融资产品，其服务的融资对象是具有融资需求的控排企业，质押物为企业持有的碳配额，风控措施为通过排放权交易所的碳配额回购业务实现碳配额质押，所使用的融资平台则是汇碳金融建设和运营的互联网金融平台。该产品可以有效地帮助控排企业盘活碳资产，降低企业授信门槛，解决节能减排项目担保难、融资难的问题，促进碳交易的活跃，推动碳市场和碳金融的共同繁荣。

三、困难挑战并存，区域碳市场风雨同舟

全国碳市场的建立运行开启了中国低碳减排的新时期，意味着中国已经实现了从碳排放权交易试点开始到全国性市场建设的第一阶段目标。从碳市场运行的实践中发现，大中型城市是中国碳排放主体，也是中国环境生态保护的重点空间领域。因此，在全国性碳市场建立后，已成为区域碳市场的七个试点市场，应当在全国碳市场发展过程中继续发挥重点城市碳市场的作用。

（一）深圳碳市场的问题

一是仅有现货交易。深圳碳市场没有把远期价格纳入考虑范畴，导致无法进行在定价模型中远期碳价和现期碳价的相互影响研究。二是缺乏强有力监管。虽然深圳在主要政策的制定和出台方面走在试点前列，推出了《若干规定》和《管理办法》等相关政策，但缺乏有力的监管制度，《管理办法》所要求的配额拍卖、价格平抑储备配额、配额回购、稳定调节资金等配套管理办法均尚未出台。三是配额拍卖管理办法较缺乏，导致配额拍卖影响市场供应，会对管控单位和市场参与者预测市场价格有着潜在影响。深圳碳市场的优势在于其流动性与价格整体配合良好，但也伴随着配合失当的风险，比如，由于碳市场试点时间紧、任务重，所导致的主要政策出台后配套规则的制定相对滞后。

（二）深圳碳市场的挑战

碳排放权交易的法律制度尚不完善。深圳市碳市场没有明确的法律制度，因而在制定透明的 MRV 体系过程中存在诸多挑战，碳排放相关的法制建设

也常常制约着各级政府对碳排放交易的推动：一是没有形成真正的价格机制，在市场流动性上，无论欧盟还是美国的碳市场，主要是以金融产品、金融工具为主，未来中国统一性的全国性碳交易市场，在适当的时候也应该研究推出中国碳金融产品；二是在市场稳定性上，目前中国七个碳交易试点价格并不相同并且价格偏低，影响了市场的结构转型和稳定性，应当通过市场来发现真正的价格以反映碳资产的稀缺程度。此外在执行强制的碳信息披露制度的同时，也需要研究更具灵活性的交易规则；三是目前没有国家级别关于碳排放权的管理规定。在进行中的排放交易制度（Emissions Trading System，ETS）项目均是通过行政手段加以推进，缺乏有力的监管系统，使得商业无法积极参与其中，因为企业不清楚中国碳市场的运行规则。虽然新的管理规定正在逐步出台，但投资者的信心并没有因此提升；四是碳价趋势过于走低，不能反映边际减排成本。目前深圳的平均碳价不超过 50 元/吨，远远低于广东省测算的二氧化碳减排成本 3 000 元/吨。深圳碳市场建立 6 年以来，碳价呈现逐渐走低的趋势；五是配额量过大，只有减少配额供给量才能有效提升碳价。应积极学习欧盟碳交易机制（European Union-Emissions Trading Scheme，EUETS）和区域温室气体倡议（Regional Greenhouse Gas Initiative，RGGI）等都较早实行了拍卖制度，可以在碳市场实现价格发现功能的过程中起着重要作用；深圳碳市场有效性过低，有待提高；六是信息披露程度仍有待提高，有效及时的信息平台可以降低买卖双方信息搜寻成本，这同时也有利于政府规范市场，掌握碳市场发育情况。虽然所有试点的交易量和交易价格都能在各试点发改委网站搜索到，但一些关键的信息，如配额总量、参与交易的企业名单、惩罚机制等并未在试点地区网站完全公开。此外，随着气候变化和经济学关注度越来越高，建立企业层面的碳排放数据库日益重要，这对以后进行更深入的追踪研究具有重大意义。

第三节 案例2：新能源汽车推广，保有量全球最高

深圳市针对日益剧增的交通碳排放，通过大力建设轨道交通、完善常规公共交通等方式引导人们绿色出行，新能源汽车的大力推广是深圳创新举动之一。深圳市作为首批新能源汽车应用推广示范城市，在政策与市场双重推动下新能源汽车市场实现了跨越式发展，已成为全球新能源汽车保有量和使用量最高的城市，并于2014年荣获"C40城市气候领袖奖"中的"全球城市交通领袖奖"。

一、快速发展，新能源汽车推广历程

示范试点阶段。规划引领，基础设施先行。2009～2012年，深圳以举办第26届世界大学生运动会为契机开展新能源汽车示范运行工作，2011年采用"车电分离、融资租赁、充维结合"模式推广新能源汽车2011辆，全市配套建设快速充电站81座（其中公交场站74座，社会充电站7座，共计约1 100个快速充电桩），私家车用慢速充电桩接近3 000个，初步形成了覆盖全市的充电网络；率先在全国颁布实施《深圳市电动汽车充电系统技术规范》等新能源交通基础设施地方性技术规范。

推广应用阶段。统筹协调，扶持政策先行。2013～2015年期间，推广应用新能源汽车3.4万辆；为满足新增车辆充电需求，优化规划配建公交快速充电桩1 385个、社会快速充电桩1 800个，在既有住宅区和公共停车场配建慢速充电桩15 000个。加大政策扶持力度，营造良好发展环境，印发《深圳市新能源汽车推广应用若干政策措施》等文件，承诺给予新能源汽车1:1配套地方补贴且不退坡，对集中式充电基础设施（站、桩、装置）投资给予30%

财政补贴。

规模发展阶段。政府引导，社会多方参与。2016~2019 年，不断完善扶持政策，探索推广应用新技术、新模式，以节能减排为导向，建立完善新能源汽车碳账户积分减排激励政策。加快公交车、出租车全面纯电动化步伐，逐步提高新能源物流车、环卫车、港口场内拖车等使用比例。扩大新能源分时租赁车、网约车应用规模，研究制定科学合理的投放奖励机制。严格要求新建建筑按照 30% 比例配建充电桩，既有住宅区和社会公共停车场按照 10% 比例配建充电桩，引导更多社会资本参与充电设施建设。

二、融资租赁，新能源公交车推广

针对新能源汽车购置价格相对较高、动力电池寿命与车辆使用期不匹配等问题，深圳市采用了"融资租赁、车电分离、充维结合"的模式，解决了在较短时间内集中投放新能源公交车和充电设施建设的资金压力，并在此模式基础上探索推广"融资租赁、双锁共赢、充维结合"的商业模式。首先，通过减少车载动力电池数量，扩大公交载客空间、实现整车轻量化、提升车辆涉水能力与爬坡能力，从而降低了车辆整体成本。其次，利用移动储能充电车对纯电动大巴运行每个单程进行短时补电，从而保证纯电动大巴能根据公交公司的运行需求实现有效运行。移动补电不仅无需额外占用土地资源，还具有可以减少公交车辆充电无效往返里程等优点。这一商业模式充分利用电网谷电，在满足公交公司运营需求的同时，锁定政府补贴支出投入与企业运营成本和风险，实现多方共赢和共同快速成长。从新能源公交车的发展看，截至 2019 年底，深圳市机动车保有量 349.9 万辆，已累计推广纯电动公交车 1.63 万辆，纯电动物流车保有量 7.2 万辆，新能源私家车保有量 21.77 万辆。自从 2017 年以来，深圳市完成公交纯电动化，相比传统燃油车辆，带来了显著的环境和社会效益。纯电动大巴单车日均营运里程为 174.4 千米，百千米电耗为 106.38 千瓦时，较传统柴油大巴节能 72.9%。2016 年纯电动公交车辆全年共行驶里程约 2.7 亿千米，总节能约 9.5 万吨标准煤。2017 年实现公交纯电动化后，替代燃油总量为 $4.15×10^8$ 升。从碳排放角度来看，根据南方电网统计，纯电动大巴单车百千米二氧化碳排放量 62.43 千克，相较柴油大巴二氧化碳减排效率为 49.46%，单车百千米减排量为 61.09 千克。2016 年纯电动公交全年二氧化碳减排 16.98 万吨，相当于 3 780 公顷绿色植被的二氧化碳吸收量。2017 年公交纯电动化后，全市公交车辆年度二氧化碳减排量可达 63.62 万吨。纯电动公交营运噪声及发热大幅降低，也有效改善了城市声音环境、缓解了城市热岛效应。

三、奖补政策，新能源出租车推广

截至 2018 年底，全市推广的纯电动出租车 2.2 万辆。纯电动巡游出租车较传统汽油车节能 69.5%，2.2 万辆纯电动巡游出租车年度替代燃油 22.6 万吨，氮氧化物、非甲烷碳氢、颗粒物等污染物年度减排量 438 吨，一年减少的碳排放量可达 85.6 万吨。为做好新能源出租车推广工作，深圳市交通运输委建立"1+1+1+1"的推广体系，即"奖励政策引导＋财政补贴政策扶持＋充电配套设施保障＋车辆维保体系保障"。

一是制定行业奖励政策。制定《深圳市新能源出租车推广应用政策实施细则》，设定"规模更新奖励+提前更新奖励+整体更新奖励"等行业奖励政策，充分调动企业推广纯电动出租车的积极性。

二是制定符合行业实际的财政补贴政策，落实市领导关于"纯电动推广工作力度不减"的工作要求。根据《深圳市新能源出租车推广应用政策实施细则》，对于标准工况续驶里程大于 250 千米的新能源汽车，每辆给予购置补贴 6 万元，使用环节补贴 2 万元，推广应用补贴 5.58 万元。

三是完善充电配套设施保障。积极协调比亚迪、南方电网等监管单位加快推进充电配套设施的建设与完善，解决充电设施信息不对称、充值不便捷、电价不统一等问题；同时深圳市发展和改革委员会 2016 年推出的《深圳市 2016 年新能源汽车推广应用财政支持政策》提出，对于在深圳市辖区范围内的购车方，在车辆依法登记注册取得牌照（营运车辆还需取得营运许可）后，市政府主管部门按程序将充电补贴以充电优惠卡的形式发放给购车方，对实际使用的电量给予优惠补贴。对于深圳市辖区范围内符合标准的充电设施，在其竣工验收后，市政府主管部门按程序对投资方给予补贴。

四是建立完善的车辆维护保障体系，设定定额车辆维保费用标准，明确电池维保承诺，减轻车主和企业负担。

四、通行优惠，新能源物流车推广

截至 2019 年底，深圳市纯电动物流车的保有量为 7.2 万辆。为鼓励深圳市新能源物流车的发展，深圳市通过建立第三方深圳市绿色货运公共服务平台，帮助物流企业筛选优质新能源物流车产品，促进新能源物流车推广应用。深圳市公安局交通警察局出台鼓励新能源纯电动物流车发展细则，对纯电动物流车给予全天候、全路段通行优惠，允许纯电动物流车在深南大道等限行道路行驶。

五、分时租赁，新能源私家车推广

为进一步推广新能源汽车在私人用车领域的应用，深圳市对新能源汽车实施免限行限购政策，以整车销售为基础、整车租赁为补充，探索推出分时租赁、汽车共享等创新模式，而且新能源乘用车在公共停车场停车实行首两小时免费。截至 2019 年底，新能源私家车 21.77 万辆。整车销售是指消费者同时购置裸车和动力电池，但由于汽车整车售价高，在初期难以得到消费者青睐；采用租赁模式，由汽车租赁商从生产企业购买已配装电池的电动汽车，并提供中长期租赁服务，租赁商由此可享受到各级政府的购车补贴，而消费者只需支付车辆租金和充电费及日常维修保养费用，经济负担小。分时租赁、汽车共享是近几年兴起的一种模式，汽车租赁商以小时计算提供汽车随取即用的租赁服务；通过把一辆汽车在不同时间段分配给不同用户使用，鼓励短时租车、衔接式用车，形成资源共享，还可有效减少对中心城区车位的需求。对于新能源汽车分时租赁业务，深圳市设置了分时租赁指标，并以招标方式发放，首批确定了四家企业开展该业务。采用特许经营方式引入社会资本参与到配套基础设施投资运营中，从而激发了市场发展动力，也降低了政府财政压力和项目风险。同时，充电设施运营商在特许经营期内，可享受无偿使用政府划拨土地建设充电设施的优惠政策，盈利空间更大，最终实现双赢。

第四节　案例3：碳排放达峰与空气质量达标，推动经济高质量发展

在经济社会发展取得巨大成就的同时，快速工业化和城市化进程导致了一系列生态环境问题，其中温室气体排放和大气污染尤为突出。中国正处于经济社会发展的关键转型期，面对气候变化和大气污染的双重压力，同时根据碳排放和大气污染物排放具有同源性、同步性等特征，以深圳为案例，探究"碳排放与大气污染物排放协同治理，经济发展与生态环境保护协同促进"具有重要理论和现实意义。

一、双管齐下，绿色转型和经济发展相融合

过去十年，深圳在经济高质量增长的同时实现了生态环境质量的明显改善，初步探索出一条经济社会和生态环境协同共进的发展道路。根据研究分析显示，深圳的绿色能源发展战略和产业转型升级显著促进了碳排放和大气污染物排放减排，同时碳排放交易体系运行效果评价显示，城市积极应对气候变化和日益增强的环境管制已经形成了"倒逼"机制，反作用于城市能源结构优化和产业转型升级。

二、一石二鸟，碳排放和大气污染物排放管控

通过综合研究，道路交通、非道路交通、电力热力和非能源工业部门是深圳市内碳排放和 $PM_{2.5}$ 相关污染物排放共同的主要来源。具体来说，道路交通的碳排放占比达到 51.8%，$PM_{2.5}$ 贡献率达到 41%；非道路交通产生的碳排放占比 13.2%，$PM_{2.5}$ 贡献率 11%；电力热力产生的碳排放占比 19.1%，$PM_{2.5}$ 贡献率 8%；非能源工业的碳排放占比 3.4%，$PM_{2.5}$ 贡献率 15%。空气污染和二氧化碳排放问题，在这几个领域里显示出"同根同源"的特征。

表 5-2　深圳市市内碳排放和 $PM_{2.5}$ 相关污染物排放的主要来源

排放部门	道路交通	非道路交通	电力热力	非能源工业	合计
碳排放占比（%）	51.8	13.2	19.1	3.4	87.5
$PM_{2.5}$ 贡献率（%）	41.0	11.0	8.0	15.0	75.0

三、一举多得，协同治理效果改善明显

为了加强大气污染治理，深圳先后发布了《深圳市大气环境质量提升计划（2017～2020 年）》《2018 年"深圳蓝"可持续行动计划》《深圳市打好污染防治攻坚战三年行动方案（2018～2020 年）》等政策文件，提出了城市空气质量改善的明确目标和一系列具体治理措施。以"十三五"为例，一系列大气污染治理措施的实施促进了电厂升级改造、黄标车淘汰、工业高污染锅炉清洁改造等，不仅大幅度削减了各类大气污染物的排放量，也控制了碳排放总量的增长速度。

同时从深圳市排放源的角度来看，大气污染防治和碳排放达峰的重点交叉领域在交通。目前深圳在交通领域的很多措施，包括大力推广新能源汽车、发展公共交通、快速交通等旨在促进传统交通业低碳转型和产业升级的措施，在减少温室气体排放的同时，对抑制大气污染物排放和改善空气质量效果非常明显。根据北京大学深圳研究生院和深圳市综合交通运行指挥中心在 2015 年的研究显示，新能源汽车占比是城市低碳交通发展的主控因子之一。从理论测算结果来看，公交车的碳排放因子大于小汽车，但通过实际比对深圳快速路和主干道上各车型每小时的碳排放总量，发现深圳小汽车对碳排放量的贡献率较高，而公交车对应的碳排放量最低。这正是因为彼时深圳市新能源公交车的使用率已经达到 70%；其次，深圳高效的公交专用道建设很大程度上提升了公交车车速，更是进一步降低了其碳排放量。

不同类型措施或技术的协同减排效应具有显著差异，需求管理和结构调整类的措施或技术协同效应最显著，应当优先实施。多数碳排放减排措施或技术通过抑制能源需求、优化能源结构、降低化石能源消耗等途径或方式，能够显著削减主要大气污染物排放，具有较强的正向协同效应；侧重于机动车结构和燃料结构调整的大气污效治理措施能够产生正的碳排放减排协同效

应，但侧重于末端治理的措施或技术协同效应则不显著、甚至为负。

总体上，城市积极应对气候变化行动对改善区域空气质量具有显著促进作用，未来还应持续推进制造业升级和高端化发展，提高可再生能源利用和能效，优化客货运输结构并推进交通电气化，积极鼓励和引导低碳出行和消费。还需要进一步深入研究需求管理政策或措施以及消费者行为改变对城市绿色经济和生态环境的影响。对于通过能效提高、能源需求管理、能源和交通结构优化实现碳排放和大气污染物排放减排的措施或技术，由于其中的大多数在效用生命周期中能产生节能收益而给企业带来净收益，从成本收回的角度建议优先实施这类措施或技术；而另一部分能源和交通结构调整措施以及绝大多数末端治理技术，其在效用生命周期中无法回收投入成本。尽管大多数协同减排措施或技术在效用生命周期能够带来净收益，但高昂的初始投资成本严重限制了应用和推广。例如，交通和建筑物是未来深圳碳排放和大气污染物排放的主要来源，但如果在这两个部门实施协同减排措施或技术，到 2030 年的初始投资成本累计超过 7 600 亿元。为促进先进绿色技术的应用和推广，迫切需要进一步研究绿色资产定价及变现机制，完善绿色金融、商业运营等市场投融资机制。

第五节　案例 4：超大型城市可持续发展创新示范区

2018 年 2 月 13 日，国务院批复同意深圳市以创新引领超大型城市可持续发展为主题，建设国家可持续发展议程创新示范区。深圳市的绿色低碳发展理念成为示范区建设的一个重要组成部分，绿色低碳发展将与可持续发展理念紧密结合，产生更大的协同效应。

一、创新引领，超大型城市可持续发展

《深圳市可持续发展规划（2017~2030 年）》（简称《规划》）立足深圳实际，提出五大重点任务 30 项主要指标，加快推动科技创新与社会发展深度融合，探索可复制、可推广的超大型城市可持续发展路径。《规划》提出到 2020 年，成为国家可持续发展议程创新示范区的典范城市；到 2025 年，成为可持续发展国际先进城市；到 2030 年，深圳成为可持续发展的全球创新城市。《规划》提出五大重点任务，即建设更具国际影响的创新活力之城、建设更加宜居的绿色低碳之城、建设更高科技含量的智慧便捷之城、建设更高质量标准的普惠发展之城、建设更加开放包容的合作共享之城。

二、增强补短，落实工程体系建设

为贯彻国务院对《规划》的批复精神，深圳大力实施资源高效利用、生态环境治理、健康深圳建设和社会治理现代化"四大工程"，创新健全服务支撑和多元人才支撑"两大体系"，大力推进示范区建设，扎实开展各项工作。四大工程中与绿色低碳较为相关的是资源高效利用与生态环境治理两个领域。

在资源高效利用方面，深圳正加快推动城市空间紧凑集约利用、水资源和能源高效集约利用、生活垃圾资源化利用体系建设。2018 年，深圳通过执法拆除、城市更新、土地整备、建设用地清退、完善手续等多种方式，拆除消化违法建筑 2 380 万平方米。全面执行绿色建筑标准，新建民用建筑 100%执行绿色建筑标准，全市绿色建筑面积达 7 320 万平方米，成为中国绿色建筑建设规模和密度最大的城市之一，荣获"国家可再生能源建筑应用示范城市"称号。优化能源结构，推动绿色交通出行，在全球率先实现公交车 100%

纯电动化，深圳巴士集团成为全球第一家实现纯电动化的公交大巴企业；全市新能源汽车保有量达 17.79 万辆，数量居全球城市前列。

在生态环境治理方面，深圳坚决打好污染防治攻坚战，加快推进水环境、大气环境、海洋环境保护和生态建设：1. 水环境保护：以污水收集处理设施建设为重点，推进饮用水源、黑臭水体、跨界河流、海域综合治理，2018 年治水提质工作完成投资 191.47 亿元，同比增长 80.87%。2. 大气环境保护：以 $PM_{2.5}$ 和臭氧污染防治为重点，实施"深圳蓝"可持续行动，建成国内首个按照国家标准建设的覆盖所有街道的网格化空气监测体系，公众可通过手机 APP、微信等渠道查询全市 74 个街道 $PM_{2.5}$ 实时浓度及排名。3. 海洋环境保护：开创中国"政府引导、企业出资、第三方实施、社会参与"的海洋生态补偿新模式，改变以往生态补偿直接上缴财政的"一缴了之"的做法。4. 生态保护与建设：在全国率先建立与 GDP 相对应的、全面衡量生态状况的城市生态系统生产总值（Gross Ecosystem Product，GEP）统计与核算体系，并大力推行 GDP 和 GEP 双核算、双运行、双提升，初步形成了经济质量、社会质量和生态质量同步提升的良好格局。深圳持续推进低碳城市建设，加快国际低碳城建设。以绿色低碳发展践行生态文明，牢固树立"绿水青山就是金山银山"的生态发展观，始终坚持"创新、协调、绿色、开放、共享"的发展理念，充分利用深圳特区一体化和东进战略契机，加快生态高地、美丽家园建设。

2019 年 1 月 15 日，"落实 2030 年可持续发展议程论坛（中国·深圳）"在深圳举行，论坛上发布《深圳可持续发展综合评价体系研究》报告，报告显示：深圳整体的可持续发展水平已经超过了超大型城市的平均水平，尤其是创新能力、资源利用效率、环境质量处于领先地位。与国内超大型城市相比，深圳的医疗、教育、卫生等关乎民生的基础设施水平存在较大提升空间，需要加大优质公共服务资源供给。报告指出，深圳吸引了大批人口流入，急需在技术和市场化管理手段上进行创新，以化解人口压力带来的"大城市病"

难题，继续提升超大型城市人口容纳水平。在人均 GDP 指标方面，尽管深圳与北京、上海、天津、重庆、广州等城市相比占据优势，但与纽约、东京、伦敦等国际超大型城市的差距还很明显。而与纽约、新加坡等世界超大型城市的 $PM_{2.5}$ 对比中，在国内排名居首的深圳仍然处于下风。在 2001~2017 年的统计区间，深圳灰霾天数和 $PM_{2.5}$ 年均浓度走出了一条逐波下降的曲线，显示城市环境整治的成效正逐步显现。

《深圳可持续发展综合评价体系研究》报告给出了"增强""补短"两大政策建议。其中在"增强"方面要继续激发企业、研究机构、学校、社会的创新活力，继续提升经济发展质量，注重未来增长潜力，对标国际先进城市，继续提高资源环境利用效率，继续保护和改善城市居民生活的空气、水、土壤环境，继续严控生态环境保护红线；"补短"方面需要提升土地利用效率和集约空间，提升能源结构多元化水平，加强研究和推进低碳清洁能源利用，提升城市居民医疗、卫生、教育等基础设施水平等。

三、和谐共生，树立全球城市典范

2019 年 8 月 9 日，党中央、国务院对深圳建设中国特色社会主义先行示范区，明确提出发展目标："到 2025 年，深圳经济实力、发展质量跻身全球城市前列，研发投入强度、产业创新能力世界一流，文化软实力大幅提升，公共服务水平和生态环境质量达到国际先进水平，建成现代化国际化创新型城市。到 2035 年，深圳高质量发展成为全国典范，城市综合经济竞争力世界领先，建成具有全球影响力的创新创业创意之都，成为中国建设社会主义现代化强国的城市范例。到本世纪中叶，深圳以更加昂扬的姿态屹立于世界先进城市之林，成为竞争力、创新力、影响力卓著的全球标杆城市。"

中国特色社会主义先行示范区的定位，要求深圳牢固树立和践行"绿水青山就是金山银山"的理念，打造安全高效的生产空间、舒适宜居的生活空间、碧水蓝天的生态空间，在美丽湾区建设中走在前列，为落实联合国 2030 年可持续发展议程提供中国经验，成为可持续发展先锋。首先是完善生态文明制度。落实生态环境保护"党政同责、一岗双责"，实行最严格的生态环境保护制度，加强生态环境监管执法，对违法行为"零容忍"；构建以绿色发展为导向的生态文明评价考核体系，探索实施生态系统服务价值核算制度；完善环境信用评价、信息强制性披露等生态环境保护政策，健全环境公益诉讼制度；深化自然资源管理制度改革，创新高度城市化地区耕地和永久基本农田保护利用模式。其次是构建城市绿色发展新格局。坚持生态优先，加强陆海统筹，严守生态红线，保护自然岸线；实施重要生态系统保护和修复重大工程，强化区域生态环境联防共治，推进重点海域污染物排海总量控制试点；提升城市灾害防御能力，加强粤港澳大湾区应急管理合作；加快建立绿色低碳循环发展的经济体系，构建以市场为导向的绿色技术创新体系，大力发展绿色产业，促进绿色消费，发展绿色金融；继续实施能源消耗总量和强度双控行动，率先建成节水型城市。

小　结

大型可持续发展示范区的批复推动了深圳未来经济和环境可持续发展的进程；工程体系建设在多方面发挥了作用：在资源高效利用方面加快了城市空间紧凑节约利用，在生态环境治理方面加快了水环境、大气环境、海洋环境保护。深圳还是以和谐共生闻名的全球典范城市，作为社会主义先行示范区，深圳秉承着"绿水青山就是金山银山"的理念，在生态环境保护上对违法行为"零容忍"，坚持生态优先原则，对重要生态的保护和修复工程强调联防联控共治理念，率先把深圳市打造成节水型城市。

参考文献

绿色低碳发展基金会、北京大学深圳研究生院:"深圳碳减排路径研究",2016年。
绿色低碳发展基金会:"深圳市动力电池回收利用机制与政策研究",2018年。
深圳市建筑科学研究院股份有限公司:"深圳市近零碳排放区示范工程建设支撑体系研究报告",2018年。
深圳市统计局、国家统计局深圳调查队:《深圳市统计年鉴 2015~2018》,中国统计出版社,2016~2018年。
深圳市统计局:"深圳市2007~2018年国民经济和社会发展统计公报",2018~2019年。

第六章　成都市应对气候变化行动案例

成都市地处川西平原腹地，面积 1.43 万平方千米，常住人口超过 1 600 万。成都拥有 4 500 多年的文明史和 2 300 多年的建城史，是古蜀文明发祥地、南丝绸之路起点，有举世闻名的水利工程"都江堰"，有蜚声全球的大熊猫，自然禀赋得天独厚，素有"天府之国"美誉。成都是"一带一路"和长江经济带的重要节点、中国向西向南开放的国际门户枢纽，也是中国中西部最具特色与亮点的国家低碳试点城市之一。

第一节　总体情况

一、低碳发展理念

坚持应对气候变化与城市发展战略有机融合。将应对气候变化作为建设全面体现新发展理念城市、美丽宜居公园城市的重要方面，把生态优先、绿色发展的理念融入城市建设各领域、全过程，强化水、能源等资源供给约束，优化城市空间布局，重塑产业经济地理，推动城乡形态实现"一山连两翼"千年之变，与资源环境承载容量相适应的城市可持续发展路径更加完善。

坚持应对气候变化与经济高质量发展有机融合。将应对气候变化作为经济转型发展的重大机遇，积极探索以绿色低碳循环为重要特征的高质量发展之路。将碳排放强度下降等应对气候变化目标作为约束性指标，纳入全市"十三五"国民经济与社会发展规划纲要，推动经济社会绿色化、低碳化的导向更加鲜明。低碳城市建设与发展新经济培育新动能协同推进，新能源、节能环保等九大绿色产业加快发展，能源生成转换、绿色生产和生活三大领域"十二大应用场景"不断丰富，经济低碳化、低碳经济化的绿色发展路径更加清晰。

坚持应对气候变化与生态文明建设有机融合。将应对气候变化作为生态文明建设的重要内容，编制出台《成都市加快推进生态文明建设实施方案》《成都市生态文明建设"十三五"规划》等，统筹推进应对气候变化、生态保护、环境治理、防灾减灾等工作，突出抓好节能、减排、降碳三个关键，温室气体减排和大气污染治理的协同效应愈加凸显，全市空气质量明显改善，人民群众获得感不断增强，城市宜居度日益提高。

建立健全组织架构体系。成立市政府层面的成都市应对气候变化及节能减排工作领导小组，市长亲任组长，市发改委、市科技局、市经信局、市生态环境局、市水务局、市农业农村局、市住建局等多个市直机关全部作为成员单位，全面统筹应对气候变化和低碳发展工作，整合全市力量齐抓共管；设立专门领导小组办公室，作为应对气候变化和低碳发展工作的综合协调机构。

二、低碳产业发展

高质量现代产业体系加快构建。以"人城产"发展模式组织经济工作，加快建设 14 个产业生态圈、66 个产业功能区，培育创新生态链。突出高端高质、绿色低碳，制定实施《高质量现代化产业体系建设改革攻坚计划》《推进绿色经济发展实施方案》《成都市打好环保产业发展攻坚战实施方案》，重点发展"五大先进制造业""五大新兴服务业"，加快发展以人工智能、大数据、清洁能源为支撑的新经济产业。2019年，全市新登记绿色经济企业2 731家，新经济企业突破36万户，新经济活力居全国城市前列；通威太阳能、全友家私等20家企业获得30张低碳产品或碳足迹认证证书，367家节能环保规上企业实现营业收入821.6亿元，经济绿色化程度大幅提高，发展的平衡性、包容性和可持续性得到增强。积极发展绿色金融，2018年全省首个绿色金融中心正式开园，环境污染责任保险投保企业181家，保额超3亿元，绿色信贷余额3 200亿元。

传统产业低碳转型持续推进。成都持续促进制造业的转型升级，严格限制"三高两低"企业，动态整治"散乱污"工业企业1 953户，依法关停落后产能企业460余户，完成94户企业清洁生产审核，全市基本退出钢铁冶炼、烟花爆竹和印染行业，全市水泥、平板玻璃、火电等典型传统行业全部实现绿色化改造升级。全市单位工业增加值能耗、碳排放强度持续降低，2019年规上工业单位工业增加值能耗较2015年累计下降23.59%，提前完成"十三五"单位工业增加值能耗下降目标。

加强废弃物资源化利用和低碳化处置。大力实施垃圾处理、固体废弃物污染防治三年攻坚行动，纳入攻坚的45个固体废弃物处置项目已建成11个，17个正加快推进，长安静脉产业园获批国家资源利用示范基地，成都隆丰环保发电厂建成投运，国家餐厨试点二期处置项目试运行。强化农业减量投入，因地制宜推广种养结合循环技术，农药、化肥使用量同比分别减少2%、1.5%。

三、低碳生活方式

低碳宣传力度持续加大。成都市配合全国节能宣传周和全国低碳日活动，每年组织开展应对气候变化成果展、低碳大课堂、节能低碳产品"十进"活动、"节能低碳主题知识竞赛"在线有奖植树活动、"地球一小时"等一系列形式多样、趣味性和参与性强的体验活动，广泛宣传低碳环保知识，并将低碳知识纳入基础教育、高等教育、职业教育体系，以绿色课程、绿色活动、绿色评价、绿色校园为抓手，以具有成都特色的低碳教育体系助推绿色低碳文化推广。

启动低碳示范单位创建。择优甄选"成都经济技术开发区能效网络小组""成都青龙湖小学"等60余家基础良好、具有示范带动作用的企业、学校、社区、公共机构确定为市级绿色低碳示范单位，培植典型、树立样板，更好地促进全市绿色低碳发展。

绿色消费方式加快培育。大力倡导绿色出行，城市轨道交通加速成网，2019年，运营里程达到341千米，日均客流量约380万人次，轨道交通占公共交通出行分担比率提升到50%；进一步完善常规公交网络，快速公交和微循环社区巴士与轨道交通实现无缝衔接和换乘，获批首批公交都市创建城市，公共交通机动化出行分担率提升至57%；加快提升慢行交通系统，出台全国首个《关于鼓励共享单车发展的试行意见》，自行车以共享形式回归城市，全市累计投放共享单车约145万辆，骑行减排量居全球12个大城市第三位。大力推广新能源汽车，实施新能源汽车地方补贴、停车收费减免、不限行不限号、启动专用号牌等鼓励政策，累计推广新能源汽车10.4万辆。积极推进生活垃圾分类，探索形成"成华区环卫延伸服务模式""双流区多方多级联动模式"等多种新模式，2019年，全市参与生活垃圾分类的居民累计达到375.2万户，分类覆盖率达60.2%。

四、相关配套政策

健全工作协调机制。明确市节能减排及应对气候变化工作领导小组办公室职能职责，充分发挥牵头部门统筹协调作用，积极推进全市应对气候变化及相关工作。编制印发《成都市低碳城市试点实施方案》，建立完善以总体规划为统领、年度计划为支撑的工作机制，切实保障低碳城市建设有序有力推进。

完善评价考核问责机制。以碳达峰碳中和目标为引领，建立降碳目标责任评价考核和激励机制，落实控制温室气体排放目标责任考核办法，明确将二氧化碳排放总量及强度作为约束性目标纳入生态文明建设考核目标体系、绿色发展评价指标体系和区（市）县低碳城市建设目标评价考核办法。近五年来，全市二氧化碳排放强度预计累计降低 17%，2018 年单位 GDP 二氧化碳排放预计降至 0.42 吨/万元，远低于全省平均水平（预计 0.79 吨/万元），用全省 20%左右的碳排放量贡献了近 37%的 GDP。

探索低碳发展市场机制。开展成都市碳排放权交易及其管理制度建设的相关研究，构建碳配额、碳普惠和减排量多层次碳市场体系的工作思路基本确立，碳核查、平台开发等碳市场建设基础工作有序推进。探索碳交易和用能权交易协同管理机制，积极参与全省用能权有偿使用和交易试点。发布全国首例"供热锅炉使用电能或天然气替代燃煤碳减排量化方法学"，编制完成"私家车自愿停驶碳减排量化方法学"，"碳资产"确权赋能取得突破。以低碳交通、清洁能源为重点，持续推进碳普惠示范工程，"蓉 e 行"低碳出行平台累计申报私家车停驶车辆 1.6 万台，减少二氧化碳排放 3 000 余吨。截至 2015 年 7 月，经国家注册和签发的清洁发展机制（Clean Development Mechanism, CDM）项目 4 个，年减排量 62.2 万吨；截至 2018 年年底，国家核证自愿减排（Chinese Certified Emission Reduction, CCER）项目 1 个，年减排量约 61.6 万吨，国家核证温室气体自愿减排量累计成交近 600 万吨，居全国第五。

五、数据管理体系

温室气体清单编制工作持续推进。一是健全了温室气体清单编制组织架构。由成都市生态环境局牵头（职能转隶前为市发改委），统筹全市温室气体清单编制工作，市统计局、市经信局、市交通运输局、市住建局、市水务局、市城管委、市机关事务局、市农业农村局、市公园城市局等部门及相关企业和行业协会配合提供相关数据和资料。二是组织编制了城市温室气体清单，基本摸清了能源消费、工业生产过程、农业、土地利用变化与林业、废弃物五个领域温室气体排放的基本情况，为五年碳排放强度目标制定和参与全国碳交易奠定了数据基础。三是温室气体清单编制实现常态化。每年由市财政专门安排预算资金用于成都市年度温室气体清单编制工作，现已编制完成2010年、2015年和2016年温室气体清单报告，正在抓紧开展2017年和2018年温室气体清单报告编制。

温室气体排放统计核查制度进一步健全。一是建立健全温室气体统计核算和报告制度。成都市以摸清"碳家底"和助力全国碳市场建设为目标，建立了工业控排企业温室气体统计核算制度，持续开展了200家市级扩围企业碳排放数据核查工作，指导4家发电企业完成注册登记、交易系统开户，加快推进配额分配核算。二是建立碳减排量核算方法学体系。结合环境治理和公园城市建设，制定清洁能源替代、造林管护、天府绿道、川西林盘、湖泊湿地、测土配方等方法学，着力开发能效提升、资源节约、可再生能源利用等方法学，以方法学规范项目碳减排量核算，助力成都碳普惠市场建设。

第二节 案例1：发展低碳交通，稳步推进绿色出行

作为国家低碳城市试点，成都市明确提出了2025年实现二氧化碳排放达峰的目标，而城市碳排放达峰将依赖于工业、建筑、交通、能源等各个领域的贡献。相关研究表明，交通在成都市二氧化碳排放总量中占比较高，交通领域节能降碳压力明显。近年来，成都市全方位采取多种措施推进全市绿色低碳交通体系建设，围绕发展交通运输新经济、提升公共交通出行率、推进

智能交通建设、推广新能源汽车、淘汰高能耗高污染车辆等方面，加强行管引导、倡导生态理念、落实长效措施，积极推动交通领域节能降碳，助推成都低碳城市建设。

一、缓堵保畅，促进交通减排降碳

近年来，成都市全力推进公交都市创建，地铁建设加速成网，积极完善公交网络，持续提升公交管理和服务水平，公交吸引力进一步增强；截至 2019 年底，成都公共交通机动化出行分担率已提高至 57%，公共交通在城市交通中的主体地位不断加强。

（一）推进轨道交通加速成网

作为城市的生命线，城市轨道交通也是世界公认的低能耗、少污染的"绿色交通"。轨道交通建设将直接关系到城市居民的出行、工作和生活，不仅与老百姓息息相关，同时也是解决"城市病"的一把金钥匙，对于实现城市的可持续发展具有非常重要的意义。

成都地铁自 2005 年正式开工至今十余年以来，艰苦创业、砥砺奋进，完成了从无到有、从小到大的历史跨越，呈现出后发快进、顺势崛起的强劲态势。成都最早的地铁 1 号线开通于 2009 年 9 月，正式开启了成都城市出行便民生活的新篇章。截至 2019 年年底，成都地铁已开通 9 条线路，线网运营里程达到 341 千米；2019 年 12 月 31 日成都地铁线网单日客运量首次突破 500 万乘次大关，成为继北京、上海、广州、深圳之后，国内第 5 个实现单日客运量突破 500 万乘次的轨道交通城市；2019 年成都地铁累计客运量 14.0 亿乘次，较 2018 年客运量增长 20.7%，城市公共交通出行分担率超过 50%，目前日均客运量已达到 382.99 万乘次，在方便市民平日出行的同时，大大缓解了城市交通压力。2020 年成都在建轨道交通线路 15 条，里程超 350 千米；预计到

2022年，运营里程超过600千米，实现22个区（市）县轨道交通全覆盖，基本形成半小时轨道交通通勤圈。

表6-1　2010～2019年成都市地铁运营情况汇总表

年份	运营里程（千米）	客运量（亿乘次）	单日客流峰值（万乘次）	公共交通出行分担率（%）
2010	18.5	0.12	—	1.0
2011	18.5	0.55	20.4	4.4
2012	40.97	1.03	65.5	7.3
2013	49.71	2.4	95	17.0
2014	60.83	2.8	117.62	15.7
2015	88.35	3.4	157.74	19.7
2016	108.7	5.6	238.11	34.4
2017	179.39	7.82	328.65	40.0
2018	226.02	11.6	411.15	—
2019	341.0	14.0	525.60	—

注：数据来源于1.成都市国民经济和社会发展统计公报（2010～2019）；2.成都地铁"2017年绿色出行报告"；3.成都地铁2018年运营大数据；4.成都地铁"2019年绿色出行报告"。

（二）加快加密公交线网

结合地铁时代市民出行的需求变化，持续优化加密公交线网，不断完善"快+干+支+微"四级全覆盖的公交服务体系，公交线网密度超过3.3千米/平方千米，城市建成区实现公交站点500米全覆盖率，日均客运量保持480万人次。2019年以来，共计新开公交线路31条，优化调整44条。配合地铁1号线三期开通运营，同步开展了公交线路优化接驳工作，强化地铁站与周边区域的公交衔接，加密天府新区核心区地铁沿线的公交线网覆盖并延伸接驳至主要场镇，全市公交站点覆盖率、智能化运营调度水平等指标居国内同类城市前列。

二、创新优先，推进交通绿色低碳

近年来，结合城市具体实际，成都积极发展交通运输新经济，加快制定出台相关鼓励发展、规范管理的政策措施，形成政府主导、企业主体、公众参与的绿色交通发展格局，构建高效、低碳的绿色交通发展体系。

（一）大力发展共享单车

共享单车 2016 年底进入成都，2017 年得到迅猛发展。目前市域范围内单车投放总量超过 120 万辆，累计注册用户数已过千万人次，单车周转率约为 2.4 次/日，72 小时活跃率为 60%，单车周转率为 3.1 次/日，日均骑行次数超过 200 万人次，年减排约 2 万吨。针对快速发展的共享单车，成都采取了多样的创新管理措施，及时处理解决了共享单车发展出现的问题，提高了共享单车管理及服务水平，促进了共享单车的健康有序发展。共享单车的普及使得成都市公共交通出行量得到大幅提升，与公交、地铁接驳比例约为 40%，地铁客运量增长 10% 以上。成都走出了一条互联网时代下"共享单车+公共交通"的交通出行新路，市民出行方式发生了历史性重大变革。

积极制定扶持政策，助力共享单车规范发展。作为全国首个出台鼓励支持共享单车发展政策的城市，2017 年 3 月，成都相继出台《成都市关于鼓励共享单车发展的试行意见》《成都市中心城区公共区域非机动车停放区位技术导则》《关于进一步加强共享单车管理的工作方案》，通过配套行业指导意见和工作方案的制定和实施，为行业发展提供了强有力的政策支撑。

厘清职能齐抓共管，持续用力破解监管难题。充分发挥政府监管、市场反应和舆论引导的叠加优势，努力破解监管难题。政府主动承担服务监管职能，厘清各级各部门职能边界，明确共享单车"条块结合，以块为主"的管理模式，强化属地化管理保障机制：市交通部门负责共享单车运营企业的监督管理，牵头研究制定规范共享单车运营管理的指导意见；市公安交管部门负责停放点位规划、通行秩序、治安案件管理；市城管部门负责停放秩序和停放区域环境卫生监管；区（市）县政府负责属地范围内非机动车停放点位施划、停放标志设置和停放秩序日常管理；最大限度消除共享单车发展管理等方面的阻力和障碍。

创新协商共管机制，提升信息化监管水平，建立协商制度。搭建市级部门、属地政府、企业及人大代表、政协委员、民主党派人士、热心市民参与的专题协商平台，广泛收集议题，采取定期或不定期召集会议的形式，形成"3+7+N"共建共商共管沟通机制（即市交委、公安交管和城管3个部门，市所辖7个区（县），N个企业），及时解决共享交通发展中的普遍和共性问题。

（二）积极发展网约车

2017年3月8日，滴滴出行获得成都首张网约车经营许可证，也是滴滴在总部注册地之外的首张线下牌照。目前滴滴在成都开通了出租车、专车、快车、城际拼车、顺风车、代驾、租车、小巴和企业级的全面出行服务，并且已与七家出租汽车企业达成合作，在改善出租汽车服务水平、提高驾驶员收入等方面取得了良好效果。滴滴出行在成都地区取得了优异的市场成绩，日均订单量约75万乘次，现已稳居全国第一。

2017年3月和6月，成都市交通管理局与滴滴出行签署战略合作协议，共同推进成都市"智慧交通"建设。本着优势互补、合作共赢的原则，充分发挥政府部门和互联网企业各自资源和优势，共同推动互联网技术与交通管理工作深度融合，通过数据融合共享、云计算技术合作、管理和服务平台搭建、交通治理模式创新等方面合作，促进政企间出行服务信息共享应用，更好地提升城市交通管理服务水平。目前滴滴在成都蜀汉路、蜀西路等60多个路口推出智慧信号灯，通过滴滴数据进行信号灯配时的持续优化，提高道路的通行效率，有效缩短拥堵时间。

（三）积极培育新能源分时租赁

当前，成都市在营新能源分时租赁车服务商主要有 EVCARD、盼达、Gofun 川交出行 3 家，共投入新能源汽车约 3 600 辆，服务网点约 2 080 个，日均车辆使用频率约为 3 次，累计注册用户数约 60 万人次。2017 年 9 月 27 日，成都市政府办公厅《转发市交委、市经信委、市建委、市公安局四部门关于鼓励和规范新能源汽车分时租赁行业发展指导意见的通知》（成办函〔2017〕165 号），标志着成都市新能源汽车分时租赁行业已经进入政府鼓励与规范发展的新阶段。

（四）积极促进车位共享

目前，成都市有共享停车应用企业 3 家，共享停车场覆盖数达 1 500 余个，停车位覆盖约 20 万个，共享停车行业正处于探索发展期。2018 年初，成都市政府印发了《关于鼓励和支持停车资源共享利用工作的实施意见》，进行停车资源共享利用建设。成都市交通运输局启动成都市公共停车基础信息平台二期建设，以此为基础建设成都市智慧停车信息平台，实现停车场动态车位信息的实时采集，形成全市停车信息资源核心数据库；修订《成都市智能停车信息系统建设技术导则（试行）》，实现计时收费、车牌自动识别、车位感知、访客管理、门禁监控和路径诱导等功能，并逐步上升到地方标准；起草制定共享停车用户信用信息管理办法和共享停车行业服务质量考核办法。截至 2019 年，已有两家在成都注册的车位共享运营企业获评 AAA 级（优良）。

三、大力推广，助推新能源可持续发展

近年来，成都抢抓新能源汽车发展机遇，促进新能源汽车推广应用，助

力大气环境改善和交通节能降碳，全市公交车、公务车、城市环卫车、物流车、私人用车等领域累计推广新能源汽车 10.4 万辆，新能源汽车推广数排全国城市前列。

（一）主要成效

推动城市公交新能源改造。近年来，成都市交通运输行业认真贯彻落实《成都市新能源汽车三年推广应用实施方案（2017～2019 年）》，牢固树立"创新、协调、绿色、开放、共享"新发展理念，坚持"增量首选、存量逐步替换"和"市场主导、政策引导、条块结合、市县共担"原则，大力推广应用新能源公交车，截至 2019 年上半年，成都市开通公交线路 1 238 条，在营公交车 18 248 辆，其中新能源汽车 5 621 辆，占车辆总数的 30.8%。

大力发展新能源出租汽车。聚焦出租汽车行业（含网约车），贯彻《成都市新能源汽车推广应用的若干政策》，推广新能源汽车应用，鼓励使用新能源汽车。目前，成都市网络预约出租汽车中"曹操专车""神马专车"等网约车平台公司投入使用共计超过 2000 辆新能源汽车；传统巡游出租汽车因受经营模式和经营成本等因素的困扰，暂未投入使用新能源汽车。

推进长途客运新能源发展。为引导、鼓励公路客运企业在条件允许的情况下，优先考虑投放新能源和清洁能源车辆，成都市交通运输局对新增县际客运班线/包车经营权服务质量招标文件进行了修订，即道路客运企业在参加新增县际班线、县际包车经营权出让服务质量招投标时，凡承诺优先投放一定比例新能源车辆的，将在评标过程中给予加分奖励。自新能源汽车推广政策出台以来，成都市县际包车客运市场已新增投放新能源车辆 20 辆；成都市客车租赁市场目前已登记备案新能源汽车租赁数量共 145 台，其中 2018 年新增备案 33 台。

（二）亮点工作

加强组织领导，完善推进机制。完善组织领导机构，调整充实了成都市新能源汽车推广应用工作推进小组成员单位，明确了 22 个市级部门分管领导和责任处室工作任务。按照"条块结合、两级联动"的原则，要求各区（市）县政府成立和市级部门相对应的推进小组和牵头部门，强化区（市）县主体责任，确保新能源汽车推广应用工作有序推进。

制定实施方案，促进推广应用。出台了《成都市新能源汽车三年推广应用实施方案（2017～2019 年）》《成都市充电基础设施三年建设实施方案（2017～2019 年）》，围绕公共交通及客运车辆、公务用车、物流配送车、私人乘用车等四大重点推广领域，明确了市交委、市机关事务局、市口岸物流办、市商务委为对应的牵头单位，负责制定具体实施方案和年度分解推进目标，将充电设施建设任务分解到各区（市）县，提出到 2019 年年底，全市新上牌新能源汽车 3 万辆，保有量累计达到 4.8 万辆；新建充电站 600 座，充电桩 6.7 万个的目标，落实到了区（市）县和重点领域。截至 2018 年底，成都市累计建成各类充（换）电站 408 座、充电桩 1.3 万个，初步构建起以中心城区为主、辐射郊（市）县的新能源汽车充电网络。

推动多领域示范，狠抓工作落实。成都市积极响应国家号召，大力推广多领域新能源汽车应用。一是以公共领域为重点，大力推进公交、出租、租赁、公路及旅游客运等领域使用新能源汽车，逐步实现中心城区公交车电动化，支持中植一客公司在旅游、通勤领域开展新能源车辆租赁业务，支持吉利康迪、上海国际汽车城等企业面向企事业单位、市民开展新能源汽车分时租赁业务。二是鼓励物流领域使用新能源物流车，引导物流运输公司采用新能源物流车开展物流配送。三是引导私人用车领域购买新能源汽车，促进比亚迪、众泰、江淮等新能源汽车进入市民家庭。

鼓励社会资本进入，加快充电设施建设。一是做好充电设施规划。编制了《成都市电动汽车充（换）电基础设施建设专项规划》；制定了充换电基础设施建设导则，明确了充换电设施建设相关标准。二是推进充电设施建设。在与国家电网、上海国际汽车城、成都城投公司等国企合作建设充电设施的基础上，积极探索、鼓励社会资本投资建设充电设施，成都雅骏公司、成都特来电公司、北京电桩公司等民企已在物流园区、商业区、公共交通、住宅小区等场地投资建设了充电桩。三是重点推进新能源汽车公交 BOT 充电项目建设。按照"先易后难、适度超前"的原则，突破当前制约充电桩建设的制度障碍，促进项目顺利施工。

创新商业模式，培育消费市场。积极探索适合新能源汽车应用的商业模式，在租赁、公交、物流领域分别形成了"分时租赁""有条件分期付款""分期付款+定制服务"等具有代表性的商业模式。在租赁领域，重点促进了上海国际汽车城、吉利康迪、成都马普、成都盼达等公司开展"分时租赁"、按月（年）租赁等模式，鼓励神马专车、吉利集团"曹操专车"开展新能源乘用车网约车业务；在公交领域，探索形成了成都瑞华特"有条件分期付款"模式，并引入北京九谷科技公司等企业进一步优化、开展新能源公交车租赁模式；在物流领域，推进成都雅骏公司、深圳地上铁公司等企业开展以租代售模式。

落实补贴资金，营造良好环境。出台了《成都市进一步支持新能源汽车推广应用的若干政策》《关于鼓励和规范新能源汽车分时租赁业发展指导意见的通知》，制订了新能源汽车充电服务费标准。目前，成都市已向广大市民、新能源汽车整车及零部件企业、新能源汽车充电桩建设主体，兑现新能源汽车地方配套补贴和充电桩补贴资金累计达到 2.7 亿元，吸引了国内外知名新能源汽车制造企业及运营企业和充电设施建设企业来蓉投资，有力扶持和促进了新能源汽车产业发展和推广应用。

四、源头控制，切实形成污染长效监管

成都市政府办公厅出台《成都市黄标车淘汰工作方案》，将黄标车淘汰任务纳入各区（市）县目标绩效考核，采取"发布禁行通告、敲门行动督促、落实补贴政策、用足手段倒逼、路面查缉推动、多维宣传引导"等方式，强力推动黄标车淘汰。在基本完成黄标车淘汰的基础上，2017年成都市交通运输局印发多份加强行政管控措施的有关文件，督促运输企业淘汰名下营运黄标车，并发动社会对黄标车非法从事营运的现象进行监督举报。截至2017年底，全市共淘汰黄标车22 748辆，圆满完成省、市政府下达的目标任务。此外，成都市交通运输局大力推进清洁能源在出租汽车行业的使用，2019年超过4 400辆纯电动出租汽车陆续投入运营，占五城区（成华区、金牛区、锦江区、青羊区、武侯区）运营巡游出租车总数近40%，此外其他传统巡游出租车绝大部分为CNG双燃料车，清洁能源车辆占比达99%以上。

五、体制创新，促进出行方式绿色转变

一是科学实施交通需求管理，推进以静制动，实施"尾号限行扩面"，设置HOV车道，有效削减小汽车出行总量。二是全力保障公交优先发展，建成800千米公交专用道，确保公交出行的运行速度和准点率。三是不断提高慢行交通环境，从路权保障、空间保障、时间保障、安全性保障等方面，助推慢行交通系统改善提升。四是试点打造"高新南区高品质绿色交通示范区"，以培养交通文明、促进绿色交通为重点，推动全市交通结构优化、交通出行方式转变。五是推进"蓉e行"碳普惠项目，充分利用"蓉e行"平台优势，鼓励私家车停驶减排，通过搭建碳减排量化方法学模型，量化市民停驶机动车做出的碳减排实际贡献，为碳普惠参与主体的"碳资产"权益提供科学依

据,助推城市绿色低碳转型。截至 2019 年 11 月,"蓉 e 行"平台注册用户数已突破 360 万人,已有超过 2.0 万名私家车主自愿停驶减排、主动停驶私家车 35 万天,为实现城市交通共建共治共享提供了有利条件。

六、积极宣传,提升公共交通出行率

(一)营造活动氛围,增强节能意识

成都市交通运输局向全市交通系统发出倡议书,倡议干部职工牢固树立节能低碳理念、践行低碳出行方式、节约办公资源、开展家庭节约活动等;在办公区张贴节能宣传资料,倡导充分利用电子政务功能,减少纸质文件的印刷量,提倡双面用纸、复印纸的再利用。控制电能消耗,尽量利用自然光,做好"随手关灯、轻松节能"工作,下班后及时关闭计算机、复印机等用电设备;安装使用节能空调,严格执行"办公室夏季空调温度设定不得低于 26 摄氏度、冬天空调温度设定不得高于 16 摄氏度"的规定。

(二)开展主题活动,践行低碳理念

在全国低碳日当天,通过自媒体发布《全国低碳日,图说成都交通绿色发展》,从建设公交都市、鼓励低碳出行、建设智慧交通、治理交通扬尘等方面,全方位展示成都市交通运输行业践行绿色发展理念所采取的行动和取得的成绩,提倡出行尽量做到 1 千米内步行、3 千米内骑行、5 千米内公交出行,开展"晒出你的绿色出行照"主题活动,通过自媒体集中展示交通运输系统干部职工通过公交、地铁、共享单车出行,晒照片、晒骑行轨迹、说心得体会。

(三)动员区(市)县及交通运输行业开展节能宣传

各区(市)县交通运输部门、成都交投集团、成都轨道交通集团、成都

公交集团等积极响应节能宣传周活动，通过微信、短信、LED 显示屏、展板、宣传手册等发出节能倡议并开展系列宣传活动。下一步，成都市将继续加快转变交通出行方式，坚持行人、非机动车和公交车优先的低碳交通理念，完善城市慢行系统，提高交通智能化信息化水平，深入推进公交都市建设，构建由快速轨道交通网、城市公共交通网和城市慢行交通网共同组成、高效衔接的"三网融合"绿色低碳交通体系，鼓励倡导绿色低碳出行方式，为低碳城市建设、城市碳排放达峰提供更强的交通支撑。

第三节　案例 2：推广电能替代，大力推进节能降碳

为贯彻落实四川省委、省政府"推进绿色发展，建设美丽四川"的重大部署，按照成都市委"建设全面体现新发展理念的国家城市"总体目标，成都市坚持绿色低碳发展，大力实施"以电代煤、以电代油"行动，立足大气污染防治、改善环境质量和增进民生福祉，强力推进电能替代工作，优化城市能源消费结构。2014 年以来，成都市先后在工业锅炉及窑炉"煤改电"、机场桥载电源与地勤车辆"油改电"、电火锅等多个领域积极推广电能替代技术，累计电能替代电量超过 30 亿千瓦时。

一、以电代气，促进低碳消费

作为世界"美食之都"，餐饮业一直是成都市的传统优势服务业，2019 年成都市餐饮零售额超过 1 100 亿元，为促进本地就业和旅游、物流、食品加工、娱乐等行业的发展做出了重要贡献。"食在中国，味在四川"，成都美食菜品繁多，现有 6 000 多个成熟菜品和 300 多个常规菜品，其中最具代表性的就是火锅。

近年来，成都市积极推进电能替代，并将餐饮领域火锅"以电代气"纳入全市电能替代工作加以推进，对市域内火锅店进行清洁能源推广应用，倡导市域范围内的火锅店燃气灶具全部改为使用电力能源。2016年正式印发《关于推进电能替代的指导意见》（发改能源〔2016〕1054号），在国家政策的支持下，国网成都供电公司针对成都火锅餐饮特点，充分发挥四川省水电优势，推进清洁电力与热辣火锅融合，积极向火锅店推广电磁灶，配合改造电网末端设备，满足火锅店日常用电需求。随着电能替代在成都火锅餐饮领域的深入推进，成都火锅店逐步进入"无火"时代。"以电代气"后，不仅节省了大量成本，同时提升了安全系数，减少了污染，据国网成都供电公司测算，全市火锅店如全部完成"以电代气"，将实现替代电量1亿千瓦时，减排二氧化碳8.58万吨、氮氧化物240.8吨。

二、以电代油，推动低碳交通

机场作为一个地区对外交流的窗口，其周边环境直接关系到旅客对城市的印象。在机场实施电能替代，有助于减少航油燃烧产生的污染物排放，更好地实现绿色可持续发展，打造"绿色空港"、提升空港对外整体形象。作为全国最繁忙的机场之一，近年来双流机场加快推进"油改电"、近机位登机桥载设备、远机位"光伏+GPU"等项目实施，实现年减少标煤5.4万吨，年减排二氧化碳11.85万吨，年节约能耗费用1.05亿元，绿色机场建设领跑全国。

机场地面车辆"油改电"。双流国际机场在全国率先实施特种地勤车辆"油改电"项目，共购置飞机牵引车、客梯车、行李传送车、旅客摆渡车等电动特勤车164台，年减少燃油736吨，折合标煤1 072.4吨，年节能效益412万元。

登机桥载设备电能改造。双流国际机场共有69条登机桥安装了电源和空调设备，基本覆盖了场内所有近机位，航空公司累计使用率高近 90%。通过使用该设备，过站和航后航班能够关停飞机辅助动力装置（Auxiliary Power Unit, APU）作业，大幅度提高了停机坪作业环境质量，年减少航空燃油消耗 3.1 万吨，减排二氧化碳 9.8 万吨，节约能耗费用 0.76 亿元。

光伏+远机位地面设备（GPU）建设。双流国际机场是全球首家远机位试点并推广光伏+远机位地面设备（GPU）系统的机场，整套系统运行可为各类飞机、车辆提供不间断的供电服务，实现飞机大幅关停 APU、电动车辆随时充电，同时保障廊桥等重要设施的不间断供电。目前已安装 22 台 GPU 系统，年减少远机位飞机 APU 运行时间 32 120 小时，减排二氧化碳 1.55 万吨，节约能耗费用 0.15 亿元。

三、以电代煤，形成低碳产业

近年来，按照全域燃煤锅炉"清零"的重大工作部署，成都市积极推动全市范围内现有在用燃煤锅炉全面实施"以电代煤"。印发《成都市 2017 年度大气污染防治专项资金燃煤锅炉淘汰及清洁能源改造项目申报指南》（成经信财〔2017〕33 号）《关于成都市落实燃煤锅炉淘汰和清洁能源改造项目配套资金的行动方案》，以燃煤锅炉为重点，实施燃煤锅炉淘汰及清洁能源改造，鼓励"煤改气""煤改电"，2017 年，有 889 台锅炉进行淘汰或实施清洁能源改造，减少煤炭消耗 100.42 万吨。截至目前，累计完成 1 873 台燃煤锅炉淘汰及清洁能源改造，实现年节约标煤逾 490 万吨，全市 10 蒸吨以下和绕城高速以内燃煤锅炉实现"双清零"，全市清洁能源占比提升至 58.78%。

未来，成都将继续充分释放电能替代潜力，推动电能替代渗透到社会各个领域，推进城市节能降碳，促进城市碳排放达峰。根据国网成都供电公司测算，如在成都市各行业用能领域均开展电能替代，预计到 2020 年全市累计替代电量可达到 100 亿千瓦时，按照电能替代中的 50% 为清洁能源折算，可累计减少二氧化碳排放 230 万吨、二氧化硫 1.17 万吨、氮氧化物 1.17 万吨。

第四节　案例 3：建设天府绿道，巩固城市绿色碳汇

近年来，成都市准确领会习近平总书记来川视察重要讲话精神，将低碳城市建设与美丽宜居公园城市建设同步推进，突出建设美丽宜居公园城市的目标定位，把天府绿道作为生态优先、绿色发展的引领性工程，以"绿道+"模式推动"绿水青山"变为"金山银山"，积极探索"以道营城、以道兴业、以道怡人"的生态价值转化新路径。

一、以人为本，落实绿水青山理念

成都市第十三次党代会认真贯彻习近平总书记生态文明建设战略思想，鲜明提出实施"全域增绿"行动，构建五级城市绿化体系。天府绿道作为落实绿色发展战略的重大举措，承担着增加生态产品有效供给、加强生态修复和环境治理等重要功能。

加快天府绿道建设，有利于系统改善城市环境，彰显宜居生活品质；有利于疏解中心城区人口密度，优化城市空间布局，提升城市宜居性和舒适度；有利于打破圈层结构，实现均衡发展；有利于培育市民健康生活方式，形成骑行畅游的绿色生活空间。天府绿道建设可是说是以人为本的生动诠释。同时，加快建设天府绿道，厚植城市自然人文环境软实力，有利于吸引更多高端企业和高层次人才来蓉创业安居、共襄发展；有利于在绿道沿线集聚人气、汇集商机、发展新经济，助推经济转型升级；有利于提升"绿满蓉城、花重锦官、水润天府"的城市品牌和知名度。

自 2017 年起全面启动天府绿道体系建设以来，各级绿道已逐步连线成

网，规划总长 16 930 千米的天府绿道初见成效。成都突出提升生态资源"质量"，高品质推进建设各级绿道，全市已累计建成天府绿道 3 689 千米，沿绿道串联生态区 55 个、绿带 155 个、公园 139 个、小游园 323 个、微绿地 380 个，增加开敞空间 752 万平方米，生态区、绿道、公园、小游园、微绿地五级城市绿化体系正加快构建。成都坚持功能集成，依托绿道体系布局培育乡村旅游、创意农业、体育健身、文化展示等特色产业，截至 2019 年年底，天府绿道中共植入文旅体设施 2 525 个，其中文化设施 641 个、旅游设施 580 个、体育设施 1 223 个、科技展示应用设施 81 个。成都注重植入生活消费场景，重点开展城市社区级绿道建设，从轨道、公交站点到居住小区，在社区级绿道基础上打造具有美誉度、舒适度、温度、安全度的"回家的路"。

二、规划优先，促进生态宜居

（一）坚持高标准规划设计

成都市积极吸引社会各界广泛参与、献计献策，按照"可进入、可参与、景观化、景区化"的理念，高标准开展天府绿道总体规划。一是系统规划三级绿道。编制形成了以"一轴两山三环七带"为骨架的总长 16 930 千米的三级绿道（区域级绿道 1 920 千米、城区级绿道 5 380 千米、社区级绿道 9 630 千米），构建贯穿全域、覆盖城区、连接主要功能的绿色交通网络，是目前全球规模最大的绿道系统。二是统筹构建"五大绿色体系"。串接生态绿地、公服设施、文体旅商功能设施、公交轨道站点、产业园区等功能要素，构建绿色生态、交通、功能、产业和生活五大体系。三是全面打造八大功能。充分利用绿道资源，打造生态保障、慢行交通、城乡统筹、休闲游览、文化创意、体育运动、景观农业、应急避难等八大功能。四是科学制定实施计划。计划于 2020 年建成绿道 3 240 千米，形成"一轴两环"（锦江绿道、熊猫绿道、锦城绿道）区域级绿道；2025 年建成绿道 10 600 千米，形成"一轴两山三环七带"区域级绿道；到 2035 年，全面建成天府绿道三级体系，再现"绿满蓉城、花重锦官、水润天府"的蜀川画卷，努力建设美丽城市、创造美好生活。

（二）坚持"政府主导、市场主体、商业化逻辑"的理念

在天府绿道的建设中，一是提升城市公共服务设施。系统规划建设文体旅商功能设施，补足城市公服配套短板。其中，锦城绿道为中心城区增加了体育设施 1 050 处、文化设施 640 处、应急避难场所 50 处。二是加强沿线区域的整体规划建设。与绿道建设同步推进沿线产业园区、城市社区和乡村的功能提升、业态转型，整体提升空间品质和区域价值，实现沿线区域与绿道建设协同发展。

同时在天府绿道建设中，坚持经济、实用、美观、宜居相结合的原则。一是强化设计源头成本控制。充分保护利用现有资源，适度进行人工点缀，防止过度设计，强化设计源头成本控制，降低建设和后期运营成本。设计方案优化切实有效地降低了锦城绿道的建设成本。二是加强建设成本控制。建设上充分保护利用现状绿化、地形、林盘建筑、特色老旧建筑和水系等资源，土方就地平衡，采取综合措施有效控制建设成本。三是强化对生态资源的保护。在锦城绿道建设中严格遵守《环城生态区保护条例》，坚持保护优先、自然恢复为主，筑牢生态安全屏障。四是强化农田的保护和利用。项目建设中保护永久基本农田 652.78 万亩，发展现代农业、景观农业，利用农田打造生态景观；结合 1 000 个林盘保护，建设 2 500 千米乡村绿道，串联农业景观和林盘，构建"可进入、可参与、景观化、景区化"的大美乡村。

三、创新探索，区域综合价值凸显

成都聚焦天府绿道，积极探索生态价值转化的绿色发展路径，创新实施"绿道+场景营造"，拓展绿色发展的经济价值；以"产业生态化、生态产业

化"挖掘绿道经济价值，通过绿道场景植入，打造绿道经济新业态，着力实现优质生态和高端产业双提升。按照"景区化、景观化、可进入、可参与"理念，在绿道有机植入创新文化、前沿科技和商业模式等新经济特色要素，"绿道+夜市"的夜游锦江接待游客达 1.5 万人次，"绿道+美食"的沸腾小镇年营业收入近 1 000 万元，绿道已成为成都引领消费时尚、转变发展方式的"产业道""经济道"。成都坚持以品牌营销放大增值效应，聚焦打造天府绿道文旅 IP，通过深化"市场需求+精准营销"方式，统一品牌运营、推出精品游线，培育形成了独具成都特色的夜游锦江、江家艺苑等绿道场景品牌 68 个。

成都天府绿道具有全国引领性，成都中心城区绿化廊道密度为 0.41，规划廊道密度达 1.18，规划廊道密度远超北京、上海；天府绿道承载的八大功能，有效弥补了城市功能短板，改善人民生活环境，培育绿色低碳健康生活方式，推动城乡协同发展。中国科学院成都环境研究所研究表明，经核算评估，锦城绿道建成后生态服务价值达到 269 亿元/年；以 40 年为核算年限，锦城绿道生态服务的总价值将超过 1 万亿元，投入产出比约为 1：12，生态价值转化效率有望居国际国内前列。

未来，成都仍将继续全力推进天府绿道建设。2020 年将加快锦城公园建设，推进三级绿道体系串联成网，建成天府绿道 600 千米，天府绿道的规模效应进一步凸显。同时，更加注重功能复合，建设公共服务和文体旅商设施，满足群众需求，营造高品质生活场景和消费场景，促进文体旅商农融合发展，通过绿道建设推动沿线区域产业转型升级，带动周边区域协同发展，发挥绿道生态价值，让天府绿道成为推动城市高质量发展、永续发展的原动力，促进"人城境业"和谐统一，大力推进美丽宜居公园城市建设。

小 结

成都市作为长江上游重要生态屏障和第三批国家低碳试点城市，主动对接应对气候变化国家战略，主动融入绿色低碳发展国际潮流，积极应对交通领域节能降碳压力，以大力发展公共交通、积极发展交通新经济、努力推广新能源汽车等为主要方式，着力提升交通领域绿色低碳水平，助推成都低碳城市建设。依托四川省丰富的水电资源，成都市强力推进电能替代工作，大力实施"以电代气、以电代煤、以电代油"行动，持续优化城市能源消费结构，不断改善环境质量、增进民生福祉。突出公园城市特点，成都市大力推进天府绿道建设，并以绿道串联生态区、公园、小游园、微绿地等，形成贯穿全域、覆盖城区的生态"绿脉"，积极探索绿道"生态+经济"表达形式，不断增加居民生活绿色空间、巩固城市绿色碳汇，绿色正在真正成为成都发展的底色，整座城市"人城境业"高度和谐统一的大美城市形态正逐步呈现。

参考文献

成都市统计局、国家统计局成都调查队："2019年成都市国民经济和社会发展统计公报"，2020年。

戴德梁行："天府绿道项目已建成区域综合评估报告"，2019年。

赵子君："让绿色成为城市发展的永续动力"，《成都日报》，2018年3月2日。

中国共产党四川省第十届委员会第八次全体会议："中共四川省委关于推进绿色发展建设美丽四川的决定"，《四川日报》，2016年8月4日。

中国科学院成都山地灾害与环境研究所："成都市生态价值核算体系研究报告——以锦城绿道为例"，2020年。

第七章　武汉市应对气候变化行动案例

  武汉市位于中国中部、湖北省东部、长江与汉江交汇处，是长江中游特大城市、国家中心城市、湖北省省会，同时也是中国重要的工业、科教基地和综合交通枢纽。武汉具有3 500年历史，是中国历史文化名城，中国楚文化的发祥地之一。武汉市全市下辖13个区，土地面积8 569平方千米，常住人口1 121.2万，城镇人口902.45万人，常住人口城镇化率为80.49%。2019年武汉市实现地区生产总值（GDP）16 223.21亿元，按可比价格计算，比上年增长7.4%，三次产业结构为2.3∶36.9∶60.8，全市经济运行总体平稳，发展水平迈上新台阶。

第一节　总体情况

一、低碳发展理念

  作为全国第二批低碳试点城市和首批气候适应型试点城市，武汉市一直将低碳绿色发展作为城市核心发展战略之一。近年来，武汉市以绿色低碳发展为目标，把低碳发展理念融入市委市政府重大战略决策，把推进国家低碳试点城市和实现碳排放达峰作为生态文明建设的重要内容，创新思路、务实实践，全市低碳发展取得积极成效。

在低碳发展理念方面，一是健全组织领导体系，发挥指挥棒和协调员作用。武汉市成立了由市人民政府市长任组长、分管副市长任副组长，市各有关部门负责人为成员的市低碳城市试点工作领导小组，负责研究制定武汉市低碳城市建设的重大战略、方针和政策，协调解决低碳城市建设工作中的重大问题。领导小组成立以来，先后印发了《武汉市低碳试点工作实施方案》（武政〔2013〕81号）、《2014年武汉市低碳城市试点建设工作要点》（武政办〔2014〕71号）等，将碳排放目标纳入市区级绩效考核。

二是积极探索城市低碳发展新模式和新路径。首先，武汉市突出创新引领、动力转换，推进国家创新型城市建设。出台支持创新"1+9"政策。新建工程技术中心、企业研发中心等各类科技创新平台139个，新引进世界500强、中国500强和跨国公司研发机构23个，引进海内外高层次创新人才390名。其次，武汉市通过促进绿色与低碳融合，改善城市生态环境。新增绿道233.7千米，修复破损山体4 333.5亩。2018年，全市空气质量有效统计天数为355天，优良天数为249天，优良率为70.1%。

二、低碳产业发展

产业结构调整取得较好成效。"十二五"期间，武汉市启动"服务业升级"计划，重点打造现代物流、商贸、金融、房地产、会展旅游等十大产业，并配套出台鼓励政策。服务业总规模连续突破3 000亿元、4 000亿元大关，2015年全市服务业增加值达5 564.25亿元，在2010年基础上年均增长14.6%，占GDP比重达51%，总量规模在全国15个副省级城市中排名第6位，增速排名第6位。高新技术产业产值达到7 701亿元，在2010年基础上年均增长23.89%；战略性新兴产业2015年产值较2014年增速9.8%，高于全市工业增速3%；同时，武汉市六大高耗能行业工业总产值占全市规模以上工业总产值的比重为 22.5%，比 2010 年降低 8.24 个百分点。

自 2000 年以来，武汉市产业结构有所波动，但总体呈现"一产比重下降，二产比重先上升后趋向回落，三产比重逐步提高"的趋势。在"十二五"之后，一产的比重已降至 3.3%，二产的比重也逐年下降，2018 年已降至 43.0%，而三产的比重提高到 54.6%。可见武汉市进入工业化发展的中后期阶段，产业结构正逐步优化，二产偏重的结构已经得到改善。

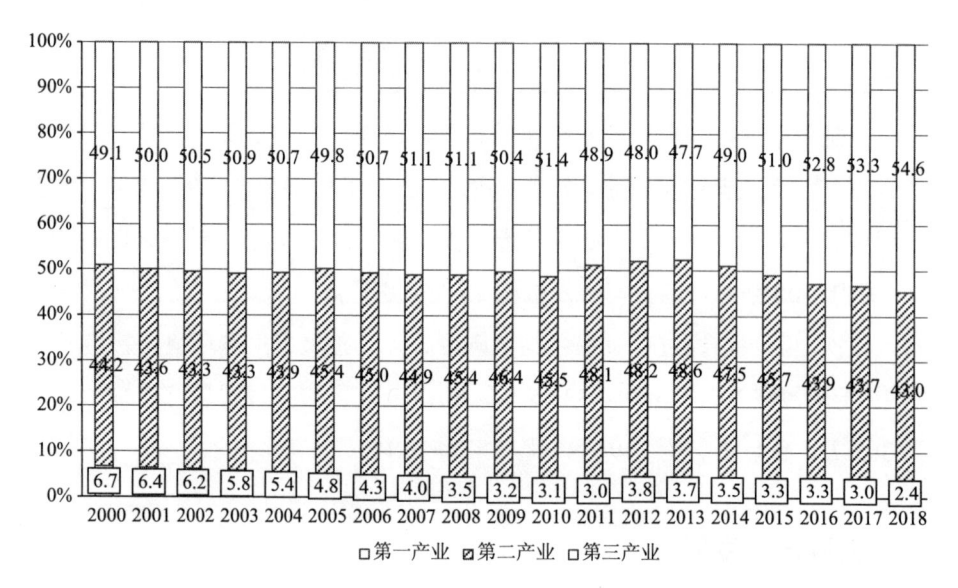

图 7-1 武汉市 2000~2018 年产业结构变化情况

在支柱产业方面，2010 年之前，武汉市产值最高的产业为钢铁及深加工产业；2010 年，汽车及零部件首次超越钢铁及深加工产业，成为全市首个千亿产业，并连续多年保持第一大支柱产业的地位；自 2014 年起，全市支柱产业基本稳定，前五名分别为汽车及零部件、电子信息、装备制造、食品烟草、能源及环保，并均已成为千亿支柱产业。

自 2000 年以来，武汉市 GDP 保持较快增长，总量从 2000 年的 1 207 亿元到 2018 年的 14 847 亿元，取得了超过 11 倍的增长。GDP 从"十二五"前的高速增长转变到"十三五"开始的高质量增长，在 2007 年达到了 15.6% 的最高增速，"十三五"后年均增速约 8%。2018 年，全市围绕"六稳"，抓服务，补短板；围绕产业，抓创新，促转型，拼搏赶超、全面发力，主要经济指标保持平稳较快增长，国民经济呈现"运行平稳、结构优化、转型加快"的发展态势，GDP 同比增长 8.0%，增速分别快于全国、全省 1.3 和 0.2 个百分点。

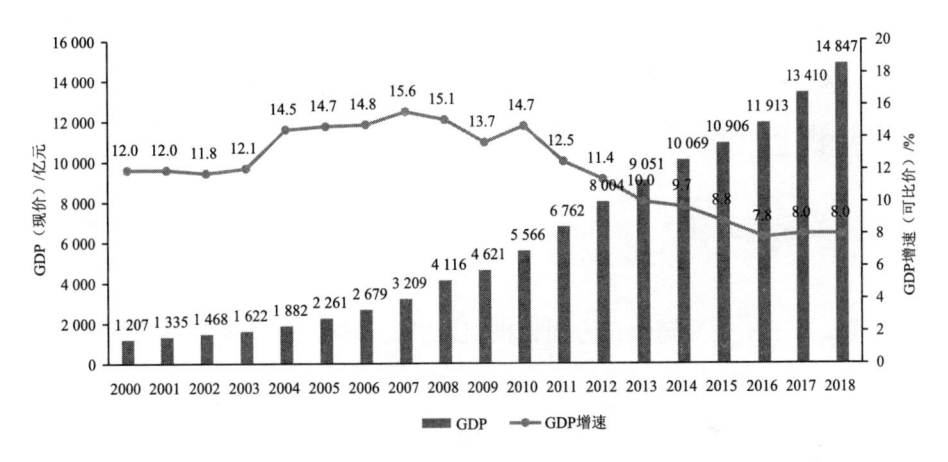

图 7-2　武汉市 2000～2018 年 GDP 增长情况

三、低碳生活方式

武汉市不断引领绿色生活方式和消费模式，积极推进全市公共机构节约能源资源工作，大力开展节约型公共机构示范单位创建活动，先后有 5 家和 8 家单位被评为国家级和省级节约型公共机构示范单位；公共机构人均能耗累计下降 35.01%。大力宣传节能减碳的法律法规和基础知识，提倡重拎布袋子、菜篮子，倡导节约简朴的餐饮消费习惯，引导选择低碳环保产品。积极主动开展高效照明产品推广工作，累计推广数量达到 592.82 万只，超额完成省下达推广任务；在商业场所累计安装节能灯具 200 万只。

武汉市启动了"碳积分体系"的创新研究，引导全民践行低碳生活。市民在乘坐公共交通、践行"光盘行动"、参与垃圾分类回收、使用节能家电和低碳产品等的同时，可根据减排贡献获得等量"碳积分"。用"碳积分"养育"碳宝宝"，或在有"碳中和"需求的商业机构使用，得到实惠。

此外，武汉市为推进低碳试点城市建设，面向全国开展了征集"低碳生活 你我同行"公益宣传片活动。制作了专题宣传片，将专题宣传片和获奖作品在武汉电视台、地铁和江滩媒体进行循环播放，宣传普及低碳相关知识，提高公众低碳意识，扩大低碳社会影响。

四、相关配套政策

武汉市在相关配套政策方面积极创新机制体制，营造促进低碳发展的制度环境。

一是实施节能和减碳总量控制。2011 年，以武政〔2011〕56 号文印发了《武汉市"十二五"时期节能降耗与应对气候变化综合性工作方案》，明确了全市"十二五"期间节能和减碳的总体要求和工作目标，并将"十二五"期间年度节能、碳减排及能耗增量控制目标分解到各区人民政府和市直相关职能部门，每年进行考核。

二是实施项目能评碳评制度。印发了《关于在武汉市固定资产投资项目节能评估和审查中增加碳排放指标评估的通知》，创新性地探索建立固定资产投资项目碳核准准入机制；印发了《关于在武汉市固定资产投资项目节能评估和审查中增加非化石能源消费量计算指标的通知》，及时掌握新建项目的非化石能源消费量。

三是出台循环经济促进法实施办法。《武汉市实施〈中华人民共和国循环经济促进法〉办法》顺利通过省人大常委会批准，于 2014 年 1 月 1 日起施行。

《办法》明确市、区人民政府应当将促进循环经济发展的专项资金纳入本级财政预算，并逐年增加。专项资金主要用于支持发展循环经济，包括国家、省循环经济和低碳城市试点工作的推进。

四是积极参与省碳交易试点工作。积极推进碳交易走向现实操作，编制完成《武汉碳交易所组建方案》和《武汉碳交易所筹建可行性报告》，为湖北省碳交易试点推进工作提供了支撑。配合省发改委启动碳交易政策体系建设，积极推动17家（目前为53家）重点企业纳入碳交易试点工作，参与碳排放权交易。同时，配合湖北省发改委和国家发展改革委做好武汉市纳入全国碳交易企业名单编制、温室气体报送、能力建设等相关工作。

五是主动开展碳认证工作。根据国家发展改革委和国家认监委联合发布《关于印发低碳产品认证管理暂行办法的通知》（发改气候〔2013〕279号）要求，武汉市于2014年联合中国质量认证中心武汉分中心在全市开展第一批产品目录内低碳产品认证宣传贯彻工作，选取长利玻璃作为低碳产品研究试点企业。经核算，该企业浮法玻璃类产品符合低碳产品限值要求，企业于2014年6月27日获得国家发展改革委和认监委颁发的首批低碳产品认证证书。

五、数据管理体系

武汉市为了更好地开展低碳城市试点工作，在市低碳城市试点工作组的领导下，积极进行基础工作与能力建设，收集基础数据、编制温室气体清单、建立温室气体排放数据统计与目标考核机制、建立温室气体排放数据报告制度、建立温室气体排放目标责任制度，取得了积极成效。

一是将温室气体清单编制纳入年度工作。2013年，启动武汉市温室气体清单编制工作，目前已经完成2005年、2010年和2012年温室气体清单编制，并已启动2014/2015年度温室气体清单编制续编工作。

二是初步建立温室气体排放数据统计与目标责任考核机制。完成温室气体排放统计核算研究，完成武汉市温室气体排放统计核算的统计报表，制定武汉市温室气体统计核算方法。初步建立温室气体排放绩效考核指标体系，完善碳排放强度下降指标纳入各级政府目标考核体系的考核标准及内容。

三是建立温室气体排放数据报告制度。依托湖北省作为全国碳交易试点省份的重大机遇，武汉市认真落实湖北省发改委关于温室气体排放数据报告与核查制度的要求，做好武汉市纳入全国碳交易企业名单编制、温室气体报送、能力建设等相关工作。

四是将温室气体排放纳入目标责任制考核。印发了《武汉市"十二五"时期节能降耗与应对气候变化综合性工作方案》（武政〔2011〕56号），将"十二五"时期年度节能和能源消耗总量控制及二氧化碳排放目标分解到各区和重点用能单位；定期召开节能和二氧化碳排放目标调度会议，研究分析节能减碳形势，部署节能减碳工作。对各区年度节能减碳目标完成情况进行现场考核评价，对超额完成和完成节能减碳目标的单位予以表彰奖励。

第二节 案例1：实施碳排放达峰，引领城市低碳行动

2017年12月，武汉市人民政府下发《关于印发武汉市碳排放达峰行动计划（2017～2022年）的通知》（武政〔2017〕36号）。该计划是指导武汉市实施低碳发展、实现碳排放达峰承诺的总纲文件，在此计划的指导下，武汉市积极行动，取得了显著的成效。

一、多重压力,选择低碳发展

低碳发展是中国转变经济发展方式、大力推进生态文明建设的内在要求,也是国家及地方经济社会发展的必然选择。武汉市在2015年中美气候领袖峰会上承诺,2022年左右碳排放达到峰值。怎样实现这一承诺,怎样通过具体的措施、行动实现承诺目标,是起草《武汉市碳排放达峰行动计划(2017~2022)》(简称《行动计划》)的基本目的。

武汉市目前正处在大建设、大发展、快速工业化的阶段,实现经济发展始终是当前的首要任务,而全市偏重的产业结构、工业结构及能源结构决定了武汉经济的发展对能源的刚性需求;全市的城镇化建设特别是基础设施建设又具有很强的碳锁定效应;随着全市交通枢纽中心的建设,油品的消费还将进一步增加,所有这些都会导致全市碳排放量持续增长。此外,武汉市能源资源相对贫乏,面临着"缺煤、少油、乏气"的天然制约,各类能源对外依存度极高,受国际国内市场变化的影响也很大;风能、太阳能、水能、生物质能低碳资源也不充沛,实现清洁能源替代将面临较大困难;全市环境承载力几达极限,环境约束进一步加剧。多种因素互相制约,怎样协调经济、低碳、能源、环境等请多因素之间的平衡,规划未来的发展理念和发展路线,制定合理的达峰行动计划,是关系到全市如何实现可持续发展、如何在"三化"大武汉中实现生态化的重大历史性命题。这是起草《行动计划》的根本目的所在。

二、多方聚力,共促达峰方案

2016年4月,武汉市发改委委托市节能监察中心负责《行动计划》的起草制订工作。市节能监察中心邀请美国能源基金会、落基山能源研究所、武汉大学、华中科技大学等国内外机构组成联合工作组开展工作。工作组通过资料收集、实地调研、建模分析、目标制订和分解、政策和技术路径筛选和任务措施制订、文本起草、意见征集、修订完善等，最终完成《行动计划》初稿的起草制订工作。初稿的起草制订借鉴吸收了西门子亚洲城市能力中心与武汉市合作的《通过低碳发展支撑国际现代化大都市建设——武汉市 2022 年实现碳排放总量达峰的技术选择》课题研究成果。

在初稿基础上，武汉市发改委主管处室与工作组多次讨论，起草制订了《行动计划》的征求意见稿。2017 年 3 月，武汉市发改委将征求意见稿发到委内能源局、工业处等 8 个处室，江岸、东湖高新等 15 个区，市经信委、城建委等 30 个委办局，市电力、燃气等 4 个公用事业部门征求意见，对征求的意见进行反复沟通和讨论，对合理的意见尽量采纳，对不能采纳的意见与提意见部门进行说明和沟通，取得支持。综合各方意见，对征求意见稿进行了进一步的修改完善，报市发改委主管领导审定，最终形成《武汉市碳排放达峰行动计划（2017～2022）》。

表 7-1　武汉市碳排放达峰主要目标分解表

序号	领域（区域）		年度二氧化碳排放总量（万吨）				责任单位
			2015 年（基期）	2018 年（评估期）	2020 年（评估期）	2022 年（考核期）	
1	全市	全社会	13 200	15 500	16 600	17 300	市发展改革委
2	分领域	工业领域（不含能源）	6 100	7 060	7 330	7 260	市经济和信息化委
3		建筑领域	4 000	4 770	5 240	5 680	市城乡建设委
4		交通领域	1 400	1 670	1 850	2 020	市交通运输委
5		能源领域	1 700	2 000	2 180	2 340	市发展改革委（能源局）

续表

序号	领域（区域）	年度二氧化碳排放总量（万吨）				责任单位
		2015年（基期）	2018年（评估期）	2020年（评估期）	2022年（考核期）	
6	分区域	江岸区	830	1 010	1 120	1 210	江岸区人民政府
7		江汉区	850	990	1 090	1 140	江汉区人民政府
8		硚口区	850	1 000	1 100	1 200	硚口区人民政府
9		汉阳区	350	410	440	480	汉阳区人民政府
10		武昌区	850	990	1 090	1 130	武昌区人民政府
11		青山区（武汉化工区）	5390	6 100	6 470	6 440	青山区人民政府（武汉化工区管委会）
12		洪山区	380	460	490	520	洪山区人民政府
13		东西湖区	410	490	540	590	东西湖区人民政府
14		蔡甸区	190	230	250	270	蔡甸区人民政府
15		江夏区	380	450	490	540	江夏区人民政府
16		黄陂区	520	650	730	800	黄陂区人民政府
17		新洲区	1 290	1 520	1 610	1 640	新洲区人民政府
18		武汉经济技术开发区（汉南区）	280	330	360	410	武汉经济技术开发区管委会（汉南区人民政府）
19		武汉东湖新技术开发区	100	260	290	320	武汉东湖新技术开发区管委会

三、多管齐下，铺设达峰路径

为实现碳排放达峰目标，依据筛选出的政策和技术路径，在产业低碳、能源低碳、生活低碳、生态降碳、低碳能力、低碳示范、低碳体制机制建设以及低碳国际合作等方面提出了八大主要任务。

（一）实施产业低碳工程

产业低碳是指通过发展高新技术产业、现代服务业，提高农业低碳化水平，对传统产业改造升级等，实现全市产业结构的低碳化。要加快发展高新技术产业，并重点发展信息技术、生命健康、智能制造等领域，到 2022 年三者的产值要分别达到 8 000 亿元、4 000 亿元、4 000 亿元；要壮大四大生产性服务业，巩固提升四大生活性服务业，加快发展五大特色和新兴服务业，到 2022 年，服务业增加值达到 12 000 亿元，占全市 GDP 的比重达到 56% 以上；推广新型种养循环模式和清洁化农业模式，减少化肥、农药使用量，提高农作物秸秆和畜禽粪污的综合利用率，推进农村沼气、太阳能、风能等清洁能源转化利用设施建设；要加快传统产业改造升级，全面禁止新建钢铁、水泥、平板玻璃、焦化、有色金属等行业高污染项目，除在建项目外，严禁在长江、汉江武汉段岸线 1 千米范围内新建、布局重化工园区，加强重点用能单位的节能监管，支持企业实施能效提升工程。

（二）实施能源低碳工程

能源低碳是指通过控制能源和煤炭消费总量，发展非化石能源，提升天然气、电力的利用比例，推广集中供热，实现能源结构的低碳化。根据国家能耗双控和武汉市生态红线最严约束要求，能源低碳要合理控制能源消费总量，确保完成省下达的节能和碳减排目标任务；优先发展非化石能源，大力发展风电和光伏发电项目，推进生物质和垃圾规模化利用；提升天然气利用比例，到 2022 年，全市建成高压管道 700 千米以上，中压干管 3 200 千米以上，各类天然气场站 270 座以上；提高电力使用比例，实施"特高压靠城、超高压进城"项目；严格控制煤炭消费，加强源头管理，对于新建项目原则上不批准新建燃煤锅炉，严格执行全市关于高污染燃料禁燃区的相关规定，到 2022 年，全市煤炭消费总量控制在 1 950 万吨标准煤以内，力争控制在 1 600 万吨标准煤以内；推广热电联产，以热电联产为主，天然气分布式能源站和工业余热为辅，地源热泵、江水源热泵和生物质燃料锅炉为补充，推进集中供热（冷）。

（三）实施生活低碳工程

生活低碳是指通过推进建筑、交通、公共机构、生活方式的低碳工作，实现全社会生活的低碳化。建筑低碳化方面要严格执行低能耗建筑节能设计标准，推进绿色建筑、可再生能源建筑，推进建筑产业现代化发展；交通低碳化方面要优化发展绿色公共交通，到2022年，公共交通占机动化出行的比例超过60%，加快清洁能源交通工具推广示范工程；公共机构低碳化方面要推广无纸化办公与在线办公，减少使用一次性办公用品，推行精简高效会议组织模式，全面推进公务用车低碳化；生活方式低碳化方面要启动"低碳生活家+"行动计划，建设"碳宝包"低碳生活家平台，加强节能产品、环境标志产品的认证，推进生活垃圾源头分类，开展低碳主题校园宣传活动。

（四）实施生态降碳工程

生态降碳是指通过优化城市生态格局，实施"绿色骨架""绿满江城、花开三镇"、绿色廊道、生态蓝网绿化和湿地保护修复、山体修复及山体公园建设等工程，提高城市碳汇，实现降碳的目的。要以山脉、水系为生态骨干，形成"一心两轴五环，六楔多廊，一网多点"的绿色骨架，构建"绿峰作屏、绿楔引风、蓝绿成网、大珠小珠嵌江城"的绿色空间结构；到2022年，森林覆盖率达到14.05%以上，建成区绿化覆盖率达到41%以上；建成百里东湖绿道，实施"两江四岸"绿化提升以及龟山景区改造项目，拓宽三环线城市生态带；新建23个公园，续建7个公园，增加公园绿地面积810公顷，推进200个街心公园建设；到2022年，完成20个以上湖泊公园或者湖泊绿地建设，新建20千米以上沿江江滩生态绿洲；推进外环线以内黄陂区露甲山、蔡甸区横山、青山区叽头山等12座、共3980亩破损山体的生态修复。

（五）实施低碳基础能力提升工程

低碳基础能力提升是指通过加强温室气体清单编制、低碳节能智慧管理系统建设、开展低碳相关标准制定，不断提高低碳基础能力，夯实碳减排的基础。加强温室气体排放基础数据的收集统计能力，争取将统计指标纳入全市统计体系，实现市级温室气体清单编制常态化；建设低碳节能智慧管理系统，该系统可通过对用能单位进行实时监测，实现对其能源消费、碳排放情况的监控、分析、预警，是国家重点推广建设的信息系统；研究制定武汉市重点行业、重点产品、温室气体排放和能耗限额地方标准。

（六）实施低碳发展示范工程

低碳发展示范是指建设近零碳排放、"五十百"低碳、低碳科技创新等示范工程，充分发挥示范工程的引领宣传作用。结合武汉市近年低碳示范工作实际，提出推进中法武汉生态示范城、花山生态新城等近零碳排放区建设；加快低碳示范城（园）区、社区、单位的创建；推动低碳技术的研究研发，尽快推广应用相关技术成果。

（七）建立健全有利于低碳发展的体制机制

利于低碳发展的体制机制是指项目准入、低碳市场化、绿色金融体系、财税激励、节能监察等制度。按照国家和湖北省的要求，将充分发挥能耗双控制度在能评中的作用，并重点加强节能审查的事中事后监管，武汉市根据工作需要在能评中增加了碳排放评估，通过强化项目准入机制，严控高污染、高能耗、资源消耗型项目的建设；2017年国家建立全国碳交易市场，湖北省碳交易市场的交易总量、总额、累计日均成交量、投资者数量、省外引资金额等主要市场指标方面均位居全国第一，具有建设成国家碳交易市场平台的潜力，因此要推动武汉市建设成为全国碳交易中心和碳金融中心，在湖北省要求的 1 万吨标准煤及以上企业纳入碳交易范围的基础上，武汉市可尝试把范围扩大到 5 千吨标准煤及以上企业；构建绿色金融体系，探索建立通过绿色信贷、绿色债券、绿色保险、绿色基金等绿色金融产品以及绿色金融工具和政策创新；健全财税激励机制。落实节能低碳财税支持政策，统筹安排相关专项资金；按照《国务院关于印发"十三五"控制温室气体排放工作方案的通知》和《湖北省政府关于印发湖北省应对气候变化和节能"十三五"规划的通知》要求，各地加强节能监察，尤其是能耗限额标准的监察。

（八）加强低碳国际合作

近年来，武汉市通过"走出去、引进来"吸引了一大批优秀的国际国内组织开展与武汉市的低碳合作，也召开并参与了一系列有影响力的国际会议论坛，对武汉市的低碳工作起到了很好的促进作用。今后还要继续加强低碳的国际合作，包括深化中美、中欧气候合作机制，继续办好中法城市可持续发展论坛，积极参加国际应对气候变化相关会议，充分利用 C40 城市气候领袖群平台宣传武汉低碳发展工作。

四、多点耕耘，收获低碳成果

按照《武汉市碳排放达峰行动计划（2017~2022 年）》的相关要求，为有效控制全市 2018 年二氧化碳排放，推进绿色低碳发展，武汉市发改委结合全市实际，于 2018 年 7 月制定了《武汉市发展改革委关于印发武汉市碳排放达峰行动计划 2018 年度工作要点的通知》（武发改环资〔2018〕335 号），对全市 2018 年度低碳工作的目标、主要任务、责任单位进行了明确规定。2019 年 1 月，武汉市发改委对全市碳排放达峰行动计划 2018 年度工作要点的落实情况进行了评估，其主要情况如下：

（一）目标完成情况

经初步测算，2018 年武汉市全社会碳排放总量约为 1.37 亿吨，其中能源领域排放约 1.15 亿吨，完成年度确定的全市碳排放总量不超过 1.55 亿吨的控制目标。工业、建筑、交通、能源等领域以及 14 个区二氧化碳排放量得到有序控制。

（二）主要任务完成情况

一是大力发展战略性新兴产业。坚持招商引资"一号工程"不放松，紧紧围绕光电子信息、汽车及零部件、生物医药及医疗器械三大产业集群，依托存储器、航天、新能源和智能网联汽车、网络安全人才与创新、大健康五大产业基地，利用各类国际活动和大型展会精准招商，大力引进世界 500 强、中国 500 强、民营 500 强、服务业 500 强、新经济 500 强等"五类 500 强"。2018 年全市高新技术产业增加值突破 3 000 亿元，占 GDP 比重达到 20.56%；第三产业增加值同比增长 10.1%，占 GDP 比重较上年增加 1.3 个百分点。大力推进全国服务业综合改革试点城市建设，确立了"一都一枢纽，两城四中心"的八大行动计划，进一步完善了服务业运行情况监测分析机制。深化推进工业企业"零土地"技改承诺备案制，进一步降低工业企业停车位配建标准。严格新建项目准入，严禁新建燃煤发电机组和燃煤锅炉，除在建项目外，严禁在长江、汉江武汉段岸线 1 千米范围内新建、布局重化工园区。

二是大力推进节能减碳。2018 年，全市单位 GDP 能耗同比降低 4.79%，完成全年下降 3.7% 的节能目标任务。实施煤炭总量控制，印发了《武汉市煤炭消费总量控制 3 年行动计划（2018～2020）》《武汉市 2018 年拥抱蓝天行动方案》。完成禁燃区内小于 20 蒸吨/小时的燃煤锅炉的拆除或清洁能源改造，发现并查处燃用高污染燃料等违法行为 5 起。加强散煤管理，查处、关停、取缔全市禁燃区内散煤加工销售经营户 148 户。大力发展非化石能源，规划建设了黄陂蔡家榨20兆瓦地面光伏电站等一批光伏发电项目，全市共开展光伏扶贫项目140个，总规模10 884.4千瓦。预计全年煤炭消费量约2 750万吨，同比下降约5.2%。

三是推进生活低碳。发展绿色节能建筑，推动既有建筑节能改造，2018年全年共完成既有建筑节能改造面积141.87万平方米，绿色建筑占新建建筑面积比例较2017年上升14.4个百分点。新建建筑全面执行绿色建筑设计和验收标准，建筑节能标准执行率100%。实施交通低碳化，2018年全市公共交通出行机动化分担率达到61.07%。推广清洁能源交通工具，推广应用新能源汽车11 474辆，同比增长226.75%。实施公共机构低碳化，在各单位申请报废更新车辆的批复中明确要求"使用新能源汽车（比例不低于40%）"。实施生活方式低碳化，推进生活垃圾源头分类，全市已有15 100余家单位（公共机构和相关企业）、261个社区、339个行政村开展了分类工作，分类覆盖率分别为29.04%、19.79%和17.72%。加强节能低碳宣传，举办2018年全市节能宣传周暨低碳日活动，取得了较好的宣传效果。

四是推进生态固碳。全力推进迎军运绿化提升，基本完成"三基本四覆盖"任务，开展了10条重点保障线路绿化提升。全面启动创建国家生态园林城市，实施龟山全景画馆、计谋殿、月湖绿道等项目建设，续建东湖绿道三期。新改扩建杨春湖、南太子湖、马投潭、杜公湖、竹叶海等湖泊公园。江汉区华安里小游园、青山区新奥街心公园等15个街心公园已提前完工。启动新洲区徐古镇花朝河湾、黄陂区胜天农庄、府河丰山、江夏安山街安山公园、黄家湖公园、蔡甸区运铎公园等6处郊野公园建设。2018年全年新建绿道116千米，绿地面积达到22 408.23公顷，绿化覆盖率达到39.47%，森林蓄积量达到577.93万立方米。推进国土绿化。实施山体修复，推进东湖新技术开发区、武汉经开（汉南区）、蔡甸区辖区范围内的幸福山、顶冠峰、凤凰山、夹山、六神山、高家山等7座破损山体的生态修复工作，计划修复面积1 000亩。完成精准灭荒2.24万亩，占计划100%，实现三年计划一年完成。完成了武麻高速、梳研公路、新十公路等 40 余条绿色通道建设，造林 3 000 余亩，绿化里程 205 千米。实施了柏泉郊野公园、府河机场二通道湿地生态带项目，完成机场二通道湿地生态带 16 千米建设任务。

五是加强低碳基础能力。组织举办了武汉碳排放达峰行动计划专题培训班，对市直相关部门、各区和重点用能单位共 150 余人进行了培训。建设低碳节能智慧管理系统。印发了《关于下达全市低碳节能智慧管理系统建设推进计划的通知》，将"百千万行动"武汉市重点用能单位列入实施计划。完成第二批 6 家用能单位的系统验收工作，并另有 9 家待接入。启动市级低碳节能智慧管理系统的优化升级。通过政府采购实施了《武汉市低碳节能智慧管理系统运维及升级项目》。

六是落实碳排放交易。积极配合省发改委完成控排企业的碳排放报告、核查、履约等工作。密切配合省发改委做好"中碳登"落户武汉等工作，积极推进武汉建成全国碳金融中心、碳交易中心。落实财税激励机制。2018 年循环经济发展专项资金支持了 74 个项目建设，资金总额 4 060.66 万元。为 64 户具有增值税资源综合利用即征即退备案资格的纳税人办理退税手续，已退税款 17 287 万元；为享受环境保护、节能节水等专业设备抵免税额的企业减免所得税 957 万元，为符合条件的节能服务公司实施合同能源管理项目的所得减免企业所得税 1 627.26 万元。开展节能监察，印发《武汉市 2018 年节能监察工作计划》，对武钢集团等 12 家重点用能单位开展了节能现场监察，印发了《关于下达 2018 年度节能监察"双随机一公开"工作计划的通知》，对重点用能工业企业执行用能设备和生产工艺淘汰制度的情况以及重点用能单位执行设立能源管理岗位、聘任能源管理负责人有关制度进行随机抽查，完成系统随机抽取的节能监察任务总计 24 家次，完成了 30 个项目的节能审查专项监督检查。

七是加强国际合作。参加国家发展改革委与日本经济产业省举办的"第十二届中日节能环保论坛"，外交部和联合国亚太经社理事会（United Nations

Economic and Social Commission for Asia and the Pacific，UNESCAP）召开的第 22 次高官会议（Senior Officials Meeting，SOM），国家应对气候变化战略研究和国际合作中心（National Center for Climate Change Strategy and International Cooperation，NCSC）、日本地球环境战略研究机构（Institute Global Environmental Strategies，IGES）及韩国环境研究院（Korea Environment Institute，KEI）举办的"中日韩低碳城市研讨会"，中国节能协会主办的"第三届中国散煤综合治理大会""第五届中国煤炭消费总量控制和能源转型国际研讨会"等多个国际国内会议，并作主题发言，介绍武汉市低碳发展工作成效。绿色发展再获国际认可，武汉市与友城曼彻斯特共同获得首届"中欧城市合作卓越奖"，成为中欧可持续发展城镇化创新平台 20 对结对城市中唯一获奖的结对城市。

第三节 案例 2：武钢转型，迈向绿色发展

中国宝武钢铁集团有限公司武汉总部是武汉市最大的能源消耗和碳排放企业。近年来，武钢按照产业化经营、专业化运营思路，深入推动市场化改革，加快新旧动能转换，从制造业向服务业转型，创享城市生活新空间新方式，确立了聚焦新城市新工业服务的发展道路。

一、钢铁巨擘，屹立长江之滨

武钢是新中国成立后兴建的第一个特大型钢铁联合企业，是国务院国资委直管的国有重要骨干企业。武钢拥有矿山采掘、炼焦、炼铁、炼钢、轧钢及物流、配套公辅设施等一整套先进的钢铁生产工艺设备，联合重组鄂钢、柳钢、昆钢后，成为生产规模近 4 000 万吨的大型企业集团，居世界钢铁行

业第四位。

（一）产值情况

武钢产值随钢铁市场变化有明显波动。自 2011 年以来，大部分年份在 800 亿元左右；2016 年由于市场变化原因，下降到 596 亿元；2018 年，产值为 709 亿元。

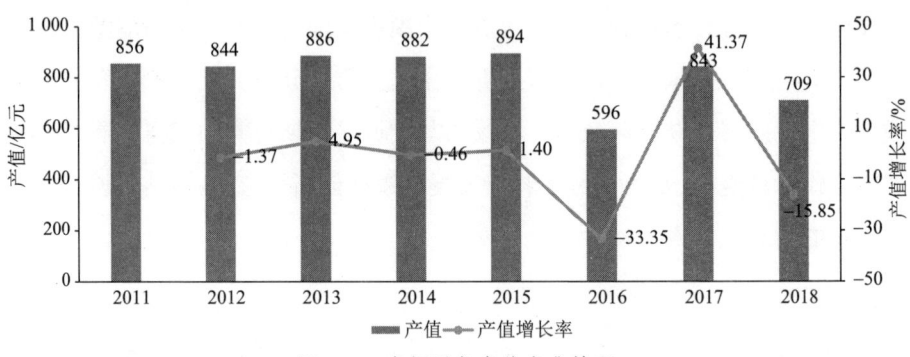

图 7-3 武钢近年产值变化情况

（二）能源消耗

自 2011 年以来，武钢综合能耗总体保持下降的趋势。2018 年下降至 1 029 万吨标准煤，相比 2011 年下降 15.9%。

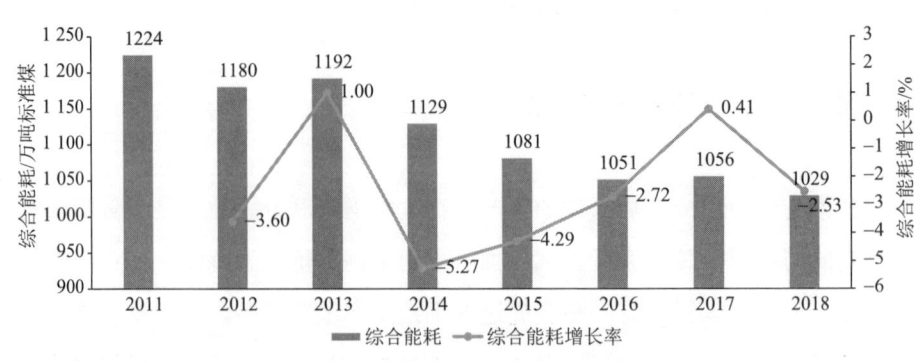

图 7-4 武钢近年综合能耗变化情况

（三）粗钢产量

武钢的粗钢产量近年来整体呈现下降态势，从 2011 年的 1 831 万吨下降到 2016 年的 1 499 万吨。在 2017~2018 年，由于市场恢复，粗钢产量有所提升，到 2018 年升至 1 626 万吨。

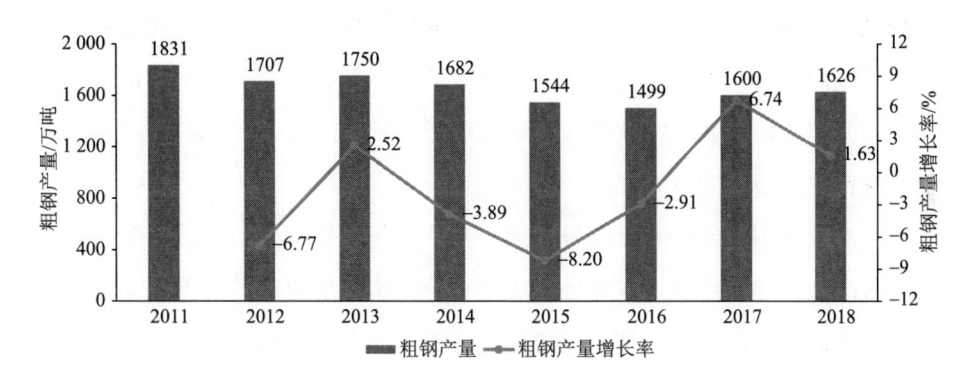

图 7-5　武钢近年粗钢产量变化情况

（四）吨钢能耗

武钢一直重视节能降耗工作，通过开展节能改造，其吨钢能耗持续下降，尤其是 2018 年已经降到 583 千克标准煤/吨。

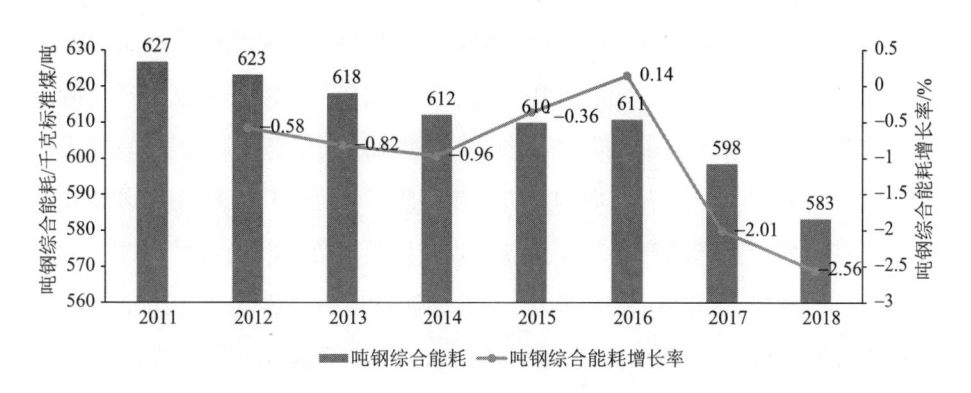

图 7-6　武钢近年吨钢综合能耗变化情况

二、一基多元，制定战略规划

中国宝武钢铁集团有限公司以服务国家战略、提升产业竞争力、实现国有资本保值增值为出发点，为适应新形势的发展，提出了"一基五元"的战略规划。其中"一基"指钢铁产业，"五元"指新材料产业、现代贸易物流业、工业服务业、城市服务业、产业金融业。而武钢作为子公司，也根据这一规划提出了要在发展钢铁产业的基础上聚焦新城市服务业、新工业服务业，创享城市生活新空间新方式。

《武汉市国民经济和社会发展第十三个五年规划纲要》提出，要推动武钢升级改造，建设绿色低碳循环发展的一流生态化工业园区，重点支持武钢向产业链高端及深加工延伸，发展冷轧硅钢、汽车板、航空航天用钢等高端钢材制造；促进钢铁与其他非钢产业融合发展，推动武钢由生产型向生产服务型转变；到2020年，钢铁产业产值达1 000亿元。《武汉市环境保护"十三五"规划》要求，优化钢铁行业现有工艺流程，鼓励采用节能和污染物协同控制技术；加强余热余压回收利用，提高二次能源利用率，到2020年，武钢二次能源利用率提高到80%以上。《武汉工业发展"十三五"规划》强调，推进武钢加快技术改造，大力发展高磁感冷轧取向硅钢、高牌号无取向硅钢、高性能结构钢等产品，巩固桥梁钢、重轨、管线钢、优质线材等产品的国内领先优势；进一步提升冶金装备智能化水平，加快互联网在冶金生产、销售和管理等领域的模式创新，推动行业由生产型制造向服务型制造转型。《武汉市循环经济发展"十三五"规划》进一步要求，全面推广连铸坯热送热装等先进节能技术，提高副产煤气、余热回收及低品位废热利用水平，进一步扩大废钢回收规模，提高炼钢废钢比，完善能源管理中心建设；到2020年，吨钢综合能耗下降8%，吨钢用水量下降20%，钢渣资源化利用率达到80%，冶金渣综合利用率提高到95%。

三、扎根钢铁，打牢基础产业

（一）优化产品结构

中国宝武钢铁集团有限公司战略定位是要力争成为全球钢铁行业引领者，努力实现成为"全球最具竞争力的钢铁企业"和"最具投资价值的上市公司"目标。作为四大基地之一，武钢是成熟的世界级超大规模生产基地、中西部地区唯一提供国家战略产品生产基地、中高端产品生产基地，在国内市场占比较大。武钢聚焦核心战略产品群，从制造、研发、营销、服务四大维度，重点发展汽车用钢、硅钢、高强钢、精品长材，持续提高公司产品综合竞争力，保持市场领先地位。据此，武钢选择减量发展的策略，进一步压减产能，粗钢产能将从目前的 1 600 万吨/年减少到 1 350 万吨/年。

武钢力求通过前瞻性环保绿色发展措施以及与城市融合的绿色城市服务，积极与城市共享技术与资源，协同处理城市废弃物，把青山基地打造成为"清洁式、绿色型、生态化"发展的城市钢厂典范，成为满足最严格的环保排放标准、实现钢铁行业最先进的指标、成为中西部区域最清洁的大型钢铁联合企业。

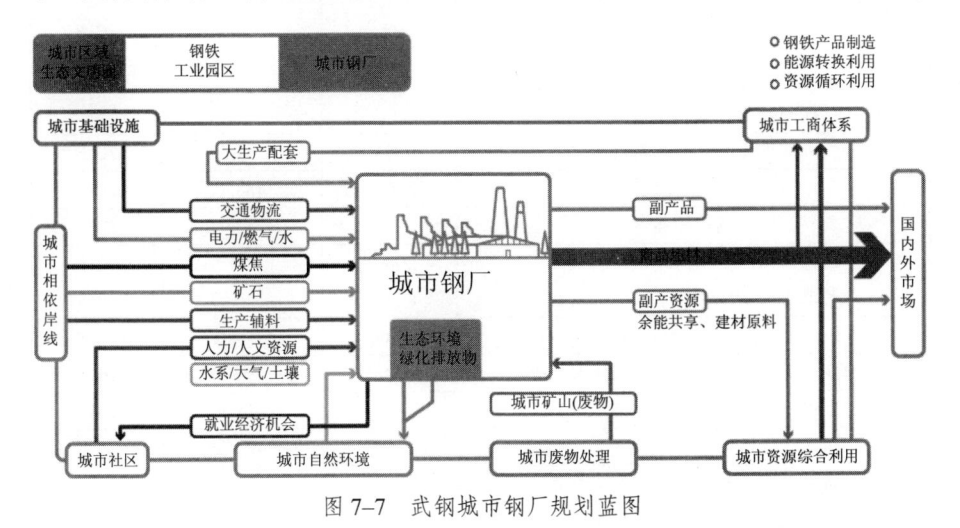

图 7-7 武钢城市钢厂规划蓝图

（二）强化节能减排

钢铁行业是耗能大户，武钢年能耗占武汉市比例超过了 20%。武钢注重节能减排，每年投入大量资金用于节能改造项目，并取得了良好的节能效果。2011 年全厂吨钢综合能耗为 627 千克标准煤/吨，2018 年已降至 583 千克标准煤/吨，年均下降约 1%。在 2019～2024 年共规划约 200 亿元的节能减排类项目。

表 7–2　武钢近年部分节能改造项目

主要改造内容	投资金额 万元	节能量 吨标准煤/年	实施时间
2#炉进出端改造，3#炉改为蓄热式步进梁炉	5 722	4 000	"十二五"期间
高压电机变频改造	/	45 000	
实施绿色照明改造	/	15 000	
建设能源管理中心	9 000	50 000	
采用干法冷却焦炭，回收余热用于发电	21 000	60 000	
回收利用烧结烟道热废气和冷却机冷却赤热烧结矿产生的热量	4 000	24 000	
对 2 座高炉鼓风系统进行脱湿改造	8 000	20 000	
使用节能环保的 LED 灯管替换掉武钢各厂区的高能耗日光灯管		4 098	2017
改造 3#、4#加热炉煤气预热器，将煤气温度从 20℃提高到 28℃，降低煤气单耗		7 150	2018
炼铁七高炉预热器改造	905	4 851	2018
高能耗落后电机更新	600	488.47	2018
炼铁四高炉预热器改造	510	3 395	2018
条材厂 CSP 新增汽化汽蓄热器	500	4 916	2018
热轧加热炉增加气氛激光检测仪	3 300	14 757	2018
三热轧 1#加热炉改造	4 300	5 431	2018
硅钢一分厂 CA9/10/12 机组节水改造	700	3 359	2018
硅钢二分厂 CA7/8 机组节水改造	470	2 239	2018
硅钢五分厂 CA16/18/19 机组节水改造	550	6 423.76	2018
硅钢四分厂 CT8/9 机组节水改造	300	3 210.56	2018
供水分厂生产水介质计量完善	300	337.26	2018

余热余能是冶金能源的重要组成部分。按品质分类可划分为低温余热、中温余热和高温余热，温度越低能级品质越低。武钢余热余能回收率约为 40%。干熄焦技术是一种回收红焦显热最为成熟的技术，主要工艺是采用惰性气体将红焦降温冷却的一种熄焦方法。武钢干熄焦电站年发电量可达 3.5 亿千瓦时；武钢烧结余热发电方式采用余热锅炉法；来自带冷机/环冷机高温段的冷却废气通入锅炉进行热交换，将作为热载体的锅炉循环水转换为蒸汽，再通过蒸汽推动汽轮机带动发电机实现发电；吨矿发电量可达到 18.5~19.0 千瓦时/吨，最高可达到 21.0 千瓦时/吨。高炉煤气余压回收透平发电装置是国际上公认的很有价值的二次能源回收装置，它是通过煤气透平膨胀做功驱动发电机发电，大量利用高炉炉顶煤气的压力和热量，是一种高效的能量回收利用设备。武钢高炉煤气余压透平发电装置（Blast Furnace Top Gas Recovery Turbine Unit，TRT）系统年发电量 5.5 亿千瓦时。武钢燃气—蒸汽联合循环发电机组（Combined Cycle Power Plant，CCPP）项目利用武钢高炉煤气，通过循环发电产生最高效率，能源利用效率比传统锅炉发电工艺高 30%。武钢目前自供电率为 60%，达到国际先进水平。对于品质较低的低温热源，可用于生产热水。武钢正在开展高炉大修，同步进行冲渣水余热改造项目。由于冲渣水热能品位低，没有有效的消纳渠道等因素，未能有效利用。根据武钢规划，有 4 座高炉（5#、6#、7#、8#）的冲渣水约 6 000 立方米/小时可供利用，余热总量约 300 万吉焦，折合标煤 10.2 万吨，未来将向城区进行供热。

第四节 案例 3：评估先行，打造气候适应型城市

为积极主动推进城市适应气候变化行动，根据《国家发展改革委 住房和城乡建设部关于印发〈气候适应型城市建设试点工作〉的通知》，武汉市被批

准成为全国首批气候适应型城市建设试点。按照国家对试点城市的任务要求，武汉市在气候变化脆弱性评估、海绵城市建设等方面协同发力，取得了显著成效。

一、脆弱评估，明确建设方向

（一）启动气候变化脆弱性评估

武汉市气候变化脆弱性评估项目由中国质量认证中心武汉分中心承担。2018年10月24日，项目结题评审会召开。与会专家认为项目报告对武汉市"气候变化的事实和未来趋势""气候变化对武汉市各领域的影响""气候变化对武汉市各行政区的影响""气候适应政策、行动和策略""下一步工作建议"等五个方面进行了分析、提炼和总结，同时形成了城市层面的气候变化脆弱性评估指导性标准《城市气候变化脆弱性评价指南》；报告系统总结了武汉市各部门气候变化工作的成果和进展，较为全面和科学地反映了武汉市在气候变化脆弱性方面的工作；报告成果不仅能有效支撑政府决策、推动武汉市气候适应型城市建设试点工作，而且有助于提高气候变化相关知识在公众中的普及程度，并服务于武汉市气候变化领域国际合作进程。

（二）聚焦关键议题，应对未来风险

《武汉市气候变化风险评估报告》中以科学的方法了解气候变化所带来的风险冲击程度及其相关成因。为达到系统性分析架构与国际上风险评估的标准格式接轨，报告采用台湾气候变迁调适科技整合研究计划（Taiwan integrated research program on Climate Change Adaptation Technology，TaiCCAT）气候调试六步骤以及气候风险模板，特别针对武汉市13个行政区域的空间热点以及13项不同领域的关键议题做完整性的风险评估。针对未来气候变化的推测则以北京气候中心所开发之大气环流模式 bcccsm1.1-m 为主

体，辅以另外五个适合武汉的全球气候模式（General Circulation Models，GCM）作为一致性的检验标准，呈现典型浓度情景（Representative Concentration Pathway，RCP）RCP2.6 与 RCP8.5 的风险。

在关键议题的界定方面，报告汇总过去武汉市天然灾害的发生统计，搭配武汉市经济社会发展、环境生态变化与气候特征统计，辅以中国气候变化蓝皮书的内容，以强降雨、极端高温和极端低温作为危害，以城市生命线、不同产业产值、农业、水体生态以及居民作为承灾体，分析 13 种在武汉市具代表性意义的关键议题。

武汉市整体风险在三级以上，处于中等风险水平。从整体风险程度上来说，武汉市未来气候风险基本持平，说明武汉市目前所做的工作基本可以满足应对未来风险的需求。但是从关键议题层面来说，若武汉市没有任何进一步的具体适应作为，在未来气候变化的情况下，大部分的关键议题会有风险上升的状况出现。反之，若武汉市进一步采取有效的适应作为，不仅没有风险增加的行政区，而且能有效降低部分行政区部分关键议题的未来风险。分析结果显示，超过八成以上的行政区皆能通过进一步的适应作为成效而有效降低未来风险。

二、海绵城市，推进四水共治

武汉市面临水污染严重、内涝灾害突出、供排水矛盾严峻等问题。目前中心城区 40 个湖泊，防涝达标率仅为 37.5%；全市排水设施仅能抵挡一年一遇的内涝，现有外江抽排泵站能力不足规划需求的一半，排水干管渠缺口达 1870 千米，仅靠传统方式很难解决逢雨必涝的现实问题。为了减少城市内涝，改善湖泊水质，结合武汉市旧城改造和新区建设规划，武汉市于 2015 年开始实施海绵城市计划。

（一）主要进展

武汉市海绵城市建设已完成青山、汉阳示范区建设，示范区 38.5 平方千米全部达到海绵城市建设要求，雨水径流量控制率、面源污染削减率等海绵指标达标，试点建设项目累计完成投资额 95.48 亿元，形成了具有武汉特色的海绵城市建设模式，三年试点任务目标达成。

一是提高排水防涝能力，渍水内涝改善明显。按照源头减排、过程控制、排蓄结合的系统思路，构建片区内涝治理体系，实现片区排水防涝综合能力达到规划设计标准。通过监测和模拟分析表明，区域内涝防治标准因骨干排水通道及泵站能力的提升而普遍提高；示范区内渍水点基本消除。例如临江港湾社区试点项目不仅全年未出现渍水，而且通过分析首日降雨实测数据，小区外排流量峰值延缓 0.5～1.5 小时，雨水外排流量峰值延缓 0.5～1.5 小时，降雨控制效果明显。

二是居住环境明显改观，居民获得感得以提升。海绵城市建设试点项目主要是城市水系、道路、小区公建、园林等基础设施和民生工程，涉及广大居民的切身利益。在建设过程中，积极走访调查，充分考虑老百姓的合理需求，不断调整和完善建设方案，确保居民满意。青山港水环境及雨污水综合整治工程，武丰闸段水质明显改善，黑臭现象消除，周边环境极大改善，武丰闸湿地公园已成为周边居民休憩的好去处，增加了群众的获得感；原逢雨必涝的太子水榭经过海绵改造，在 2018 年几次较大降雨过程中，没有发生渍水、积水现象。试点区域外的周边居民参观太子水榭的效果后，均要求进行海绵改造。

（二）特色亮点

一是创新建设管理模式。统筹水问题，以四水共治为指导，构建多层级海绵体系。全力推进滨水生态绿城建设与海绵城市建设，武汉坚持"创新、协调、绿色、开放、共享"的发展理念，紧紧围绕长江大保护要求，全面实施防洪水、排涝水、治污水、保供水"四水共治"。将武汉市水问题统筹考虑，将海绵城市建设与"四水共治"相融合，以"四水共治"为载体构建了山、水、林、田、湖、草多层级的"大海绵"城市建设体系。

二是创新规划建设管控体系。政策文件完善、责任清晰明确。海绵城市建设过程中，积极探索体制创新，编制完成《武汉市海绵城市专项规划（2016～2030年）》，强化规划引导；发布《武汉市海绵城市建设试点工作实施方案》《武汉市海绵城市建设管理办法》等纲领性文件，将海绵城市建设要求纳入了"规划两证一书""施工图审查"等环节，确保了海绵城市建设要求的有效管控，全面推进海绵城市建设；同步出台了规划、图审、验收等相关文件，明确了操作流程。创新规划审批，以规划部门"三图两表"为例，通过明确设计内容，开展设计自评，完善技术管理手段，有效推动了海绵城市技术管理体系的落实。

三是建立标准体系。鼓励技术创新，印发《武汉市海绵城市试点项目规划设计指导意见》《武汉市海绵城市建设施工图设计文件技术审查要点（试行）》《武汉市海绵城市建设技术指南（试行）》《武汉市海绵城市建设技术标准图集（试行）》等地方技术标准；编制完成武汉市暴雨强度公式与不同设计雨型；出台《武汉市海绵城市建设试点项目验收和移交指导意见（试行）》及非政府项目管控办法；创新本地面源污染控制与海绵城市控制指标分解的方法，纳入国家住建部《海绵城市建设先进适用技术与产品目录（第一批）》。针对地下水位高、渗透性差的问题，按照海绵城市建设绿地景观要求高、维护简便需求标准，结合试点经验，武汉市积极总结技术经验、实用技术，已有十余项技术获得国家授权发明专利。

四是搭建海绵监测与评估平台。完善监测平台实施方案，加快试点监测和评估工作，目前已完成综合管理平台信息查询系统、考核评估系统、海绵一张图系统、建设管理系统、智慧导览系统等软件功能的全面搭建。对青山、汉阳示范区的 288 个海绵项目、20 个典型项目的海绵设施空间及属性数据进行了数据整编，搭建完成了示范区海绵数据分析模型，形成了分析报告。采集人工本底监测雨季数据 18 917 条，水系采样数据 1 647 条，安装完成 40 个监测站点。

五是打造精品海绵项目。建设完成临江港湾社区海绵改造、青山江滩二期、太子水榭海绵化改造、东湖港综合整治、青山港湿地雨污水整治及水环境修复、钢城二中等一批重点项目、精品工程。戴家湖公园园林绿化与生态修复项目，荣获"中国人居环境范例奖"。作为黑臭水体整治和老旧社区海绵化改造的成功样板，临江港湾社区海绵改造工程被国家住建部编入全国第一批海绵城市建设试点项目经典案例。

六是培育海绵城市建设产业链。支持武汉大学、武钢、中冶南方等单位建立海绵城市研究中心，武钢投资 5 000 万元建成以钢渣等工业废弃物为再生原料的循环经济建材生产线，武汉车都环保再生资源公司投资 1.2 亿元建设新型透水建材生产线，带动了全市绿色建材产业发展。

小　结

武汉市围绕实现二氧化碳排放峰值目标，努力探索以低碳转型为重点、试点示范为引领、制度创新为支撑的低碳发展模式，把推进国家低碳试点城市和实现碳排放达峰作为生态文明建设的重要内容，全面落实《武汉市低碳发展"十三五"规划》《武汉市碳排放达峰行动计划（2017～2022 年）》等有关要求，扎实推动减缓和适应气候变化工作。作为全国首批气候适应型试点城市，武汉市在气候变化脆弱性评估、海绵城市建设等方面协同发力，取得了显著成效。作为全国第二批低碳试点城市，武汉市在产业低碳、能源低碳、生活低碳、生态降碳、低碳能力、低碳示范、低碳体制机制建设以及低碳国际合作等方面提出了八大主要任务，促进武汉市绿色低碳发展上新台阶。此外，武汉市还创新发展绿色生活方式和消费模式，启动了"碳积分体系"的创新研究，用"碳积分"养育"碳宝宝"，或在有"碳中和"需求的商业机构使用，引导全民践行低碳生活。综合武汉市自2012年底获批成为第二批低碳试点城市以来的低碳发展实践，其城市低碳建设的各方面工作都实现了既定的预期，也初步形成了独具武汉特色的综合型"低碳社会"的发展模式，对中国城市低碳建设具有一定的示范和引领效应。

参考文献

吴雪莲、万迎峰："武汉低碳城市试点创建的路径及模式浅析"，《工业安全与环保》，2020年第2期。

武汉市人民政府："武汉市碳排放达峰行动计划（2017~2022年）"，2017年。

武汉市统计局、国家统计局武汉调查队："2018年武汉市国民经济和社会发展统计公报"，2019年。

张丹、田雁、杨庆："武汉市推动绿色发展的探索和实践"，《经济研究导刊》，2019年第21期。

第八章　太原市应对气候变化行动案例

太原自古就有"锦绣太原城"的美誉。在倡导生态文明建设、引导经济产业转型的大背景下，太原以破解可持续发展瓶颈问题为抓手，以科技创新为核心，以体制机制改革为保障，开展资源型城市转型升级的有益探索，树立了经济发展和产业转型的典范。2019年太原市实现地区生产总值（GDP）4028.51亿元，比上年增长6.6%。产业结构基本稳定，2016年三次产业结构为1.3∶36.1∶62.6，2019年为1.1∶37.7∶61.2。2019年常住人口446.19万人，比上年末增加4.04万人。人均地区生产总值90 698元，比上年增长5.6%，按2019年平均汇率计算达到13 147美元。

第一节　总体情况

一、可持续发展理念

太原作为全国能源重化工基地，构筑了以煤炭、钢铁、化工等传统资源型产业为主导的产业体系，形成了对煤炭等资源的过度依赖，太原经济发展因资源而起伏，生态环境问题日趋恶化。近年来，太原市围绕资源型经济转型、生态环境修复、新动能培育做了大量的探索和创新，但与先进城市的差距仍在拉大，可持续发展的动力仍然不足。2018年2月13日，国务院批复太原市建设国家可持续发展议程创新示范区，以资源型城市转型升级为主题，推进以科技创新为核心的全面创新，着力破解制约可持续发展的瓶颈问题，努力探索产业优、质量高、效益好、可持续发展之路，为全国资源型地区转型和可持续发展提供现实样板和典型经验。

在历史辉煌和现代落差之间，太原市重新审视自身的发展路径，积极响应《国家创新驱动发展战略纲要》《中国落实2030年可持续发展议程国别方案》，依据《全国农业可持续发展规划（2015～2030年）》《国家"十三五"科技创新规划》《山西省科技创新"十三五"规划》《山西省环境保护"十三五"规划》《太原市国民经济和社会发展第十三个五年规划纲要》《太原市城市总体规划》等一系列政策文件，编制了《太原市可持续发展规划（2017～2030年）》《太原国家可持续发展议程创新示范区建设方案（2017～2020年）》，提出以破解空气污染等瓶颈问题为抓手，化解产业粗放与生态脆弱并存的矛盾，形成有利于资源节约和生态环境的可持续发展体制机制等发展目标。通过对可持续发展的持续发力，努力实现由资源主导的外延增长型转变为内生创新型发展，在价值取向上由"经济导向为主"转变为"以人民为中心"的发展理念，注重服务与人的全面发展，促进城市共建、共治、共享，通过对城市品质的不懈追求，成为全国乃至国际形象突出、市民高度认可的创新、生态、低碳、健康、宜居、幸福之城。

太原依托能源优势，承办能源低碳发展论坛，推动中国能源革命和低碳发展。2019年，习近平总书记向太原能源低碳发展论坛致贺信并指出，能源低碳发展关乎人类未来；中国高度重视能源低碳发展，积极推进能源消费、供给、技术、体制革命；中国愿同国际社会一道，全方位加强能源合作，维护能源安全，应对气候变化，保护生态环境，促进可持续发展，更好造福世界各国人民。

二、资源型城市转型

太原作为煤炭大省省会，历史上依托煤炭、钢铁、煤化工等产业，曾经创造了全国领先的发展速度。2019 年全市实现地区生产总值（GDP）4 028.51 亿元，比上年增长 6.6%。其中：第一产业增加值 42.48 亿元，增长 2.1%；第二产业增加值 1 518.64 亿元，增长 5.9%；第三产业增加值 2 467.39 亿元，增长 7.1%。人均地区生产总值 90 698 元，比上年增长 5.6%。产业结构基本稳定，2019 年三次产业比例为 1.1∶37.7∶61.2，与 2016 年相比，第一产业比重下降 0.2 个百分点，第二产业比重提高 1.6 个百分点，第三产业比重下降 1.4 个百分点。太原市建成区绿化覆盖面积逐年上涨，新增造林面积基本稳定在每年 17 万公顷左右，形成了"政府引导、市场运作、公司承载、园区打造"的资源型地区生态修复治理"太原西山模式"。

目前太原市经济的迅速发展仍然是以大量的能源消耗为基础，带来生态环境恶化、经济增长乏力等诸多后遗症。传统产业面临转型压力，新型产业孵化周期长，高科技产业发展缓慢，产业对城市可持续发展支撑明显不足。工业结构仍然偏重，重工业比重高达 87%，资源型传统产业比重仍在 30%左右，工业产品附加值及竞争力差的产品多，具有核心竞争力的产品少；电子信息、生物制药、新能源、新材料等新兴产业虽然发展较快，但大都处于起步阶段，规模小、实力弱，对产业结构调整的带动作用有限。服务业发展层次不高，文化旅游、健康养老等新业态发展不足，科技服务、信息咨询等生产性服务业发展滞后，难以对第二产业发展形成有效支撑。园区经济发展缺乏关联、配套与协同效应，主导产业不优不强，尚未形成集群效应和规模效益。

三、破解制约瓶颈

太原市作为典型的资源型城市,长期依靠能源资源的高投入、高消耗拉动经济发展,资源约束紧张、生态功能退化、环境承载力降低等发展不协调、不可持续的问题日益突出,特别是以煤炭为主导的高碳排放产业体系影响了太原市经济增长,以冬季重污染频发为代表的生态环境问题受到特别关注,已经成为制约太原市经济社会可持续发展的重大瓶颈。

2016 年,SO_2、NO_2、PM_{10}、$PM_{2.5}$ 平均浓度值分别超过国家标准 15%、15%、79% 和 89%,空气质量综合污染指数是全国 74 个重点城市平均水平的 1.41 倍,公众反映强烈的重度及以上污染天数比例达到 4.9%。尤其是冬季空气重污染频发高发,空气质量污染指数是非采暖期的 1.6 倍,采暖期煤烟型污染是造成大气污染的主要原因。大气污染突出瓶颈问题对太原市影响主要体现在三个方面:(1)影响经济发展。太原大气污染、雾霾警报不断拉响,企业停产、工地停建成为新常态;环境容量超载,限制了项目落地,制约了经济发展。(2)影响人民群众身体健康。据监测显示,2016 年太原市在全国 74 个重点城市空气质量排名倒数第 10 位,空气污染严重。每年冬季采暖期呼吸道疾患猛增,对人民群众身体健康造成严重影响。(3)降低城市品质。冬季重污染天气频现,成为城市形象和环境的硬约束,拉低了城市品位,削弱了城市竞争力。

破解碳排放约束和空气污染突出瓶颈问题,恢复改善太原市经济社会和生态功能迫在眉睫。这既是一项重大的环境工程,也是一项重大的发展工程,更是一项重大的社会民生工程。近年来,太原市以可持续发展理念为引领,破解关键瓶颈,以创新驱动为支撑,以产业转型升级为抓手,将污染治理、生态修复与转型发展、产业调整同步规划、同步安排、同步建设,全面恢复生态系统功能,加快形成绿色发展方式,促进人与自然和谐共生,在产业转型、环境治理、生态修复方面开展了大量工作，尤其是淘汰落后产能实施散煤治理力度空前，以"煤改气""煤改电"供热工程为代表的大气质量改善工程项目快速推进，"绿水青山就是金山银山""保护生态环境就是保护生产力，改善生态环境就是发展生产力"已成为社会各界共识，不断解决民生问题，一定程度上满足了人民不断增长的对绿色低碳的需求。此外，太原市为坚定地走好资源型经济转型发展之路，坚持把创建公交都市作为助推打造能源革命排头兵，推行能源革命综合改革试点，构建资源节约型、环境友好型社会的重要内容，建立了智能公交调度指挥系统，交通管理部门和普通市民能够共同分享实时交通数据信息，实现电子信息化管理，为市民提供了更加完善的服务，形成了"常规公交为主体、慢行交通为补充、轨道交通为提升"的综合绿色公共交通出行体系。

第二节 案例1：经济结构转型，打造绿色低碳之城

近年来太原市经济社会发展稳定，碳排放量逐步增多，正在经历城市快速发展和产业转型时期，在低碳发展的道路上存在许多阻碍。目前政府积极支持高新技术产业发展，且产业结构正逐渐向以第三产业为主的结构转型，为太原市建设低碳之城提供了资源和发展空间。同时，在山西省推进能源转型，也进一步促进太原市在节能减排、提高绿色消费等方面取得积极进展。

一、坚持规划引领，明晰发展路径

为进一步改善城市生态环境指标，提高企业和居民对生态环境的保护意识，强化对污染排放的制约，加速经济结构转型，建设清洁高效的低碳之城，太原市按照高端、高效、高辐射的产业发展方向，以提高产业素质为核心，

加快构建以先进制造业为导向、现代服务业为支撑、都市现代农业为特色的高端产业体系，促进经济实现更具活力、更有质量、更可持续的发展，制定了《太原市可持续发展规划（2017~2030年）》，以专门章节提出建设清洁低碳的创新之城。

（一）建立可持续的能源体系

加快推进以煤炭为主的能源结构转变，降低煤炭在能源终端消费的比重，努力提高清洁能源发电比重，积极开展水电、风电、太阳能、生物质能等可再生能源以及新能源的开发利用，优化能源结构，构筑清洁能源保障体系。

一是促进传统能源产业提效减碳。统筹碳减排、生态环境承载能力和水资源，建立能源—经济—环境系统可持续发展的高效清洁煤电，以技术改造和灵活性改造提升发电企业效能，加快实施设备节能改造工程和环保改造工程，提高发电机组运行效率。建成内外相互联络支撑，合理分配负荷的智能电网。采用循环流化床和超超临界等高效低碳技术，匹配需求适度发展煤矸石、煤泥、洗中煤等低热值煤综合利用发电，提高能源利用率。

二是提高产业的能源利用效率。加大对现存传统产业信息化、低碳化改造力度，促进传统产业走工业新型化、低碳化道路。综合考虑能耗、污染物排放、碳排放、资源产出效率等因素，制定火电、冶铸、化工、水泥等行业减少二氧化碳排放行动方案。开展绿色工厂、园区和供应链的绿色评价，从产品生命周期全过程控制资源能源消耗，减少碳排放。加强煤矸石、粉煤灰等固废资源综合利用及废水、废气、废渣循环利用，形成具有低碳特点的资源综合利用产业链。推进园区企业废物交换利用、能量梯级利用、资源共享，共同使用基础设施，建成一批绿色低碳循环发展的示范园区。

三是打造"煤基能谷"。充分发挥国家能源重化工基地长期积累的能源产业和技术优势，进一步推进"能源+循环利用产业"循环发展，推动煤炭及共伴生资源全产业链深度开发和洁净、高效利用。拓展整体煤气化联合循环发电系统技术，利用高灰熔点、高硫劣质煤，融入焦化、化肥等传统煤化工，发展高能源利用效率的煤化工产业技术。加快氢储能技术、氢能源燃料电池、熔盐储能等前沿技术领域的创新和应用，促进煤炭能源与新能源产业融合发展。积极发展新能源汽车、分布式能源系统等新兴产业。

四是加快发展新能源。因地制宜发展太阳能、地热能和生物质能等非化石能源，努力提高一次性能源消费中非化石能源的比重，降低碳排放强度，建立"新能源+生态旅游"模式，促进"光伏+储能"产业融合，推进光伏扶贫、设施农业光伏和工业园区标准厂房光伏等产业复合发展。充分利用太阳能光热技术为散煤禁烧提供分户或集中供热的解决方案。发挥全市统一更新纯电动出租汽车的引领作用，紧密围绕"煤—电—车"产业链，推进比亚迪新能源汽车基地建设，实现新能源领域的产业新突破。

（二）构建绿色现代产业体系

以轻资源为特征，大幅度提高资源产出率，增强生态环境友好型产业发展的新动能。

一是培育壮大新兴产业。加快推进高端化、智能化、绿色化、品牌化战略性新兴产业发展，以打造装备制造、电子信息、新材料三个千亿级产业基地和节能环保、新能源、绿色食品、生物医药等若干百亿级产业集群化为主攻方向，探索生态与生产、集约与集聚、创新与创业、减碳与增效相统一的可持续发展新路，重塑产业比较优势和竞争优势。

二是建立消费引领的现代服务业。以消费经济为导向，培育壮大生产性服务业，创新生活性服务业，促进消费品工业与服务业复合发展，使服务业成为创新创业、驱动产业转型升级的加速器。

三是发展都市型复合农业。挖掘都市现代农业多重功能，围绕都市农业应具备的生产基地功能、生态屏障功能、示范辐射功能、旅游休闲功能、社会经济功能等多功能要求，构建由都市内部圈层、都市外围圈层（都市近郊）、郊区外围圈层（都市远郊）组成的都市农业功能三级圈层，全力打造涉农主题业态多元、科技服务高效、功能结构优化、生态保障有力的都市圈生态服务型农业。

（三）打造转型综改示范区可持续发展创新样板

以"两城六区"为主战场，以破解制约资源型经济转型发展难题为着力点，在产业转型、体制机制创新、产城融合等方面先行先试，着力打造创新驱动、转型升级的主引擎和载体，为全省乃至全国资源型地区转型发展提供可复制、可推广的经验。

一是促进新旧动能转化。加快"双创特区"和"人才特区"建设，全方位集聚创业创新资源，深层次完善科技创新体系，推动产业发展动能转换，形成科技创新驱动产业发展、带动全省转型升级的新格局。以科技创新城和大学城为中心、涵盖整个示范区，对标国家要求，高标准布局重大科研基础设施，提升原始创新核心载体功能。全面增强企业自主创新能力，加强高新技术企业及创新型企业培育，提高自主创新成果转化能力，以创新突破推动战略性新兴产业发展，借鉴国家自贸区改革试点经验，营造法治化、国际化、便利化的营商环境，创造改革创新发展新优势。

二是创新产业转型的路径。在示范区集中布局转型升级重大项目，打造移动能源和轨道交通两个世界级产业集群，先进装备制造和新能源汽车两个国家级产业集群，信息技术产业、文化创意产业和超前先导产业三个省级示范引领的产业集群，形成多元化中高端现代产业体系。顺应现代服务业和制造业服务化发展趋势，加快培育服务业新业态新模式，构建现代服务新体系，推动现代服务业优质高效发展，发挥现代服务业在现代产业体系中的重要支撑作用。

三是强化产城融合。优化布局服务性、生活性配套设施，全面提升综合承载能力。积极推进投资主体多元化，鼓励引导外资和各类社会资本参与园区基础设施建设运营与管理。建立产业与社会共享的物质、资源、能量梯级利用体系，实现产业和城镇融合发展。

四是加快太原起步区建设。潇河产业园区是太原—晋中同城化的重要连接点，以先进装备制造、新能源、新材料、现代物流等产业为重点，打造绿色低碳产业新区。促进信息技术与制造技术的深度融合，构建以信息技术、大数据、"互联网+"为支撑的创新制造示范区。采用绿色低碳产业发展模式、空间组织模式及低冲击开发建设模式，构建有机的全产业链体系。沿潇河绿色生态走廊，打造生态活力带，建设生产创新、现代服务、宜业宜居、有机融合的绿色活力谷。

二、深入结构调整，促进低碳转型

近年来，太原市加快产业结构转型，淘汰落后产能，推进新能源利用，减少污染排放，提高能源利用效率，促进低碳转型发展。

（一）加快产业结构转型

坚持新型工业化发展道路，阳煤化工新材料、比亚迪、江铃重汽等项目相继投产，太原市工业增长动力加速转换。2018年非煤、非能源、非传统工业增速加快。非煤工业同比增长12.1%，较2017年同期加快4.9个百分点；累计贡献率达94.2%，较去年同期提高18.7个百分点。非能源工业同比增长16.2%，较2017年同期加快9个百分点；累计贡献率达90.8%，较去年同期提高26.4个百分点。非传统工业同比增长17.4%，较2017年同期加快10.5个百分点。深入落实"转型项目建设年"各项要求，按照"三个一批"推进部署，加快工业项目建设。太钢T800高端碳纤维二期、国营金阳高性能永磁材料一期工程、东杰智能装备和工业机器人等项目完工投产；国科晋云超级计算基地、太重风电整机、富士康新一代智能移动通信终端制造维修、金能铜铟镓硒薄膜太阳能等项目进入设备安装阶段。新能源汽车生产企业达到 13 户，2018 年新能源汽车推广总量为 29 476 辆，在全市公共服务领域新增或更新的车辆中，新能源汽车数量占比达 63%，远高于 30% 的考核指标。2019 年，太原市三次产业结构为 1.1∶37.7∶61.2。装备制造业、新材料产业、电子设备制造产业共完成投资 90.9 亿元，其中新材料产业实现正增长，以中电科碳化硅材料产业基地项目为代表的新材料产业完成投资 27 亿元，较 2018 年增长 164.2%，为新材料投资奠定了基础。

（二）推进新能源应用

2019 年太原市新能源发电装机总量 54 万千瓦，其中风电装机 17.85 万千瓦，光伏装机 33.26 万千瓦，水电 2.88 万千瓦。2019 年风电新增并网 3.1 万千瓦；风电新开工项目 3 个，规模 15 万千瓦，并网后可完成投资 12 亿元，全市风电装机总容量可达 34.55 万千瓦；争取 10 万千瓦光伏平价上网项目指标，争取到光伏竞价补贴项目 19.4 万千瓦；光伏新开工项目 3 个，规模 23 万千瓦，并网后可完成投资 10 亿元，全市光伏装机总容量可达 56 万千瓦。生物质发电在建项目 1 个，装机容量三万千瓦。首次采用承诺制一次性办理核准 7 个分散式风电项目。

推进国家新能源示范产业园区建设，争当全省能源革命排头兵。太原西山生态文化旅游示范区国家新能源示范产业园区项目是由分布式能源站、微电网与微热网组成的，实现风、光、生物质、地热能等多种能源高效耦合，形成"源-网-荷-储"的分布式新能源供电、供热（冷）系统，满足区域内远离市政网管设施用能需求。主要由三个项目组成，总投资 6 600 万元。

（三）提升能源利用效率

实施煤矿和洗选煤产能退出、煤炭清洁利用、企业能源利用效率提升、绿色标准引领等工程项目，提高能源利用效率，减少污染排放。

加快煤矿和洗选煤产能退出，提升煤炭清洁利用。精准定位中心城区功能，优化区域产业布局，坚持市场机制、经济手段、法治办法，加快关停太原都市区范围内煤矿。为进一步推进太原市煤炭清洁利用供给侧改革，淘汰落后过剩洗选能力，提高煤炭洗选行业质量效益，改善生态保护水平，太原市能源局针对煤炭洗选行业实行产业升级、规范发展，推动煤炭洗选行业能源革命。强化煤的清洁利用，构建清洁、高效、低碳、安全、可持续的现代煤炭清洁高效利用体系。采用选煤、配煤、型煤、水煤浆、低阶煤提质等先进的煤炭优质化加工技术，提高、优化煤炭质量，实现煤炭精细化加工配送。实施燃煤锅炉提升工程，推广应用高效节能环保型锅炉，加速淘汰落后锅炉。促进煤炭分质利用和提质技术水平的提高，逐步实现"分质分级、能化结合、集成联产"的新型煤炭利用方式，积极探索煤制氢等先进煤化工技术。

　　提高企业能源利用效率，强化绿色标准引领。强化政策引导，严格执行国家和省有关产业政策，大力发展节能环保制造业，带动节能环保产业快速发展；在冶金、电力、煤炭、焦化、化工、建材等六大主要耗能行业深入开展"万家企业节能低碳行动"，建立高耗能行业"能效领跑者"制度，推进重点企业能效对标达标；鼓励工业企业建立能源管理体系，推动重点节能技术、设备和产品的推广应用。提高项目准入门槛，坚决限制高耗能、高污染行业发展；积极化解过剩产能，坚决淘汰和关闭浪费资源、污染环境的工艺、设备和企业，严格控制普钢、焦炭、水泥、电解铝、金属镁等产业的盲目投资和低水平重复建设。对标国内外低碳先进指标，落实环保新标准和《太原市绿色转型标准体系》，开展绿色园区、绿色工厂、绿色社区评价，探索建立太原市低碳发展评价体系，建立一批低碳社区、低碳商业区、低碳产业园区。强化低碳技术标准应用，尤其是在电力、交通、建筑、冶金、煤焦、化工等能耗高、污染重行业，推进实施以清洁生产为重点的环保提标改造，实现污染物超低排放。鼓励企业完善工艺技术路线，研发绿色产品，采用先进清洁生产工艺技术和高效末端治理装备，实施生产过程互联网+，推进生产过程自动化、智能化、绿色化。

三、创新治理模式，修复西山生态

（一）西山基本情况

西山是太原市天然生态屏障，煤、铁、石膏等矿藏资源丰富，文化遗存众多，分布有50余处国家、省、市、区级文物保护单位，其中，国家级文物保护单位6处，占全市的近1/5。上世纪80年代初到本世纪初，在西山近500平方千米的区域内集聚了各类采矿企业近2 000家，造成采煤沉陷区约110平方千米；地下水系遭到破坏，太原两大名泉"兰泉"和"晋泉"断流；开山取石破坏山体1 300余处，总面积约9平方千米。年废水排放量400多万吨，年二氧化硫排放量、烟粉尘排放量占市区年排放总量的60%以上，煤矸石、粉煤灰等工业垃圾和城市生活垃圾及建筑垃圾长期乱倾乱倒，固体废弃物产生量约占市区的近60%。鉴于西山生态破坏严重、治理难度大、投入高、周期长，太原市确定了市场化生态治理思路，出台了生态修复激励政策，得到了国有、民营企业的积极响应。目前，16家企业先后与市政府签订合作框架协议，投资建设16个城郊森林公园，涉及面积137平方千米。其中，国有企业投资的公园有5个，民营企业投资的公园有11个。

（二）西山治理模式

太原市在西山生态修复中主要采取了"政府引导、市场运作、公司承载、园区打造"的治理模式，具体为：政府引导。太原市成立了西山地区综合整治专门机构，一名市级领导牵头，协调各方，有序推进，确保西山生态修复治理可持续；制定产业发展规划、城市空间利用规划、生态控制与保护规划及景观规划，统筹区域发展；引导产业结构调整，实施大型基础设施建设。市场运作。太原市出台六项生态修复政策，核心是企业投资完成修复面积

80%，可通过公开方式取得不高于 20%的建设用地，用于公园配套设施建设和适度开发。运用市场机制，将西山山水资源资本化、市场化、要素化，在生态破坏较严重的地区规划 22 个城郊森林公园，总面积 173 平方千米。公司承载。生态治理市场化推进政策极大地激发了企业的积极性。16 家企业投资建设面积 137 平方千米。按照谁投资谁受益、谁受益谁管护的原则，已有 7 家企业通过西山生态修复取得 200 余公顷建设用地，公园建设已处于投资回报期。园区打造。一个园区一个特色，一个公园一个主题，主题定位明确，景观各有特色，在西山生态修复的基础上形成了"一企一园、一园一题"产业发展模式。

（三）政策保障

先后制定了六大政策，加快推进生态修复。具体如下：一是以地换绿的"二八政策"。本着先绿化后开发原则，建设城郊森林公园的企业将不低于80%的土地用于生态建设，其余20%的土地用于公园配套设施建设和适度开发。绿化投资标准原则上不低于 3.5 万元/亩。二是绿化考核政策。由政府、建设单位、绿化施工单位、监理单位和市测绘院组成五方考核小组，对进苗、挖坑、造林等全过程进行跟踪考核，利用信息技术为每一棵树建立电子户籍，为"二八政策"提供准确数据。三是林地林木认养政策。企业对区域内林地林木实施认养，认养期70年，享有林地和已有林木的使用权，对新栽林木享有所有权和使用权，并负责林地林木的管护。四是集体土地流转政策。企业对区域内绿化的农村集体土地进行流转，享有土地使用权，流转期50年。配套设施及适度开发土地先征后转，对完成年度绿化任务、投资力度大、速度快、质量好的企业，优先供给建设用地指标。五是绿化补助资金政策。太原市将土地收益的60%作为前期绿化成本补助费用补助公园建设单位，同时对公园建设项目的城市基础设施配套费等予以减免。六是市政设施配套政策。市政府投资建设道路、供水等基础设施到各公园边界，公园建设单位负责园区内公共基础设施建设。

（四）治理成效

截至2018年年底，西山城郊森林公园累计完成投资111亿元，其中，政府投资36亿元，企业投资75亿元，建设16个各具特色的城郊森林公园，西山地区生态明显改善，同时也带动了东山地区生态建设有效推进。一是生态环境持续修复，环境质量显著改善。先后关停、搬迁、淘汰污染企业30余家，清理煤堆、垃圾、煤矸石约700万吨。16个城郊森林公园，造林绿化近8万亩，栽植乔灌藤草1 520余万株（丛），治理破坏面550万平方米，污染得到有效遏制。新建蓄水池、景观湖91万立方米，新增水面面积33万平方米，呈现出"喷灌现彩虹，高山出平湖"的美景。二是基础设施不断完善，环境承载能力有效提升。建设贯通西山南北全长136千米的旅游公路（主线66千米，10条城市连接线70千米）、382千米的园区道路；实施引水上山工程，覆盖面积约90平方千米，新建绿化供水管网184千米；建成沿西环高速约60千米的天然气高压管网；正在建设一批通讯基站，完工后通讯信号覆盖范围将大幅增加。三是绿色能源加快发展，创建国家新能源示范区。2017年4月，省发改委批复同意西山生态产业区开展分布式能源站、智能微电网和智能微热网的商业应用和交易试点。2017年5月，国家发改委、国家能源局批复同意将西山生态产业区列入国家新能源微电网示范项目名单。目前，已建成国信公园管理中心分布式能源站项目，解决3 400平方米建筑供热、制冷及生活热水供应；玉泉山公园玉泉山居新能源供热项目，解决10万平方米建筑的供热及生活热水供应；建成北区供水泵站新能源微电网示范项目，累计安全发电220余万千瓦时，供水泵站实现绿色供电。四是社会效益逐步提升，建设成果人人共享。目前，企业向农民支付土地流转费用、土地征用补偿和地上附着物补偿等费用近4亿元，增加了农民收入。玉泉山公园自2014年开始每年举办以赏樱花为主题的"春之约"活动，赏花期年平均接待游客达60

万人次。钢盛公园修建的 8.3 千米国家级登山健身步道和 5 千米山地自行车赛道，每逢节假日吸引登山健身爱好者前往，并成功承办第一届全国青年运动会山地自行车决赛，西山公园逐步成为太原市百姓休闲度假的好去处。

第三节　案例 2：控制散煤燃烧，协同实施大气污染防治

作为典型的煤烟型污染城市，太原市全力以赴推进大气污染防治工作，关停搬迁污染企业、涉煤和水泥行业基本退出主城区、覆盖集中供热管网、建设长距离输热管道、拆除燃煤锅炉、拔掉"城中村"黑烟囱，改善大气环境质量一刻不松劲。经过几年的治理，太原市各项空气质量指标数值下降幅度在全国 74 个重点城市中持续名列前茅。

一、壮士断腕，实施散煤治理攻坚

通过和全国 74 个重点城市比较发现，太原市散煤燃烧是影响市域空气质量的主要因素之一，散煤治理成为太原市改善大气环境质量的核心工作。

太原市委、市政府高度重视，以太原市列入《京津冀及周边地区 2017 年大气污染防治工作方案》"2+26"城市为契机，提出"退一（退出倒数第一）"要求，强化大气污染防治，重点实施降尘污染防治七大工程，努力构建"天空明净、空气清新、气候宜人"的蓝绿相映格局。制定《太原市国家可持续发展议程创新示范区发展规划（2017～2030 年）》和《太原市国家可持续发展议程创新示范区建设方案（2017～2020 年）》，提出实施大气环境综合治理。按照"散煤燃烧退出城市，工业排放严格限制，综合管理全面加强，排放总

量全面下降"的思路,划定"禁煤区",禁止原煤散烧,全力落实"控煤、治污、管车、降尘"等重要举措,引入市场化机制,通过拆迁改造一批、集中供热一批、气化一批、电化一批、洁净煤置换一批、建筑节能改造一批,全面完成冬季燃煤供暖清洁替代,从根本上改善太原市空气环境质量。

为解决冬季燃煤污染问题,太原市以散煤治理为突破口和大气污染综合治理攻坚行动为重点,明确任务书、划定时间表,太原市散煤治理攻坚行动全面展开,治理力度前所未有。2017年5月,《太原市大气污染防治2017年行动计划》出台;7月,"铁腕治污大气环境整治百日攻坚大会战"启动;8月,《太原市2017年散煤治理工作方案》出台;9月,《太原市2017~2018年秋冬季大气污染综合治理攻坚措施五十三条》出台,散煤清洁治理被放在首要位置;此外还出台了《太原市大气污染防治条例》《太原市生态环境保护条例》和《太原市建筑废弃物综合管理条例》《太原市生态环境保护行政执法与刑事司法衔接工作制度》,环境保护法律法规进一步健全;10月,市委、市政府以壮士断腕的决心,发出了"煤都"史上最严"禁煤令"——将市区(太钢、大唐太原第二热电厂、西山白家庄矸石热电厂及保留的燃煤热源厂除外)划为"禁煤区",禁止任何单位和个人销售、运输、燃用煤炭。

二、全力推进,实现市区散煤清零

太原市全力推进散煤污染治理,助力蓝天保卫战攻坚行动,市区散煤"清零"实现历史性突破,在散煤治理与空气污染防治协同工作方面取得初步成效。2017年,太原市成功申报北方地区清洁取暖试点城市,落实中央财政补贴23亿元。为解决禁煤后的采暖问题,太原市决定对市区范围内348个农村、城中村的13.4万户实施煤改电、煤改气工程,并对改造产生的一次性投资和采暖期运行费用进行补贴,保证群众利益不受损。市财政共计拨付16.73亿元,并确定此后每年补贴3亿元以上。根据不同的采暖方式,太原市实施市、区两级政府补贴。实施"煤改气"供热改造，居民只需承担燃气工程费每户1 900 元和燃气取暖用暖气片及户内水系统改造费用。实施"煤改电"改造，根据不同供电方式，给予最高 1.4 万元、2.7 万元不等的补助。每个采暖期，市、区两级政府对完成"煤改电"的农户不分峰谷，每度电补贴 0.2 元，最高不超过 2 400 元。

2017 年共替代拆除燃煤锅炉 1 882 台，实现市区 35 吨以下燃煤锅炉"清零"；完成 11.6 万户农村清洁供暖改造；26 个城中村完成整村拆除，拔掉土小锅炉 1.2 万台；51 个棚户片区完成整体拆迁改造，市区基本实现原煤禁烧，一电厂燃煤机组关停，全市减少燃煤 430 万吨。2018 年在巩固市区"禁煤"工作基础上，散煤治理向三县一市推进。至 2019 年，累计完成农村清洁供暖改造 22.6 万户，超额完成国家下达的三年完成改造 21.87 万户的任务，实现了平川地区清洁供暖的全覆盖。对偏远地区暂无法替代的 4.03 万农户，设立36 个供应站和 155 个供应点，配送清洁兰炭 9 万吨。替代拆除 20 吨以下燃煤锅炉 168 台，年减少燃煤 56 万吨，市区城南热源厂 3 台 270 蒸吨燃煤采暖锅炉清洁能源替代工程已完成，市区在用 65 吨以上燃煤锅炉全部实现超低排放改造；539 台燃气锅炉完成超低排放改造。

三、综合治理，环境改善效果显著

太原市扎实开展综合治理攻坚行动，"秋冬防"期间环境改善效果显著。先后开展"铁腕治污""散乱污"企业综合整治、"秋冬季"攻坚等一系列专项行动。以钢铁、焦化、化工、有色金属、水泥行业为重点，实施特别排放限值改造，相继完成太钢堆场和渣场治理、西山矸石电厂超低排放改造、钢铁行业特别排放限值改造和焦化厂全面达标治理等 37 项改造任务，工业污染防治进一步提升。严把扬尘控制"开工关""治理关""执法关"，2017 年对307 起各类扬尘污染违法行为立案查处，累计处罚 411 万元；集中清运 1 079

万立方渣土，中环内建筑垃圾基本完成整治，工地扬尘管控进一步加强。

2017年摸底排查"散乱污"企业2308家，其中：取缔1966家，完成整治250家，停产整治92家，"散乱污"企业整治初见成效。按照"差别化管理、禁止一刀切"原则，进一步完善重污染天气应急预案，761家企业建立"一企一策"重污染天气应急预案，196家企业实施错峰生产；2017年第四季度启动了重污染天气应急预警9次，其中：橙色预警5次；2018年共启动5次重污染天气预警，其中：黄色预警3次，橙色预警2次，累计14天，并采取强化减排措施，削减污染排放，有效缓解重污染天气影响，重污染天气应急预警措施进一步加强。通过上述措施秋冬季空气质量改善效果明显。

以柴油货车和工程机械管控为重点，采取统筹协调、部门联动等方式，开展机动车尾气污染整治专项行动。2017年全年抽检柴油货车4.3万辆，劝返车辆13.4万辆，查处货车各类违法3.4万起；淘汰老旧车2.7万辆，超额完成国家下达的淘汰任务，黄标车基本实现清零；在23家销量超5000吨的加油站安装油气回收在线监控设备，源头监控加油站油气污染。在太钢、二电厂等运输大户推广燃气运输车辆200台；2018年10月1日全面供应国Ⅵ汽柴油，2019年7月1日起全面实施机动车国Ⅵ排放标准，源头上控制机动车尾气污染；在城市北部扩大载重货车限行范围，实行载重货车全天禁止通行，划定高排放非道路移动机械禁用区，检测非道路移动机械0.8万台；两辆机动车遥感检测车交付使用上路巡检，10套机动车固定遥感监测设备建设工作正在施工当中，1套已安装完毕，机动车污染整治进一步深入。

2019年，太钢投入30亿元，实施焦化环保攻坚、烧结烟气超低排放改造、二次料场封闭等一批环保治理工程，相继建成投运53个改造项目，实现钢铁工艺全流程超低排放。除太钢外，大唐太原第二热电厂"公改铁"主体工程基本完工，太钢焦化铁路运煤专线全面完成改造，二电铁路运煤专线主线完成建设，工程实施后年可减少公路运煤400万吨。同时西峪煤矿实现关停退出，西峪煤矿运煤污染问题得到彻底解决。

四、科学助力，空气质量持续向好

为助力大气污染防治工作，太原市强化科技能力建设，进一步提升精准施策水平。探索开展大气污染科学分析与监管，大气污染管控水平有所提升。逐步完善空气质量网格化监测、监控和调度平台。通过市区两级财政购买服务，在市区乡镇、主要街道、重点企业安装 721 个大气监测微观站，实时监测和掌握区域大气污染水平和污染特点；部分城区相继建立了大气污染防治调度平台，环境综合执法指挥调度平台（含 8 大系统）、机动车环保检验监控平台（含 25 家机动车尾气检测站）和出租车走航颗粒物监测系统，及时发现问题并采取应对性管控措施。全市在工地安装扬尘在线监控装置，建立了 408 家 VOCs 排污单位清单，分别在 7 家和 10 家企业开展 VOCs 在线监控和超标报警试点工作。以科技监控手段和强化监管相结合、以专项行动为抓手，开展扬尘综合整治，在规模以上工地安装扬尘污染在线监测设备 730 台，实时监控工地扬尘污染状况。同时充分利用国家知名专家团队，为政府环境决策部署提供科学依据。组织国家太原重污染跟踪研究团队，开展污染源解析、精细化治理方案及重污染天气跟踪研究，利用 $PM_{2.5}$ 千人计划和真气网专家团队，开展太原市大气污染防控研判、预警、调度，采取针对性措施，防控大气污染。

太原市出台《关于深化人才发展体制机制改革，加快推进创新驱动转型升级的实施意见》《关于科技创新推动转型升级的若干意见》，连续两年，每年拿出 20 亿元支持科技创新和人才建设。2018 年，全市科技型中小企业数量同比增长 500%，实现井喷式发展；高新技术企业数增长 54%，是国家开始认定高企以来增幅最高的一年。设立太原国家可持续发展议程创新示范区建设重大专项，开展水污染、大气污染等领域关键技术研发和工程示范。围绕城市供热安全和民生用气需求，支持燃气、燃煤热电厂就提高供热能力、缓解城市天然气用量紧张问题开展技术研究与工程示范。支持大气污染防治与城市产业可持续发展规划研究，为政府产业布局与调整提供决策参考。探索"标准化+可持续"的太原模式，建设太原可持续发展标准化体系，编制《太原可持续发展标准总纲》，明确了太原市可持续发展标准化体系的建设目标、基本原则、体系框架和推进要求，为示范区建设提供制度性、规范化的管理依据。

此外，太原市加强宣传，形成全社会齐抓共管氛围。2017年在各类新闻媒体播发刊登环境保护方面报道4 419篇（条），特别是大气污染防治攻坚行动以来，开展秋冬季大气污染综合治理攻坚行动宣传进学校、进企业、进商场、进社区等"十进"活动；组织环保执法人员和宣教人员周六、日走上街头免费发放《防雾霾手册》等有关资料，倡导人们绿色出行，使攻坚行动进一步深入人心，促进全社会共同关注环保、共同为环保出谋划策，形成齐抓共管良好氛围。

近年来，通过散煤治理等一系列大气污染防治工作，太原市空气质量已持续向好，市区空气质量中二氧化硫浓度指标明显下降，年平均浓度在2018年比上年下降46.3%的基础上，2019年又下降18.5%，平均浓度接近空气质量一级标准。2019年，市区全年空气质量二级以上天数200天，较2018年多30天，全年$PM_{2.5}$达标283天，空气质量综合指数在2018年比上年下降9.2%的基础上继续下降9.2%。

第四节　案例3：倡导低碳出行，构建绿色交通体系

一、规划先行，完善公共交通网络

太原是全国综合交通枢纽之一，太原武宿国际机场是华北第三大国际机

场，南北同蒲、石太线、太古岚、太焦线、太中银等交汇组成铁路枢纽，太旧、太长、大运、太佳等形成"大"字形高速公路网。太原市提出合理规划综合立体交通网络、公共交通体系和停车设施供应体系，积极倡导绿色出行，降低污染，节约能源，实现城市交通可持续发展的总体目标。

一是完善城市交通规划建设体系，打造综合立体高效的交通网络。制定《太原都市区规划（2016～2035年）》《太原市城市总体规划》《太原市综合交通发展规划》《太原市公共交通专项规划（2012～2020年）》《太原市城市轨道交通建设规划》等规划。提升太原在国家和区域中的交通枢纽地位，打造中国中部地区国家级综合交通枢纽，构建"一环、十三射"铁路格局、"一环、七射、七连"高速公路网络和"一环多区"的公路体系。推进以轨道交通和快速公交为骨干、常规公共交通为主体的公交导向型交通发展模式，形成"一轴两主五辅"的轨道交通网络和"两环五横八纵九河"的快速路系统。

二是加强绿色公共交通体系建设，全力打造完善慢行交通系统。将自行车专用道纳入城市交通规划，建立完善自行车道、步道、绿道等城市慢行系统，实现公共自行车与其他公共交通系统的协同发展、无缝对接，构建以轨道交通为骨干、地面交通为主体、微型交通和慢行交通为延伸的城市公共交通体系，建立起安全性和环境舒适度较高的城市慢行交通系统，基本建成了以"绿色公交+自行车/步行"为主导的城市绿色出行体系，受到了《人民日报》《中国交通报》等媒体关注。积极引导共享单车规范化发展，实现了对共享单车的运维、存放管理、停放秩序的优化完善，为全国提供了"太原方案"。

三是优化城市停车设施供应体系，推进城乡公交一体化。充分利用市场资源和加大公共财政投入两种手段，增加城市停车设施供应，形成以配建停车为主、路外公共停车为辅、道路停车为补充的停车设施供应体系。建立全市统一的"智能停车"信息整合平台，加强智能停车设施的推广普及和实际应用，大力培育停车产业和停车经济。加快推进城市公交运营机制改革，市财政分两次共拿出8 500万元对农村客运班线和城际班线进行公交化改造，理顺了城市公交的运营机制,在实现 20 千米范围内城乡公交一体化的基础上,构建了太原至清徐、阳曲、晋中的城际公交网络体系,切实为城乡一体化发展提供了有力的交通支撑。

二、积极探索,提升交通管理水平

为确保太原市绿色交通体系建设有序开展,太原市委、市政府高度重视公交都市创建工作,积极探索,以超常举措全力推进工作进程。

组织领导和政策保障方面。市政府出台了《太原市人民政府关于加快城市公共交通发展的实施意见》和城市公交补贴办法等政策,为公交都市创建工作提供了保障。成立了由市长任组长,分管副市长为常务副组长,市政府分管副秘书长及交通、发改、公安部门主要领导为副组长,20 多个部门主要领导为成员的创建公交都市工作领导小组,实施强有力的组织统筹把控。

资金保障方面。市财政建立了稳定的公交运营补贴保障机制,每年底将公交运营补贴、车辆购置、场站建设、公共自行车运营补贴等资金等列入财政预算,在全市财政极为困难的情况下,给予优先、足额保障。公交都市创建期间,对太原公交系统共投入资金 44.52 亿元,平均每年达 7.4 亿元(2016 年以前全市年均财政收入不到 280 亿元)。太原公交是全国公交票价最低的城市之一,市政府持续实施补贴政策,真正让市民共享改革发展红利、福利,得到广大群众的欢迎。

在交通管理方面。在新建道路中设置"潮汐车道"和分路口自动标识牌,在不同时段柔性调整行驶方向,提升道路通行能力。对交通线路和主要节点因地制宜进行科学规划,拥堵路段通过增设单行线等手段合理引导交通流量,重要路口通过科学设置分流车道、信号灯数据等措施,使车辆行驶更为顺畅。顺应交通智能化趋势,建立适合现代交通运输业发展要求的智能交通体系,实现城市交通智能化管理。建立全市统一的"智能停车"信息整合平台,加强智能停车设施的推广普及和实际应用，大力培育停车产业和停车经济。充分利用市场资源和加大公共财政投入两种手段，增加城市停车设施供应，形成以配建停车为主、路外公共停车为辅、道路停车为补充的停车供应体系。

三、创新引领，打造绿色智能公交

按照能源革命综合改革使命任务和可持续发展议程创新示范城市的具体要求，太原在推动绿色公共交通体系构建上，实现了小步快跑、弯道赶超。2016 年底，城六区 8292 辆出租汽车全部更新为纯电动车，太原成为全国首个纯电动出租车城市，在全国首次实现了出租车领域零排放，由此产生了巨大的经济效益、社会效益、环境效益和广泛的引领示范作用，被国家多个部门肯定，先后被人民网、新华网等主流媒体报道。2013 年以来，太原市新购 2 600 辆清洁能源公交车，其中 2017 年购置更新 400 台纯电动公交投入运营，2019 年完成 1 000 台纯电动公交车的采购，部分车辆已投入运营。2020 年，实现公交车全部纯电动化。

在此基础上，开通了公交一卡通全国互联互通、银联闪付和支付宝扫码等多种非现金支付方式，极大改善了市民的乘车体验。加快城市公交智能化步伐，按照交通运输部制定的行业标准建设，围绕行业监管、运营调度、公众出行服务三个方面建成"一个平台、四个系统、一个手机 APP"，全面提升公交智能化信息化水平。

小　结

按照国家、省的相关要求，太原市以资源型城市转型升级为主题，推进以科技创新为核心的全面创新，着力破解制约可持续发展的瓶颈问题，努力走出一条产业优、质量高、效益好、可持续发展之路,为全国资源型地区转型和可持续发展提供现实样板和典型经验。太原市加强实施低碳发展战略,在加快转型、调结构、淘汰落后产能、推进煤改电等方面做了大量工作,努力推进资源型城市转型。太原市全力以赴推进大气污染防治工作,关停搬迁污染企业,涉煤和水泥行业基本退出主城区,集中供热管网全覆盖,建设长距离输热管道,拆除燃煤锅炉,拔掉"城中村"黑烟囱,改善大气环境质量,打造清洁低碳之城。太原市为坚定地走好资源型经济转型发展之路,坚持把创建公交都市作为助推打造能源革命排头兵,快速落实智慧交通体系探索,形成了"以常规公交为主体、慢行交通为补充、轨道交通为提升"的综合绿色公共交通出行体系。

参考文献

李璐瑶:"太原市建设低碳城市现状评价及发展路径研究"(硕士论文),山西财经大学,2019年。
秦镜汀:"太原市智慧交通的实现策略",《经济研究导刊》,2019年第21期。
科技部社会发展司、中国21世纪议程管理中心:"国家可持续发展议程创新示范区年度报告",2020。

第九章　南昌市应对气候变化行动案例

南昌市位于赣江、抚河下游，毗临中国最大的淡水湖——鄱阳湖，具有"西山东水"的自然地势，是一座名副其实的东方水城，可概括为"一江两河八湖"，水域面积约占全市总面积的 30%，城市绿化覆盖率达到 40.84%，人均公共绿地面积达到 11.81 平方米，是国家森林城市、国家园林城市，也是中国首个出台低碳促进条例的城市。2019 年南昌全市 GDP 达到 5 596.18 亿元，按可比价格计算，比上年增长 8.0%。三次产业结构比例 2016 年为 4.2∶53∶42.8，2019 年为 3.8∶47.4∶48.8。其中，第一产业增加值 212.89 亿元，增长 2.9%；第二产业增加值 2 653.82 亿元，增长 8.0%；第三产业增加值 2 729.47 亿元，增长 8.4%。常住人口 560.06 万人，比上年末增加 5.50 万人。人均生产总值 100 415 元，按美元汇率折算 14 556 美元，增长 6.6%。

第一节　总体情况

一、低碳发展理念

南昌市 2010 年成为国家首批低碳城市试点，2011 年正式印发了《南昌市国家低碳城市试点工作实施方案》，其后，每年市政府都下达《南昌市低碳试点城市推进工作实施方案》。近年来，南昌市积极开展低碳行动，探索可持续的绿色低碳发展道路，积极落实低碳试点工作方案各项目标任务，取得了一些进展，为南昌市进一步深化城市绿色低碳发展工作打下了坚实的基础。

一是加强组织领导。2010年，南昌市就成立了以市政府主要领导任组长的低碳城市试点工作领导小组及办公室，负责组织和推动全市低碳试点工作，并成立了低碳试点城市专家咨询组，对南昌市低碳试点工作提供技术指导和支持；同时还成立了南昌市低碳促进会，在企业层面和民间层面推动低碳发展。自2014年起，市政府每年安排500万元（已列入财政预算）作为南昌市低碳城市建设专项资金，鼓励低碳示范企业招商引资、上市融资、发行债券，支持低碳重点工程、低碳新技术推广和低碳产品的生产应用。为科学有效使用该项专项资金，参照广东、江门、温州等先进省市经验做法，制定了《南昌市低碳发展专项资金管理办法（试行）》。

二是统筹规划编制。南昌市在推进低碳试点中，十分重视低碳生态领域的规划、政策等方面的研究工作。2009年，南昌市启动了为期一年的碳盘查项目，对南昌市碳排放进行了初步摸底；2011年底，南昌市与奥地利国家技术研究院（AIT）联合编制了《南昌市低碳城市发展规划（2011～2020年）》，并于2012年在世界低碳大会上发布；该规划用欧洲先进的低碳理念，对南昌市的城市空间结构、城市景观格局、建筑形态格局、交通体系、产业选择及布局、能源结构、政策支撑体系等进行了全方位规划，提出全面推进建筑、能源、产业、交通、城市结构、生态、生活等七大领域低碳行动计划。此外，南昌市按照江西省建设国家生态文明先行示范区的要求，编制了《大南昌都市圈生态环境保护规划（2019～2025年）》。

二、低碳产业发展

近年来，南昌市以发展低碳产业、提高能源使用效率、增强可持续发展能力为重点，全面促进"传统产业低碳化、低碳产业支柱化"。产业结构进一步优化，"三二一"产业格局显现。2019 年，全市三次产业协调发展，三次产业结构比由上年的 3.7∶47.6∶48.7 调整为 3.8∶47.4∶48.8。农业生产保持稳定，农林牧渔业总产值 360.53 亿元，按可比价计算，同比增长 3.0%。工业生产增势强劲，全市规模以上工业增加值增长 8.5%，其中，以高技术产业为代表的先进制造业快速发展，全年高技术产业增加值增长 19.2%，高于规模以上工业 10.7 个百分点。服务业发展稳中显快，全年实现增加值 2 729.47 亿元，增长 8.4%，均高于 GDP 和第二产业 0.4 个百分点，对经济增长贡献率为 46.0%，拉动 3.7 个百分点，服务业已经成为拉动全市经济增长的第一动力。南昌高新区经济总量多年保持了较快增长速度，并稳居全省开发区经济总量第一位。2019 年，全市万元生产总值综合能耗同比下降 6.06%，万元规模以上工业增加值能耗下降 9.77%。高新区经济的快速发展，并没有以高耗能、高污染的粗放式发展方式来推动，而是大力发展低碳、节能环保的战略性新兴产业。全区经济发展取得丰硕成果的同时，低碳经济发展也取得可喜的成绩。在制造业领域，南昌市已全面控制并基本淘汰了高耗能产业，战略性新兴产业占比大幅提高，高新技术产业总产值过千亿，高新技术企业总数接近 300 家，占全省约 80%，专利申请量和专利授权量占全省比重均超 30%，以低碳排放为特征的产业体系初步建立。

一是发展战略性新兴产业。在低碳理念引领下，围绕实施《南昌市工业三年强攻计划》，南昌市突出发展电子信息、航空制造、生物医药、新能源等战略性新兴产业。目前，南昌市以获国家技术发明奖一等奖的硅衬底 LED 技术为基础，以南昌市市委、市政府的名义陆续出台了《关于促进 LED 产业发展的若干政策措施》《关于打造"南昌光谷"决定》等政策文件，全面推动南昌市 LED 产业发展，并确定了"南昌光源技术国家实验室"等六大重大科技项目，全力打造"南昌光谷"。此外，南昌市近些年现代服务业蓬勃兴起，区域性的交通中心、金融中心、创意中心、消费中心、运营中心建设已初具规模。江西规模最大的文化产业项目——万达文化旅游城于 2016 年在南昌市正式开业运营,将南昌市文化旅游产业发展推向了一个新的高峰。2018 年,南昌市战略性新兴产业增加值增长 11%左右,占规模以上工业增加值比重达 28%左右;汽车和新能源汽车、绿色食品、电子信息产业主营业务收入分别突破 1 300 亿元、1 100 亿元和 1 000 亿元。

二是提升改造传统产业。南昌市近年来一直着力于抓食品、纺织、机电等传统产业提升,强化产业链条的完善和延伸,推动传统产业和新经济形态互动发展;通过运用大数据、物联网、智能制造等技术改造提升传统产业,推动传统产业向高端高质高效方向发展。同时,南昌市引进洪都航空制造机器人项目和上海宝群智能装备制造等一批互联网+智能装备项目落户,不断加大对顶津食品公司"年产 50 万吨矿物质水、150 万吨茶饮料"项目、南钢"铁钢系统改造"项目等一批传统项目技术改造,稳步减少了能源消耗和二氧化碳排放,使南昌市传统产业焕发新的活力。另外,南昌市坚决淘汰了年产 30 万吨机立窑生产线、年产 5 000 万米印染生产线、年产 1.3 万吨造纸生产线各一条,拆除改造了 34 台高污染燃料锅炉,关闭地方小企业 9 户,逐步迈出了传统产业提升改造的步伐。2016~2018 年,南昌市分别淘汰高耗能通用用能设备 229 台(套)、221 台(套)和 200 台(套),在淘汰落后产能方面取得了良好成效。

三是引进优质低碳项目。南昌市以严格环境准入促产业结构调整,对高污染、高耗能、高排放的产业和项目实行零容忍。在引进新项目及对新项目的环保审批上坚持环境影响评价制度早期介入、建立规划环评和项目环评审批联动机制,实行环保一票否决制;对投入产出低、附加值低、科技含量低,不符合产业布局的项目,一概拒之门外;对园区内高能耗、高排放、高污染企业,坚决清理出区,关停造纸、塑料、漂染、蓄电池等五小企业。同时,南昌市积极引进了中节能区域总部和中节能低碳产业园、江西新昌源建材有限公司新建年产 80 万吨粉煤灰烘干粉磨生产项目、江西中鑫威格节能环保有限公司年产 100 万张再生循环利用木模覆塑板生产项目等一批低碳优质项目，中国金融国际投资有限公司、中节能（深圳）投资集团有限公司与南昌市高新区管委会三方共同发起成立了 10 亿元的低碳环保产业基金。

四是促进了循环发展。2014 年南昌市高新区被列入国家园区循环化改造名单，2016 年南昌市经开区被国家列入园区循环化改造重点支持园区。同时，南昌市麦园垃圾餐厨处理厂已建成投产，运转状态，达产达能达效，经国家有关部委组织专家评审，南昌市在全国第一批 33 个餐厨废弃物资源化利用和无害化处理试点城市中，成为首批通过验收的 6 个城市之一。此外，江铃汽车集团实业有限公司发动机再制造国家试点项目基本建设完成。

三、低碳生活方式

南昌市大力倡导居民低碳消费、低碳生活，通过推广免费租赁自行车、绿色照明等活动，逐步将绿色低碳理念渗入到市民生活的各个角落。同时，南昌市按照低碳理念优化和深化城市规划，坚持采取产城融合、组团推进的方式扩大城市规模，坚持把就业和生活等集束多功能的城市综合体作为城市开发的主要载体；规划建设低碳绿道网络，通过强调太阳能屋顶、太阳能路灯、立体花园、电动汽车站、绿色建筑、垃圾分类等低碳设施布局，建设可视化低碳城市；结合 1 号线轨道建设及轨道交通规划，配套建设低碳交通设施，强化慢行系统与公共轨道交通无缝接驳，提高步行及公交出行比例。另外，南昌市严格落实国家"十城万盏""十城千辆"工程规划，目前南昌市 LED 路灯和隧道灯数量达到 10 万盏；与此同时，南昌市也启动实施了光伏扶贫工作，安排专项资金 8 400 万，计划资助 2 000 户农村贫困户和 80 个贫困村集体安装光伏电站。

南昌市不断加强低碳能力建设，每年开展南昌市"全国低碳日"主题活动，大力营造全社会共同促进低碳发展的良好氛围；南昌市政府每年编印低碳城市发展画册和低碳城市生活手册免费发放给市民、政府机关及企事业单位，使各级政府、企业和公众明确自己的责任和义务，实现全社会普及低碳理念。同时，南昌市先后组织了三批次政府和企业管理人员赴奥地利参加低碳培训，力争使中奥低碳培训常态化，并通过与英国驻广州总领事馆合作，不定期开展中小企业低碳发展能力培训。此外，南昌市还组织了一系列专题活动，涵盖工业、农业、商务、建筑、交通运输、公共机构等重点节能领域，覆盖机关、学校、企业、社区等各个方面，旨在提升全社会节能低碳意识，弘扬人与自然相互依存、相互促进、共存共荣的生态文明理念。

四、相关配套政策

在相关配套政策方面积极探索体制机制创新。一是创新规范了低碳立法。作为首批国家低碳试点城市，南昌市一直积极探索在依法治国的大背景下如何破解低碳发展的法制建设问题。根据《中共中央关于全面推进依法治国若干重大问题的决定》"要加快建立低碳发展的生态文明法律制度"相关要求，《南昌市低碳发展促进条例》正式纳入南昌市 2015 年立法计划。在起草、修改过程中，南昌市研究了国内外相关经验，考察了国内低碳试点城市案例，在全国尚无先例的情况下，组织专家和实际工作部门开展创新性法规研制。最终，《南昌市低碳发展促进条例》经南昌市第十四届人民代表大会常务委员会第三十六次会议通过、江西省第十二届人民代表大会常务委员会第二十五次会议批准，于 2016 年 9 月 1 日正式施行。

二是实行了能源总量严格控制。南昌市已将控制温室气体排放纳入南昌市"十二五"和"十三五"规划，提出《南昌市低碳发展行动计划》，明确了南昌市温室气体减排目标。自 2014 年起，把《南昌市国家低碳城市试点工作实施方案》涉及的重大任务分解落实到各县（区）、开发区（新区）和市直有关部门，将万元 GDP 能耗降幅、万元 GDP 二氧化碳排放量降幅、二氧化硫排放量降幅、化学需氧量排放量降幅等年度指标纳入南昌市国民经济和社会发展计划。此外，南昌市政府还制定并印发了《南昌市2015年节能减排低碳发展行动工作方案》，对全市能源总量（增量）控制目标进行了分解下达。

五、数据管理体系

南昌市建立了温室气体排放统计核算报告制度。为掌握温室气体排放总量与构成以及主要行业、重点企业和区域温室气体排放分布状况，南昌市组织开展了温室气体清单研究和编制工作，对温室气体的历史排放特别是2006~2010年年度的能源活动、工业生产过程、农业活动、土地利用变化和林业、废弃物处理等五大领域排放情况，按江西省的要求提出了清单报告。同时，南昌市建立了温室气体排放统计核算制度，根据江西省发改委、江西省统计局《关于建立应对气候变化基础统计与调查制度及职责分工的通知》精神，南昌市下发了《关于建立应对气候变化基础统计与调查制度及职责分工的通知》（洪发改规字〔2014〕48号），对建立应对气候变化基础统计与调查制度及职责分工等任务进行了安排部署，为应对气候变化统计工作提供切实保障。此外，南昌市还建立了温室气体排放数据报告制度，按照国家、江西省发展改革委《关于做好报送重点企（事）业单位碳排放相关数据的通知》要求，南昌市积极组织本地区主要排放行业重点企（事）业单位按时报送碳排放相关数据，做好国家和省碳排放配额总量测算、研究确定合理的配额分配方法的支撑工作。

第二节　案例1：聚焦体制机制，开展低碳立法工作

南昌市作为国家第一批低碳试点城市，于2016年4月经市人大审议通过

了《南昌市低碳发展促进条例》，并于当年 9 月施行。条例共 9 章 63 条，包括总则、规划与标准、低碳经济、低碳城市、低碳生活、扶持与奖励、监督与管理、法律责任和附则，其立法目的聚焦于依法构建城市低碳发展的体制机制，依法固化城市低碳试点好的做法与经验总结，依法保护南昌"森林大背景、空气深呼吸、江湖大水面、湿地原生态"的生态文明建设成果，为城市低碳发展提供法律保障。

一、绿色低碳，依法实现可持续发展

南昌市在探索低碳发展道路上一直走在全国前列，低碳发展已经成为南昌具有国际影响力的城市品牌，世界低碳与生态经济大会暨技术博览会已经在南昌成功举办了三届，得到了国家有关部委的高度重视和大力支持，清水、森林、湿地已经成为南昌城市核心资源。制定《南昌市低碳发展促进条例》，通过制度建设和顶层设计，对强化南昌市资源环境约束，进一步转变发展方式，拓展绿色发展和可持续发展的道路，实现经济社会的全面、协调和可持续发展，具有重大的现实意义。

一是深入推进国家低碳发展示范城市创建的要求。南昌市被列为第一批国家低碳试点城市后，国家明确要求，通过开展国家低碳城市试点工作，全市二氧化碳排放强度明显下降，经济发展质量明显提高，产业结构和能源结构进一步优化，低碳观念在全社会牢固树立，低碳发展法规保障体系、政策支撑体系、技术创新体系和激励约束机制建立完善，形成具有南昌特色的低碳城市发展模式，创建全国低碳发展示范城市。以此为指导，有必要开展地方低碳立法固化南昌市低碳发展好的做法，倡导全社会共同努力创建有全国影响的低碳示范城市。

二是推进生态文明建设的要求。党的十八大将生态文明建设提升到中国特色社会主义事业五位一体的总体布局高度，要求着力推进绿色发展、循环发展、低碳发展。中共中央政治局 2015 年 3 月审议通过的《关于加快推进生态文明建设的意见》中更是明确要求，要坚持把绿色发展、循环发展、低碳发展作为基本途径。2014 年，江西省被国家列为生态文明先行示范区，定位为中部地区绿色崛起先行区、大湖流域生态保护科学开发典范区、生态文明体制机制创新区。省委十三届十一次全体（扩大）会议要求全省要把思想行动统一到习近平总书记的重要指示精神上来，深刻认识绿色崛起的重要性和紧迫性，制定绿色规划、发展绿色产业、实施绿色工程、打造绿色品牌、培育绿色文化，实现经济发展、环境增值、生态提升、社会和谐、人民幸福。推进地方低碳发展立法，是南昌市全面落实党中央、省委关于生态文明建设要求的具体行动，也是加快推进南昌市生态文明先行示范区建设的一大战略举措。

三是转变发展方式，实现南昌可持续发展的要求。与沿海经济发达城市相比，南昌市经济欠发达，但发展速度较快，生态环境优势明显。在工业化、城市化快速发展进程中，要保持又好又快发展态势，必须进一步转变发展方式，拓宽绿色发展和可持续发展的道路。加快南昌市低碳发展立法，有利于锁定绿色发展模式，构建支撑南昌持续崛起的战略产业，促进经济结构和产业结构调整升级，同时优化能源结构，提高资源、能源利用效率，实现经济发展与生态文明更大的双赢。

二、凝聚共识，通过低碳发展促进条例

2014 年南昌市人大常委会批复同意将《南昌市低碳发展促进条例》纳入立法调研项目，并由南昌市发展改革委负责起草；同年 10 月市人大财经委会同南昌市发展改革委及市法制办赴苏州、无锡、宜兴等地学习调研；2015 年正式列入市人大常委会立法建议项目。2015 年市委将《南昌市低碳发展促进条例》立法列为市委年度中心工作。南昌市发展改革委于 2014 年 12 月开始

着手起草，为做好条例的起草工作，南昌市发展改革委开展了大量调查研究，成立起草小组，邀请专家开展立法技术咨询，多次赴江苏、深圳、吉林、山西晋城等全国低碳试点城市学习考察和立法调研，并与市内有关园区和企业代表进行多次座谈。在多次征求专家学者、市直有关部门意见与建议的基础上，南昌市发展改革委于2015年7月形成条例初稿并报市政府。市法制办进行了多次修改，并征求市直相关部门意见。2015年9月召开了专家论证会，根据调研和征求意见的情况，反复修改，经南昌市人民政府第20次常务会议通过。最后经南昌市十四届人大常委会第三十六次会议通过，江西省十二届人大常委会第二十五次会议批准，于2016年9月1日正式施行。

一是立法需求上重视沟通。立法初期，南昌市立法机构对低碳发展立法的重要性认识不到位，对低碳发展条例立法的可行性把握不准，对低碳发展目标是否会约束地区经济增长和产业发展存在担忧。南昌市发展改革委作为条例起草部门，在立法过程中与相关立法机构和政府职能部门进行了充分沟通，对国内低碳试点地区进行了广泛调研，并组织经济专家、法律专家和能源专家反复论证，认为低碳立法对于优化经济结构、促进产业转型具有积极作用。南昌市法制办也先后牵头组织召开了三次座谈会，对条例内容进行反复修改。江西省人大法工委也牵头组织了多次意见征求会，按照立法规范严格把关。在各方努力下，2015年《南昌市低碳发展促进条例》被列为市人大立法计划和市法制办"调研论证项目"，2016年被列为"年内提请市人大常委会审议的立法项目"，并最终顺利出台。

二是立法内容上求同存异。在立法过程中，起草部门通过反复修改条例内容，协调几个政府主要部门，逐步取得了立法内容上的共识，并积极妥善地回应了省市人大和企业代表的关切。在确保立法核心要素的前提下，对立法争议较大的内容进行了适当删减。对涉及环保、能源等相关领域的内容，起草部门主要是吸收相关部门意见，以进一步充实条例，包括实施清洁能源计划、执行建筑节能标准、推广新能源汽车、鼓励低碳生态农业等内容。同时，根据立法部门要求规范执法后果等相关规定，采纳了市人大的意见，在条例最后部分增加了罚则，使之更加符合立法规范。

三是立法步骤上循序渐进。《南昌市低碳发展促进条例》从列入立法计划开始，就在《江西日报》、新华网等主流媒体上进行专题报道，广泛宣传低碳发展的必要性，广泛征求公众对立法的意见和建议，为开门立法和科学立法造势。考虑到公众对低碳发展意识的接受程度和对一部新法的知晓需要一定的过程，市人大也将条例出台后的一年定位为"宣传年"，市发展改革委还组织召开新闻发布会，对条例进行全面解读，并在《南昌日报》上将条例进行全文登载，列为政府年度宣传重点。

三、约束排放，解决发展实际问题

南昌市在低碳发展过程中，坚持既约束温室气体排放又着力解决经济社会发展问题的原则。在约束排放方面，一是推行总量控制。根据国家温室气体排放峰值年限和排放强度降幅要求，结合南昌市资源环境承载力的市情实际，突出了温室气体排放的总量控制，要求市和县区人民政府应通过低碳规划、低碳发展年度计划和低碳发展行动计划明确减排目标、任务、项目、措施和责任单位，市发展改革委定期对全市温室气体重点排放单位分配排放额度，为全市温室气体排放划定了总量红线，同时鼓励其他单位自觉开展温室气体减排行动，有利于倒逼社会各主体推动低碳发展。二是设定政策促进。为了倡导和促进全社会各主体共同推进全市低碳发展，《条例》设置了政策促进专章，规定了扩大政府采购低碳产品、提供金融支持、人才引进支持、设立低碳发展专项资金等各类政策支持。同时《条例》还结合南昌低碳发展阶段的实际，提出了一些严于、高于全国、全省标准的规定，如绿色建筑等，为南昌在全国的引领低碳示范发展提供了强力保障。三是注重考核评价。把政府推动低碳发展的责任凸显出来，强化低碳发展的目标绩效考核，明确本市实行低碳发展和温室气体减排目标行政区域首长责任制。同时，要求建立温室气体排放统计指标核算体系，通过科学的指标设置，评估考核政府低碳发展的成效，使政府发展责任不落空、发展成效有参考、发展激励有保障，着力解决发展中出现的问题方面。

一是结合南昌实际明确低碳发展方向。南昌的低碳发展经过多年的努力，已经具有国际国内影响。结合南昌市低碳发展的已有基础和世界可持续城市的发展方向，根据国家低碳试点要求，《条例》选择了八个促进方向。即推动提高产业活动中的能效、推动低碳生态农业发展、构建可持续和安全的城市交通、推广绿色建筑和建设绿色市政基础设施、加强水资源管理、加强固体废物管理、提升生态保护中的碳汇能力和引导居民低碳生活。

二是推动产业低碳转型。在"十三五"经济新常态下，国际需求不旺、国内产能过剩将挤压南昌市工业化中期制造业发展的空间和回旋余地，人口红利减退和要素空间布局边缘化将降低南昌市追赶型发展模式的目标期待和城市竞合话语权，而产业升级转型、走低碳发展道路以抢占未来发展制高点将是南昌市的唯一出路。对此，《条例》从产业体系、清洁生产、服务经济、项目引进等方面提出了明确的要求。

三是重视信息平台建设。低碳经济的实质是以低碳技术为核心、低碳产业为支撑、低碳政策制度为保障，通过创新低碳管理模式和发展低碳文化，实现经济社会低碳化的发展方式。长期以来，中国低碳技术研发投入低，创新能力弱，先进适用低碳技术开发不足，缺乏具有自主知识产权的高效低碳技术和产品；低碳服务体系薄弱，缺乏成果鉴定和认证能力，缺少权威、稳定的低碳信息交流与合作平台，诸多因素已严重制约着经济社会的低碳发展。《条例》充分考虑到低碳发展实践中低碳排放信息和低碳技术信息对接不畅形成的制约，顺应"互联网+"和"两化融合"的发展趋势，明确提出要求，建设低碳发展重大项目库和综合性公共服务平台及温室气体排放监测预警系统。

四是注重用低碳理念规划设计城市。城市规划在低碳经济建设中属重中之重。作为可以统筹城市发展中土地、资源、建筑、交通等领域之专业，对城市化过程中资源合理分配和使用都有协调和调整之功。南昌市正在筑造现代大都市的发展新格局，用低碳理念进行城市规划设计，是南昌市城市功能再造的方向。《条例》明确了要建设紧凑型城市形态，要充分运用海绵城市和低影响开发规划理念，在公共交通、城市绿道、城市排水、园林绿化和城市管理等各方面都提出技术要求，引导城市与自然生态系统融合，建设更加符合国际潮流的城市形态。

五是注重生活领域减量化。要求重视居民物质生活富裕后文明素质提升的宣传教育，引导居民承担社会责任，注重节约利用资源能源，形成简约适度、绿色低碳、文明健康的消费行为；宾馆不免费提供一次性洗漱用品和一次性拖鞋等。提出了一系列加强低碳文化教育、宣传和低碳培训等规定要求。

四、尚无先例，制度落地仍需探索

一是条例中的重大制度落地尚待时日。《南昌市低碳发展促进条例》出台时间不长，缺乏执法实践和国内经验借鉴，目前还无法从司法、执法和法律监督方面评判该条例产生的社会影响。条例提出的各项重大低碳发展制度，有部分内容仍处在研究和探索之中，尚未开展实质性工作，急需抓好顶层设计，做好深化落实。

二是条例中的执法基础尚需夯实。由于目前地方碳排放数据基础比较薄弱，地方统计局有关温室气体排放的基础统计制度尚处在建立和完善之中，地方发展改革部门有关企业温室气体核算和报告制度及信息披露制度也处在推进之中，尚未形成系统的数据管理制度和工作基础，碳排放数据难以作为法定采信依据，急需加快企业层面温室气体排放数据统计、监测和核查体系建设。

三是条例中的惩罚措施尚无经验借鉴。作为新生事物，由于国内低碳试点城市对于处罚性的执法尚没有先例，条例中对于国家机关及工作人员、温室气体重点排放单位和其他社会主体的法律责任，在执法主体、执法权划分、处罚裁量权等相关问题方面都需要未来作进一步探索。

第三节　案例2：聚焦问题导向，推进天然气利用

南昌市作为国家第一批低碳试点城市，自2010年试点工作启动以来，低碳城市建设取得了一定成效，但能源消费结构仍以煤炭为主（占比56%左右），能源消费高碳化始终没有得到根本改变。究其原因，尽管南昌市供气能力较大，但供气规模偏小，气化率低，天然气消费比重仅占全市能源消费总量的4%左右。能源消费结构相对单一、对外依存度过高、清洁能源利用率偏低的现状严重制约了南昌市绿色低碳发展。

一、深入剖析，识别问题原因

江西省油气资源匮乏，无常规天然气，省内天然气主要由国家天然气长输管线输入。南昌市燃气行业起步于20世纪80年代初，经过30多年的发展，形成了"一大多小"的格局。在2010年以前，南昌市管道燃气以焦炉煤气为主；2010年8月开始，南昌市接收江西省管网转输的中石化川气东送的高压管道天然气，结束了南昌市焦炉煤气的时代。

一是天然气设施建设薄弱。南昌市供气能力较大，但供气规模偏小，特别是工业用气比例不高，大型管道燃气工业用户只有洪都航空和江铃汽车，大多数企业炉窑仍使用煤炭、燃油和谷糠为燃料。2015年底气化率为57.1%，低于全国大中城市（特别是省会城市）管道燃气60%~80%的气化率下限，

与省会一级的大城市相比气化率更是偏低。管道燃气设施处于未充分利用的状态。

二是天然气价格压力过高。根据《江西省居民生活用天然气实行阶梯价格方案》，南昌市居民生活用天然气自2016年1月1日起实行阶梯价格制度，将居民用气量分为三档，各档气量价格实行超额累进加价，第一档气价为3.2元/立方米，第二档气价为3.52元/立方米，第三档气价为4.16元/立方米，阶梯气价以年度为周期执行，气量额度在周期之间不累计、不结转，而当前国家给江西天然气的门站进价为1.91元/立方米。由于南昌市用气时间晚、存量气少、转输成本高，气价高位运行，加之经济发展水平偏低，大部分工业企业技术水平不高、气价承受能力差，影响企业用气积极性。

三是体制机制尚未理顺。2016年6月，国务院以国函〔2016〕96号文正式批复同意设立江西赣江新区，江西赣江新区建设上升为国家战略，成为全国第18个、江西省首个国家级新区。赣江新区成立后，四个组团内的天然气特许经营权问题尚未明确，直接影响了天然气管网建设和利用。此外，分布式能源站的建设要求之一为高压或者次高压气源，通常只有省级管网的天然气才能达到高压或者次高压水平，如未来要在赣江新区内建立分布式能源站，省天然气公司也将可能介入赣江新区的天然气市场。因此，尽快明确赣江新区内天然气特许经营权、理顺南昌市天然气管理体制机制等相关问题至关重要。

四是天然气需求不足。随着南昌市宏观经济发展步入"新常态"，经济增长速度日趋放缓。工商业用户一直以来是天然气的主要消费群体，然而随着产业结构进行调整，新增工商业用户的数量在不断减少。多数用气行业面临效益下滑、产能过剩等问题，天然气利用投资积极性不高，并且对气价更加敏感。在国际油价和煤价连续大幅下跌的情况下，天然气的经济性优势被大幅削弱甚至丧失，由于市场对气价下调政策的反映尚需时间，用户用气成本相对燃煤、燃油价格偏高，致使大部分企业用气意愿不强，甚至出现"气改煤""气改油"逆替代现象,导致有效需求萎缩。

五是天然气利用鼓励政策有待加强。2017年6月江西省出台了《关于进一步加快天然气发展的若干意见》,提出了完善天然气基础设施、加大工业领域天然气用能替代力度、发展天然气分布式能源等主要举措。南昌市相关部门目前还未根据该意见制定符合本地区的推进及鼓励天然气使用的政策法规。同时,为加大工业企业天然气用气量,南昌市在天然气管网建设中降低管道转输成本、降低工业用气价格、增强工业企业用气意愿等方面采取了一些应对措施,但取得的效果有限,出台的优惠政策力度不大,制定的强制性措施也难以有效实施。

二、规划编制,明确整体布局

为落实"建设天然气入赣工程、加快江西利用天然气工作"的能源决策,加速天然气的推广使用,促进全省天然气行业健康有序快速发展,围绕"气化江西、县县通气"的目标,江西省编制了《江西省"十三五"天然气发展规划》(简称《规划》)。上述能源决策有利于江西加强对入赣天然气资源的管理、调控、调配力度,是江西天然气发展的重要体制保障。《规划》不仅为江西省天然气发展提出了目标和任务,也为南昌市天然气工程建设明确了整体布局。

《规划》提出以南昌为中心,形成"南北贯通、东西相连、多气源互补"的天然气管网和利用格局。以川气东送、西气东输二线、三线和新疆煤制气外输管道工程为主供气源,以外省调入的液化天然气(Liquefied Natural Gas,LNG)为辅助气源,建设天然气储配设施,提高天然气管网调峰能力,缓解省内季节性供气压力,有效防范可能出现的突发事件和气荒,切实保障管道安全平稳运行。《规划》提出,积极推进汽车加气站项目建设。为防止汽车加气站"与民争气",禁止建设串接在居民生活用气管网上的压缩天然气

（Compressed Natural Gas, CNG）标准站，严格控制 CNG 标准站建设。"十三五"期间，在南昌市适时开展试点 CNG 标准站建设，并因地制宜地推动 LNG 汽车加气站、L-CNG 汽车加气站、CNG 汽车加气子站建设。城市 LNG 汽车加气站应优先选择靠近国道、省道，以及市区内车辆流向合理、出入方便，并与客运车站、公交停车场、物流中心、厂矿等 LNG 需求较集中的区域布局设置。

作为江西省省会城市，近几年南昌市天然气需求快速增长，城市各行业发展进入快车道。为适应南昌市经济建设和城市总体规划的要求，满足新形势下城市建设与发展的需要，必须做好近期与远期燃气工程的衔接，协调好燃气工程建设与城市建设的关系。考虑到早期出台的《南昌市城市燃气专业规划（2005 年）》与南昌城区当前的实际情况有差异，其规划范围、规划人口已不能满足《南昌市城市总体规划（2001～2020 年）》的要求，上游天然气供气条件、南昌市中心城区天然气用户结构和用气需求也发生了较大改变，受南昌市市政府办公厅委托，市城管委牵头组织开展了南昌市城市燃气专项规划的编制。

2017 年 4 月 27 日，南昌市人民政府办公厅（洪府厅字〔2017〕13 号）文正式批复了《南昌市城市燃气专项规划（2015～2030 年）》（简称《专项规划》），同意实施此专项规划。《专项规划》立足当前、展望未来、科学规划、协调发展、统筹建设，着重谋划南昌市燃气发展的主要思路和建设方案，对未来燃气发展做出预测和展望，提出了南昌市应乘科学发展观东风，依托南昌具有充足天然气气源之优势，利用当今大力推行低碳经济的优惠政策，按照南昌市政府"蓝天行动计划"大的战略部署，结合江西省天然气利用规划实施的要求，制定燃气专项规划，采取具体措施，争取早日实现"蓝天行动计划"的战略目标等政策建议。

《专项规划》系统梳理了城市情况、燃气供应现状、气源、供气量、相关工程规划、原有燃气设施的利用和改造、实施进度及投资匡算、综合效益分析、保障和应急措施等内容,为南昌市燃气的发展指明了方向,有利于提高南昌市市民的生活水平,改善居民生活环境,提高生活质量,有利于南昌市建设环境友好、资源节约型社会,有利于实现"美丽南昌,幸福家园"宏伟建设目标。

三、管网改造,落实民生工程

为提高市民用气保障能力,南昌市政府办公厅发布了《关于加快推进"气化南昌"和"铸铁管网改造"民生工程工作的通知》(简称《通知》)。《通知》要求,各县区应将此项工作列入政府年度重点工作目标,明确城建、城管等部门任务目标,全力配合、支持燃气企业做好改造工作,明确从2016年起,力争用三年时间发展新燃气用户约30万户,燃气管网改造619千米,实现城区燃气气化率达到90%以上。全市老旧住宅小区将彻底摆脱"通气难"的局面。

燃气安全与老百姓息息相关。"老旧燃气管网改造"连续几年被列入南昌市重点民生工程。近年来,南昌燃气积极推进"气化南昌""铸铁管网改造"等惠民工程,截至2018年底改造完成老旧地下燃气管道350余千米,惠及12万用户,从根本上根治了老旧管网漏气频发现象;完成"煤改气""油改气"项目70余项,改善了能源利用结构和大气环境;完成富山门站建设,促使南昌一举迈入"双气源"时代;建设燃气高压管网52千米,实现石埠站——富山站全线贯通,提高了供气调峰保障能力。

南昌不少燃气管道建成时间都比较长,使用时间最长的超过25年,城区内的铸铁管道主要铺设于20世纪80年代,适应煤气输送,不能承受新的天然气压力要求,存在安全隐患,输送能力远不能满足日益增长的天然气需求量。铸铁管道有密封圈,可堵住煤气中的湿气。但天然气非常干燥,密封圈长期不湿润就易发生萎缩泄露,必须改用聚乙烯(PE)管道进行输送。目前南昌正在对燃气管道进行改造，旧的管道全部更换成 PE 管。

为从根本上改善南昌市燃气行业安全状况，提升稳定供气能力，2018 年 9 月，南昌市政府印发了《南昌市推进燃气事业发展三年行动计划方案》，对"气化南昌""老旧铸铁管网改造"、高压管网及场站建设、违章压占整改、无证瓶装液化石油气储备站整治五大项工作进行了专题部署，用三年左右的时间，在 2021 年底前完成 300 余千米老旧铸铁管网改造、58 处重大管网占压和 17 座无证瓶装液化气储配站整治，全市老旧社区管道燃气实现 100% 全覆盖。

四、供应保障，进入双气源时代

南昌 2010 年开始使用中石化"川气东送"气源，随着城市化进程的加快和燃气市场的开拓，天然气应急调峰能力弱，尤其从气源供给和市场增长的长期发展来看，难以构成全市应急保障能力。

天然气已成为南昌市能源消费的重要组成部分，并以较快的增长速度持续发展，天然气气源安全保障能力直接影响到南昌市城市能源安全总体格局。随着天然气在城市能源结构中的比例越来越大，天然气已经深入到城市生活的各个角落。由于不可抗拒的因素，长输线路或气源难免会发生事故而影响供气，一旦气源出现问题，就会对城市居民生活、城市经济和城市安全带来颠覆性影响。为了保障安全稳定的供气，需考虑设置应急气源。应急气源主要作用在于当长输管道发生故障而引起天然气供应中断时，可保证居民、重要商业及不可间断工业用户的正常用气，维护社会的稳定，同时尽量减少因停气而造成的损失，是提高城市供气可靠性的有力手段。

根据国务院颁布实施《城镇燃气管理条例》提出的"地方人民政府应当建立健全燃气应急储备制度，采取综合措施提高燃气应急保障能力"的要求，为解决南昌市单一气源（川气）供气紧张的问题，保证气源的稳定、安全供应，自 2014 年下半年启动建设"西气东输二线"天然气对接工程，尽快推动气源多元化供应，实现了"川气东送""西气东输"南北双向的"双气源"供应保障体系。

"西气东输二线"管道工程江西段"一干二支"总长 1 105 千米，其中干线途经九江、南昌、宜春、新余等地，线路长度约 580 千米。该管道主供气源将采用土库曼斯坦、哈萨克斯坦等中亚国家天然气，国内气源作为备用和补充。富山门站位于南昌县金沙大道与雄溪河交界处，作为此次"西气东输二线"入昌对接工程，该站将上游高压天然气进行过滤、加臭、计量、调压等一系列处理后，分输至市政中压管网，为南昌双气源稳定供气提供有效保障。

南昌市城市管理局出台了《南昌市城市燃气专项规划》，修订了《南昌市燃气管理条例》，完善了市、区两级管理机构，实现了燃气行业管理重心下移，明确了两级的职责，形成了以管输天然气为主、瓶装液化石油气为辅的市场格局。截至 2018 年年底，全市（含 3 县 9 区）共有以南昌市燃气集团为主的管道燃气企业 5 家，液化石油气经营企业 37 家；全市敷设天然气管网 5 000 余千米；燃气居民用户 186 万户（其中管道天然气用户 108 万，瓶装液化石油气用户 78 万），各类工、商和餐饮燃气用户 2 万余家；建有天然气汽车加气站 18 座。

第四节 案例 3：发展新兴产业，建设低碳工业园区

南昌高新区于 1991 年 3 月创建，1992 年 11 月被国务院批准为国家级高新区，是江西省首家国家级高新区。2014 年获首批国家低碳工业园区试点，2018 年入选工信部"国家绿色园区"。目前南昌高新区已形成以航空装备、电子信息、生物医药、新材料"2+2"为主导产业的发展体系，是江西省低碳

产业的主要聚集地之一。2018 年，南昌高新区总收入在全省开发区中率先突破 3000 亿元，主营业务收入达到 2381 亿元；园区财政收入完成 102.99 亿元，同比增长 22%，成为全省首个财政收入突破百亿大关的高新区。高新技术产值占主营业务收入比重达 60% 以上，战略性新兴产业占工业比重也在 60% 以上；高新技术企业总数突破 300 家。全年实现地区生产总值 664.49 亿元，增长 9.4%；规上工业增加值增长 10.1%，列全市第一；固定资产投资增长 12.5%，列全市第二，其中工业投资增长 30.5%。税收占财政收入比重达到 95.1%；工业增值税占税收比重达到 33.2%，增长 38.1%。

一、发展新兴产业，形成低碳产业体系

一是重点打造航空装备产业。2018 年以来，高新区航空产业实现新突破，呈现出"立足洪都、依托商飞、多点开花"的良好发展态势。目前，已落户项目 17 个，在谈项目 30 多个。中国商飞 ARJ21 生产交付中心项目已正式签订合作协议，未来国产大飞机将在南昌完成总装试飞。同时，依托 602 所、650 所、昌飞、洪都、北航江西研究院、南昌航空大学等科研人才力量，借助航天科工集团、航天科技集团科研团队力量，全面提升航空产业研发能力，初步形成了以航空制造技术为依托，集设计、研发、制造、测试、运营、配套为一体的航空产业链，国内一流的航空研发制造中心基本成型。

二是持续壮大电子信息产业。高新区以建设全国具有重要影响力的电子信息产业基地为目标，大力发展移动智能终端、发光二极管（Light-emitting Diode, LED）、半导体等为主要特色的电子信息产业集群，全区电子信息产业集聚效应显现。移动智能终端产业爆发式增长，国内手机原始设计制造商（Original Design Manufacturer, ODM）排名前五强全部落户高新区，振华通信、努比亚、小辣椒等整机企业也纷纷入驻，使高新区的移动智能终端产业从主要从事生产零部件一举跨越到"整机到产业配套"的全产业链覆盖阶

段，90%的一级配套零部件可以实现区内采购；已形成以液态镜头、摄像模组、触摸屏、主板贴片、受话器、耳机、芯片封装和整机生产的基本产业链，2020年手机产能将达到2亿部。LED产业全链式发展，形成了完整的设备、材料、芯片、封装和应用产业链，成为全国为数不多的具有原创技术自主知识产权的LED全产业链开发区之一；晶能光电自主研发的"硅衬底高效GaN基蓝色发光二极管"技术获得2015年度国家技术发明一等奖，使中国成为世界上继日美之后第三个掌握蓝光LED自主知识产权技术的国家，也是唯一实现硅衬底LED芯片量产的国家，有力地提升了中国LED技术的国际地位；还拥有国家级硅基LED工程技术研究中心和江西省半导体照明封装工程技术研究中心；中微半导体公司金属有机化合物化学气相淀积（Metal-organic Chemical Vapor Deposition, MOCVD）设备项目打破国际垄断，并将成为全球最大的MOCVD设备生产基地。

三是加快推进生物医药产业。南昌高新区是全国第二家"国家医药国际创新园"，中成药产业被列为国家创新型产业集群试点。全区已形成以江中集团、济民可信集团、弘益药业、川奇药业、梅里亚、尚华医药科技等为代表的医药产品研发与生产；以特康科技、3L医用制品、贝欧特等为代表的医疗器械生产；以汇仁营销、国药控股、华晨医药、江中医贸为代表的医药贸易销售群体；以迪安诊断、金域检测、中科九峰为代表的第三方医学检验群体。区内知名品牌和驰名商标数量众多，拥有"汇仁""江中""初元""仁和""金水宝"等中国驰名商标五个，拥有"金水宝"等江西名牌四个。

四是大力推动新材料产业。南昌高新区依托江铜产业园，大力推动以江铜为龙头的高档电解铜箔、高精度铜板带、精密铜管、冷媒漆包线及相关下游产业的发展，形成铜资源深加工产业链；依托江钨浩运及百利精密刀具，初步形成从钨粉及稀土金属、钨棒到硬质合金、精密刀具等产品的完整钨产品深加工链，成为江西钨工业重要的深加工基地；建成以方大新材料和泓泰集团为龙头的铝资源深加工业基地。

二、健全生态文明，夯实低碳发展基础

南昌高新区按照国家、省市决策部署，不断建立健全生态文明制度，调整南昌高新区国家生态文明试验区建设领导小组，印发《南昌高新区关于加快推进生态文明实验区建设的实施意见》《高新区城市建成区燃煤锅炉整治任务的工作方案》《南昌高新区秸秆禁烧工作方案》等一系列生态环境保护方案和制度，着力完善南昌高新区生态文明体系制度建设。同时，为创新建立生态环境保护评价考核体系，还将生态环境责任追究和约谈制度纳入对区机关及镇处领导干部的管理考核范围，在党政领导班子成员选拔任用工作中，将资源消耗、环境保护、生态效益等方面的绩效作为考核评价的重要内容。

三、打造绿化园林，形成生态引商效应

南昌高新区牢固树立"绿水青山就是金山银山"的理念，高标准推进生态建设，对招商引资项目实行环保一票否决制。高新区北临赣江，西接青山湖，内有4平方千米水域的艾溪湖、外有20平方千米水域的瑶湖。高新区充分利用"一江相邻、四湖相间"的独特生态优势，舍弃黄金建设用地收益，建设了2 600亩艾溪湖湿地公园，打造了15千米长的全省第一条示范性样板绿道——环艾溪湖绿道；围绕20平方千米水面的瑶湖，高起点建设了18平方千米的瑶湖郊野森林公园，被市民誉为南昌的"马尔代夫"；实施推进瑶湖、艾溪湖、南塘湖"三湖"水生态综合治理工程，实现了"沿湖一片绿、环湖一片景"，打造了良好的生态环境。区域生态环境的改善极大提升了南昌高新区的整体形象，提高了高新区的品牌价值和知名度，进而优化了招商引资环境，构建了高新区低碳、和谐、优美的发展环境。目前，南昌高新区建成区

绿化面积 13.33 平方千米，绿化率 40.6%，建成区道路绿化覆盖率达到 100%，人均公共绿地 28.3 平方米。

四、推进重点工程，支撑园区低碳发展

近年来，南昌高新区通过大力推进系列重点工程，全力支撑园区低碳发展。区内已建成 7.4 兆瓦屋顶分布式光伏电站，清洁能源逐步推广应用。南昌航空城北区集中供热项目已完成建设，南区集中供热项目正在实施，项目完工后年节电可达 100 万千瓦时。江西新昌源建材有限公司投资近 3 000 万元，对原南昌发电厂粉煤灰场堆放的 400 万吨粉煤灰进行了转运处理，建成了煤灰烘干粉磨项目，将湿排粉煤灰进行烘干粉磨后处理成为二级粉煤灰，用于新型环保墙体材料的生产，目前已生产二级粉煤灰 40 万吨。废旧塑料收集及综合利用生产无纺布项目，通过设立废旧塑料再生资源回收站点，收集利用废旧塑料生产无纺布，并对企业现有单组份粗旦丝生产线进行了技术改造，提升了无纺布的产品质量和应用广度，形成了良好的资源循环示范效应。城市污泥集中处置（一期）工程已完成处理厂房及配套设施建设，建筑面积 5000 平方米，已处理完成高新区及南昌市各污水处理厂的污泥 13 万吨，切实发挥了污泥循环处理和环境保护作用。

五、加强宣传引导，营造低碳发展氛围

南昌高新区狠抓宣传引导，大力营造园区低碳发展的浓厚氛围。管委会机关带头实施合同能源管理，对机关大楼进行节能改造，2018 年机关大楼单位建筑面积能耗下降 30%，人均能耗下降 39%，人均水耗下降 58%，共节约水电气费用约 70 万元。同时，结合节能工作重点，将公共机构节能宣传周活动与垃圾分类宣传推广工作紧密结合，开展了"绿色回收进机关、进社区"

活动，进一步宣传普及节能降耗、垃圾分类知识。开展创建绿色校园活动，利用宣传栏张贴宣传画、微信群等进行广泛宣传，向广大师生发送节能降耗工作信息，倡议各校师生遵守节能法规、规定，强化节能意识，为可持续发展做贡献。实行绿色殡葬改革，在全区范围内全面推行遗体免费火化，杜绝乱搭灵棚、摆路祭、抛撒纸钱、燃放鞭炮等丧葬陋俗行为，把尊重生命、绿色文明的理念贯穿于殡葬改革全过程。

小　结

南昌市作为国家第一批低碳试点城市，于 2016 年 4 月经市人大审议通过了《南昌市低碳发展促进条例》，并于当年 9 月施行，依法构建城市低碳发展的体制机制，依法固化城市低碳试点好的做法与经验探索，依法保护南昌"森林大背景、空气深呼吸、江湖大水面、湿地原生态"的生态文明建设成果，为城市低碳发展提供法律保障。针对南昌市天然气消费占比低、能源消费结构相对单一、对外依存度过高、清洁能源利用率偏低等问题，南昌市深入剖析、编制规划、改造管网、推动气源多元化，实现了双气源供应保障体系。南昌市以发展低碳产业、提高能源使用效率、增强可持续发展能力为重点，全面促进"传统产业低碳化、低碳产业支柱化"，产业结构进一步优化，"三二一"产业格局显现。目前南昌高新区已形成以航空装备、电子信息、生物医药、新材料"2+2"为主导产业的发展体系，是江西省低碳产业的主要聚集地之一，在建设低碳工业园区方面取得了好的经验。

参考文献

江西省发展改革委:"江西省居民生活用天然气实行阶梯价格方案",2015年。
绿色低碳发展智库伙伴:《中国城市低碳发展规划峰值和案例研究》,科学出版社,2016年。
南昌市人民政府办公厅:"南昌市城市燃气专项规划(2015~2030年)",2017年。

第十章　镇江市应对气候变化行动案例

镇江位于长江下游南岸,具有"南山北水"的独特城市形态,素有"天下第一江山"的美誉,是国家低碳试点城市、国家首批生态文明先行示范区和江苏省唯一的生态文明建设综合改革试点市,还是国家历史文化名城、全国文明城市、国家生态市。2014年12月13日,习近平总书记视察镇江,听取镇江"低碳云"汇报,充分肯定镇江低碳城市建设成效。

镇江市下辖丹阳、句容、扬中3个县级市,丹徒、京口、润州3个区和镇江新区、镇江高新区。全市土地面积3 840平方千米,2019年年末常住人口320.35万人,城镇化率72.2%,其中,城区人口79.52万人、城区暂住人口9.51万人。2019年,镇江市实现地区生产总值4 127亿元,按可比价格计算增长4.5%;人均地区生产总值128 979元,增长5.5%;三次产业结构为3.4∶48.6∶48.0。2019年,镇江市$PM_{2.5}$年均浓度44.2微克/立方米,空气优良天数达标率69.6%。

第一节　总体情况

一、低碳发展理念

牢固树立城市低碳发展理念,建立低碳发展的组织领导机构与项目化推进机制。镇江市确立鲜明的"生态领先、特色发展"战略路径，把低碳城市建设作为镇江推进苏南现代化示范区建设、国家生态文明先行示范区建设的战略举措，市、区两级分别成立低碳城市建设工作领导小组，明确分管领导和专人负责，各成员单位全力支持、全力配合，形成了横向到边、纵向到底的工作网络，确保了低碳城市建设各项目标任务的完成。镇江市低碳城市建设工作领导小组建立了月度督查和季度调度等工作制度，镇江市政府出台《关于加快推进低碳城市建设的意见》，市低碳办每年制定低碳城市建设工作计划，并且和所辖市区签订低碳目标责任状，将低碳城市建设重点指标、任务和项目纳入市级机关党政目标管理考核体系，并写入人民代表大会报告，接受人民监督。

坚持规划先行，实施主体功能区制度。2013年，镇江在江苏省率先编制出台《镇江市主体功能区规划》，编制《镇江市中长期低碳发展规划》，并出台了低碳发展系列配套规划，如《镇江市生态文明建设规划》《镇江市生态红线区域保护规划》《镇江市低碳建筑（建筑节能）专项规划》《镇江市绿色循环低碳交通运输发展规划（2013~2020年）》《镇江市"十二五"能源发展规划》等。

二、低碳产业发展

第一，大力发展高技术、高效益、低消耗、低污染产业，大幅提高服务业和高新技术产业比重，调高、调优、调轻产业结构，探索创建绿色、循环、低碳深度融合的工业绿色发展道路。2019年，镇江市的三次产业结构从"十一五"末的"4.1∶56.4∶39.5"调整为"3.4∶48.6∶48.0"，第三产业增加值比重上升8.5个百分点。

第二，建设"三集"园区，变"散"为"聚"。在全市规划建设20个先进制造业特色园区、30个现代服务业集聚区、30个现代农业园区，促进企业向园区集中、产业向高端集聚，推进产业集中集聚集约发展，腾出更多的生态保护空间。

第三，淘汰产能过剩产业。一是淘汰一批企业，累计关停小化工企业347家，累计淘汰水泥落后产能620万吨、火电机组61.7万千瓦、钢铁2.5万吨。二是大力推进兼并重组，通过"压小改大"提高资源配置效率，促进企业改造升级。三是大力实施技术改造，设立专项资金，制定财税、金融、土地等政策措施，鼓励企业实施技术改造，推广应用更加节能、安全、环保、高效的工艺技术。开展绿色技术改革，累计改造项目700多个，节约超200万吨标准煤。

第四，严格控制煤炭消费总量增长。深入实施削减煤炭消费总量专项行动，全市煤炭消费总量连续三年保持稳定下降态势。经初步测算，2019年镇江市非电行业规上工业企业煤炭消费量408万吨，比2016年减少169万吨，圆满完成省政府下达的165万吨目标任务。火电行业不新增产能，装机容量严格控制在1 000万千瓦以下。

第五，大力推进园区循环化改造。在江苏省率先实现省级以上经济技术开发区园区循环化改造全覆盖，其中国家级经济技术开发区镇江新区被列为首批国家级循环化改造试点，丹阳、句容、丹徒经济开发区被列为省级循环化改造试点，丹阳市被评为国家级循环经济示范市。

三、低碳生活方式

利用多种宣传媒体广泛传播低碳理念。在"中国镇江金山网"设置低碳城市建设专栏，建立"美丽镇江·低碳城市"新浪微博和"镇江微生态"微信公众号，每周发送低碳手机报。在市区重要地段、全市党政机关和企事业单位电子屏、公交车车身、重要路口行人遮阳篷等处投放低碳公益广告。在全国低碳日期间开通数字电视低碳开机广告，覆盖影响全市约23万户家庭。

开展低碳体验活动，推广绿色消费，低碳生活、低碳发展的理念深入人心。积极提倡合理控制室内空调温度，推行夏季公务活动着便装。开展旧衣"零抛弃"活动，完善居民社区再生资源回收体系，有序推进二手服装再利用，提倡重拎布袋子、重提菜篮子、重复使用环保购物袋。在中小学校试点校服、课本循环利用。大力推广高效节能电机、节能环保汽车、高效照明产品等节能产品，培育发展了一批低碳认证、咨询等中介机构。

四、相关配套政策

镇江市委、市政府将城市碳排放管理云平台作为镇江低碳城市建设的重要抓手，率先探索开展固定资产投资项目碳排放影响评估，初步构筑了促进镇江低碳产业发展和产业低碳转型的"防火墙"；率先提出以县域为单位实施碳排放总量和强度的"双控"考核，将考核结果纳入全市目标管理考核体系，较好地发挥了考核指挥棒的导向引领作用。对占全市工业碳排放 80% 的 48 家重点碳排放企业实施煤、电、油、气消耗及工业生产过程碳排放的在线监控和企业碳资产管理。建立碳排放统计直报制度，制定了部门和企业两个层面的碳统计方法与制度，为进一步摸清"碳家底"提供了制度保障。构建绿色政绩考核体系，科学调整调优国民经济和社会发展指标体系。探索建立生态补偿机制，在市级财政设立生态补偿专项基金，逐步建立包括碳排放的排污权交易中心。创新低碳发展市场化模式，创新低碳投融资机制，深化合同能源管理服务，培育合同环境治理模式。

五、数据管理体系

镇江市建立常态化温室气体清单编制机制，已完成 2005、2010、2015~2018 年六年温室气体清单的编制，已经启动 2019 年清单编制工作。运用大数据、云计算和物联网技术，充分整合节能、减排、降碳、产业三集、国土、环境、资源等涉及生态文明的数据资源，建成具有监测分析和管理服务功能的生态文明信息化综合云平台（简称"生态云"平台），建立起生态文明建设目标、过程、项目、重点领域管理体系。

第二节　案例1：政府主导，推动绿色低碳转型

持续开展低碳试点创建工作，全面实施低碳发展九大行动，加快构建绿色低碳发展体系，积极探索富有特色的镇江低碳发展之路，为新时期加快推进经济社会低碳转型和绿色发展奠定了坚实基础。

一、高度重视，推动形成低碳发展体系

镇江市委、市政府坚持低碳发展党政同责的新发展理念，成立了以市委书记为第一组长、市长为组长的低碳城市建设领导小组，设立低碳办公室，统筹全市低碳发展事务。试点建设以来，市低碳办每年制定低碳城市建设工作计划，并且和所辖市区签订低碳目标责任状，将低碳城市建设重点指标、任务和项目纳入市级机关党政目标管理考核体系，并写入人民代表大会报告，接受人民监督。市、区两级分别成立低碳城市建设工作领导小组，明确分管领导和专人负责，各成员单位全力支持、全力配合，形成了横向到边、纵向到底的工作网络，确保了低碳城市建设各项目标任务的完成。

为了推动城市低碳发展，镇江市编制出台了一系列规划和政府性规章，主要包括：《镇江市中长期低碳发展规划》《镇江市低碳城市试点工作实施方案》《镇江市人民政府关于加快推进低碳城市建设的意见》《关于推进生态文明建设综合改革的实施意见》《关于加快推进产业集中集聚集约发展的意见》

《镇江市生态文明建设规划》等。在《镇江市"十三五"规划纲要》中，镇江市明确将率先实现碳排放总量达峰列入"十三五"时期主要发展目标，并初步建立了低碳发展目标责任体系。在《镇江市人民政府关于加快推进低碳城市建设的意见》中，将低碳城市建设重点指标、任务和项目分解落实情况纳入市级党政机关目标管理考核体系。

镇江市实施新建项目碳排放评估制度，印发了《镇江市固定资产投资项目碳排放影响评估暂行办法》，并在能评和环评等预评估的基础上，分析项目的碳排放总量和排放强度，建立包括单位能源碳排放量、单位税收碳排放量、单位碳排放就业人口等 8 项指标构成的评估指标体系，从低碳的角度综合评价项目合理性并用红、黄、绿灯划定为三个等级，如图 10–1 所示。

镇江市实行碳排放强度目标与总量目标双分解，综合考虑人口、产业结构、能源结构、GDP 和主体功能区单位等因素，兼顾各地的历史排放量和实际减排能力，研究制定了全市及所辖市区差异化的年度碳排放总量和排放强度目标任务，以县域为单位实施碳排放总量和排放强度的双控考核，考核结果纳入年度党政目标绩效管理体系。

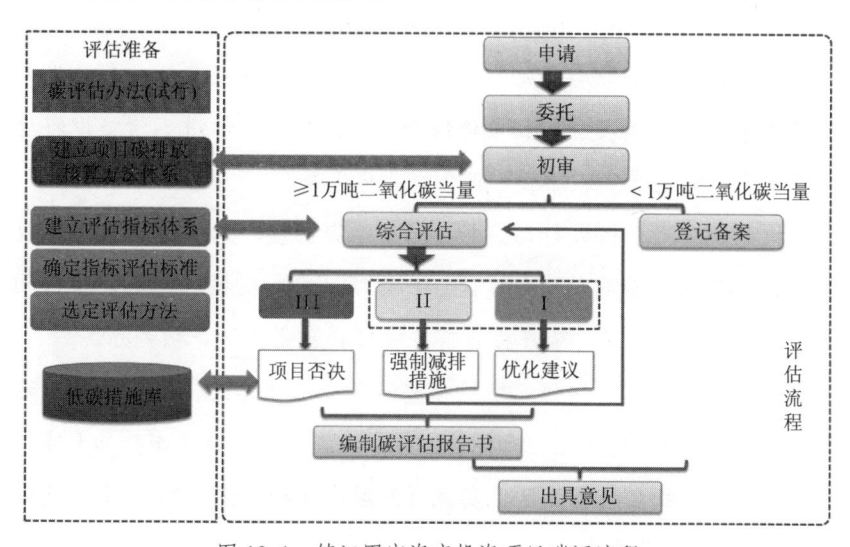

图 10–1 镇江固定资产投资项目碳评流程

二、细化任务，全面推进低碳九大行动

镇江市政府先后制定了 2013 年至 2018 年度《镇江低碳城市建设工作计划》，全面实施优化空间布局、发展低碳产业、构建低碳生产模式、碳汇建设、低碳建筑、低碳能源、低碳交通、低碳能力建设、构建低碳生活方式等"九大行动"，每一年细化编排 100 余项目标任务，并将任务分解纳入年度党政目标管理考核体系，初步形成了低碳发展的项目化推进机制。市低碳办通过《镇江低碳城市建设目标任务分解表》，按月督查、每季调度低碳建设项目，并以简报形式及时通报相关情况。

专栏 10-1　镇江低碳城市建设九大行动

优化空间布局行动。融入低碳元素，落实主体功能区制度，推进产业集中集聚集约发展，提升一批先进制造业特色园区、现代服务业集聚区、现代农业园区的集聚水平和引领示范作用。

发展低碳产业行动。大力发展低碳型战略性新兴产业，加快发展现代服务业和现代农业，加快传统产业升级改造，推进高污染燃料禁燃区建设，实施清洁能源、可再生能源替代等。

构建低碳生产模式行动。加大清洁生产力度，加快园区循环化改造，加快节能减排重点项目建设，严格项目准入门槛，制定、执行相关产业准入管理、固定资产投资项目碳排放影响评估等相关办法。

碳汇建设行动。加强环境综合整治和碳汇林建设，新增绿化造林 3 万亩，建成一批村庄绿化示范村，力争创成国家森林城市。加大城镇绿化力度，保护生态功能区，实现自然湿地保护率达 42% 以上，建成 100 万亩高标准基本农田。

低碳建筑行动。严格执行建筑物节能强制性标准，新建建筑节能标准执行率达到100%，重点推进镇江新区、官塘片区、南徐新城、镇江大学城等执行绿色建筑标准和低碳化运营管理，创建"江苏省绿色建筑示范市"。

低碳能源行动。加快推广天然气、水能等清洁低碳能源利用，积极推广运用新能源，推进太阳能光伏项目、丹徒风力发电项目建设，推进秸秆发电、造粒（燃料）等综合利用工程，推广绿色照明。

低碳交通行动。坚持"公交优先"发展战略，推进交通工具低碳化，推进低碳示范道路建设，实施低碳水运工程，争创全国低碳交通运输体系试点城市。

低碳能力建设行动。完善镇江低碳城市建设管理云平台，筹备成立镇江市低碳发展协会，完善公共机构重点用能单位管理制度、生态补偿机制等，加强低碳培训。

构建低碳生活方式行动。加强低碳宣传和鼓励引导，开展低碳社区示范试点创建，提升城市低碳管理水平。

三、多方探索，开展各类低碳试点示范

镇江市委、市政府将低碳试点示范作为镇江低碳试点城市建设的重要内容，积极推进各类试点示范，先后在工业和交通运输企业、景区、机关、学校、小区、村庄等7类主体选择165家单位开展低碳试点工作；在低碳产业、低碳生产模式、碳汇建设、低碳建筑、低碳能源、低碳交通、低碳能力建设等7大领域选择25个典型项目作为低碳示范项目重点推进。以低碳新城建设、低碳园区建设、低碳小镇和零碳示范区工程为低碳试点示范的三大亮点，分

别启动官塘低碳新城、中瑞镇江生态产业园、凤栖低碳小镇和扬中市、世业洲、江心洲等3个县域和乡镇"零碳"示范区建设。

四、多措并举，低碳制度创新全国领先

镇江市委、市政府将城市碳排放管理云平台作为镇江低碳城市建设的重要抓手，依托碳平台的技术支撑，指导产业低碳转型、开展项目碳评估、实施区域碳考核、管理企业碳资产。

一是在全国首创城市碳排放管理云平台，基本实现了低碳城市建设与管理工作的科学化、数字化和可视化。

二是率先开展城市碳排放峰值研究，开发碳峰值及路径研究系统，包含了峰值测算、路径分析和行动举措三大部分。通过对历史数据的提取、收集、整理，对基准情景、强减排情景、产业结构强减排、能源结构强减排等四种情景进行研究，提出了2020年左右实现碳排放峰值的战略目标，初步形成了低碳发展的倒逼机制。

三是率先探索开展固定资产投资项目碳排放影响评估，通过测算项目的碳排放总量、碳排放强度以及降碳量等指标，并综合考虑能源、环境、经济、社会四个领域的影响因素，设立八项关键性指标，科学确定指标权重，建立评估指标体系，从低碳的角度综合评价项目的合理性和先进性，红灯否决、黄灯碳补偿、绿灯放行。

四是率先提出以县域为单位实施碳排放总量和排放强度的"双控"考核，综合考虑人口、产业结构、能源结构、GDP和主体功能区单位等因素，兼顾各地的历史排放量和实际减排能力，研究制定了全市及所辖市区差异化的年度碳排放总量和排放强度目标任务，以县域为单位实施碳排放总量和排放强度的双控考核，将考核结果纳入全市目标管理考核体系。

五是实施企业碳资产管理,对占全市工业碳排放80%的48家重点碳排放

企业实施煤、电、油、气消耗及工业生产过程碳排放的在线监控和企业碳资产管理，为企业搭建碳资产管理系统，帮助企业有效开展碳直报工作，与省直报系统实现对接，实现数据共享，引导企业实施节能降碳精细化管理。

六是构建绿色政绩考核体系，突出产业"三集"、突出现代服务业发展、突出碳排放、突出淘汰落后产能，科学调整调优国民经济和社会发展指标体系。增加三集园区产值收入占比、战略性新型产业收入占比、落后产能淘汰率、空气质量、城镇绿化覆盖率等生态指标，加大服务业、文化产业、单位GDP能耗、污染排放等指标权重。按照主体功能区规划和不同地域的发展定位，探索建立分类考核机制，通过科学设定评价内容，逐级建立评价指标，着重突出绿色GDP概念，发挥生态绿色低碳的导向和支撑作用。

七是探索建立生态补偿机制，在市级财政设立生态补偿专项基金，逐步建立包括碳排放的排污权交易中心。在全市树立碳有价、碳补偿的理念，促进企业未雨绸缪、主动减排。目前，镇江市专项基金总额为每年3.1亿元左右，所辖各市区也相应设立本级生态补偿"资金池"，有效调节了生态保护利益相关者之间的利益关系。

八是创新低碳发展市场化模式。创新低碳投融资机制，探索设立绿色低碳基金，撬动更多社会资本进入绿色发展市场；优化绿色低碳发展融资环境，构建多层次、多功能的绿色低碳金融服务体系，合理运营"经信贷""节能贷"。深化合同能源管理服务，培育专业化节能低碳服务公司，采用合同能源管理方式为用能单位实施节能改造，打造评估、诊断、融资、投资、运营、考核为一体的完整节能服务产业链。

五、合作共赢，低碳城市影响日益扩大

镇江市委、市政府将"讲好低碳城市故事"作为镇江低碳城市试点的重要成果，低碳城市建设经验被国家发展改革委、生态环境部、联合国环境署

等机构推广，并亮相中美气候峰会和第 21、23、24 届联合国气候变化大会。

一是积极搭建国际交流平台。打造"镇江国际低碳技术产品交易展示会""国际低碳（镇江）大会"等精品工程，谋划低碳发展，搭建低碳新技术新产品展示交易平台，形成经济发展新动能。

二是讲好低碳故事。低碳发展的"镇江模式"获得国际社会普遍赞誉。镇江先后应邀出席第一届中美气候智慧型低碳城市峰会、第 21 届巴黎联合国气候变化大会、第 23 届波恩联合国气候变化大会和第 24 届卡托维兹联合国气候变化大会，并作为全国唯一的地级市，主办中国角城市主题日镇江边会，与美国加州签订《低碳发展合作战略备忘录》《低碳发展合作行动计划》，出席国务院新闻办举办的中外媒体见面会。2019 年 7 月 29 日～8 月 2 日，应邀赴日本横滨出席"2019 年亚太可持续发展国际论坛及中日韩低碳城市研讨会"；2019 年 11 月 23 日在中日韩环境部长会议"低碳与可持续发展中日韩气候联合研究"边会上，就镇江低碳城市建设的经验做了专题介绍。

第三节　案例 2：卓有成效，构建生态文明建设管理服务云平台

镇江市运用大数据、云计算和物联网技术，充分整合节能、减排、降碳、产业"三集"、国土、环境、资源等涉及生态文明的数据资源，建成具有监测分析和管理服务功能的生态文明信息化综合云平台——"生态云"平台。该平台围绕实现碳排放峰值目标，以碳排放达峰路径探索、碳评估导向效能提升、碳考核指挥棒作用发挥、碳资产管理成效增强为重点，构建完善的城市碳排放数据管理体系，并依托碳平台的技术支撑，深入推进产业碳转型、项目碳评估、区域碳考核、企业碳管理，进一步打造镇江低碳建设的突出亮点

和优势品牌。

一、更上一层楼，打造升级版"生态云"

"生态云"平台前身是"低碳云"。2013 年，镇江市"低碳云"二期将 48 家年碳排放 2.5 万吨二氧化碳当量以上的重点企业纳入监测，监测内容包括：对重点企业实时采集能源消耗、工业生产过程等碳排放相关数据。2014 年，为贯彻落实习近平总书记"卓有成效，走在全国前列，要继续努力，为全国生态文明作出更大贡献"的嘱托，镇江对"低碳云"进行升级，打造全国第一朵"生态云"。2017 年 8 月 29～30 日，中国气候事务特别代表解振华先生、联合国气候变化框架公约秘书处执行秘书埃斯皮诺萨女士听取了"生态云"平台汇报演示，埃斯皮诺萨认为："镇江的实践可以在中国其他城市得到复制，镇江的经验可以与世界其他国家和城市分享。"

一是强化组织保障。镇江市政府成立了以主要领导为第一组长，常务副市长为组长，主管副市长为副组长，27 个部门和单位及所辖各市区主要负责同志为成员的镇江"生态云"平台建设工作协调小组，所辖各市区均成立了相应机构。建设过程中实行日常工作班子周例会、协调小组月调度的推进机制，及时解决具体问题，全市形成"一盘棋"推进的工作局面，并将"生态云"建设任务纳入所辖各市区、市级相关部门目标考核。

二是注重顶层设计。"生态云"平台建设集中了国内生态文明领域顶级专家的智慧，充分借鉴了生态文明指数、生态承载力等前沿课题研究成果，以将"生态云"打造成国内领先、国际水平的综合管理平台为目标，着力顶层设计，不断优化方案。

三是深化功能开发。根据"生态云"平台业务架构的功能模块，根据业务开发需要，组建了空间、产业、资源、环境、低碳、文化等若干个需求调研小组，对发改委、经信局、环保局等有关部门的核心业务开展了基础数据、需求材料搜集。

四是广泛求计问策。2015 年至今，多组国内生态文明领域专家团队为镇江市生态文明先行示范区及"生态云"建设把脉问诊，协助镇江市政府对"生态云"平台功能应用、数据公开、权限设置等事宜进行专题研究。2017 年 6 月 3 日，"生态云"项目通过国家级专家评审验收。

五是积极对外展示。镇江先后应邀参加了第一届中美气候智慧型低碳城市峰会和三届联合国应对气候变化大会，参加"2019 年亚太可持续发展国际论坛及中日韩低碳城市研讨会"和中日韩环境部长会议"低碳与可持续发展中日韩气候联合研究"边会，中央电视台对镇江低碳城市建设冠以"镇江低碳模式"，在上述场合和媒体上，均对低碳城市建设管理系统"生态云"平台相关情况做了介绍。

二、"五个中心"，促进"四类整合"

"生态云"平台以考核监管为核心，打造涵盖空间布局、产业结构、绿色发展、资源节约、生态环保、文化体系六大领域的"生态立方体"，推动信息化与城市产业转型、低碳发展、生态文明建设的深度融合。

一是打造"五个中心"。数据中心，即依托城市已有的基础硬件资源，建立城市生态文明数据中心，将全市生态文明建设相关数据进行统一、集中管理；管理中心，即打造"生态管理立方体"，涵盖空间、资源、低碳、环境、产业、文化等 6 大领域，将国家生态文明先行示范区建设、省生态文明建设综合改革试点、国家低碳城市试点等主要任务，统筹性、多维度、多层面地分解、细化、落实；服务中心，即建立面向重点企业及科研机构、社会公众的虚拟化网络服务中心，实现企业机构管理、服务信息的注册发布及在线服务使用；交易中心，即工业园区循环经济信息互换与交易撮合平台，以及覆盖碳排放权、用能权、排污权等交易的权益交易平台，促进低碳产业链在园区闭环和循环化利用资源；查询中心，即依托生态数据中心，为政府、企业及机构、社会公众提供生态文明相关的信息公开、数据查询功能，培育全民生态文明理念，建立公众监督机制。

图 10–2　镇江市生态文明建设管理与服务云平台界面

二是促进"四类整合"。数据整合，即整合发改委、经信、环保、住建、国土、规划、农业、水利、交通、农委、城管、统计等部门数据资源，按照数据集中、分层提炼、共享交换的步骤，做到"一数一源、一源多用"；业务整合，即将空间、低碳、环保、产业、资源、文化等领域生态文明建设所涵盖的相关业务进行集中整合，并配套相应的行动举措，集中管理；服务整合，即整合政务服务资源，更好地促进政府科学决策、企业绿色可持续发展；资源整合，即充分利用全市已有软硬件及计算机网络资源，做到资源共享、最大化利用。

三、多点创新，实现三项"全国第一"

"生态云"平台实现了三项全国第一。一是全国首个完整覆盖生态文明核心要素的动态监测网络，实现生态环境数据互联互通、开放共享；二是全国首个以公共云计算 SAAS 服务方式，面向控排企业提供排污、用能在线管理和服务的互联网平台；三是全国首个针对生态文明指数、资源环境承载力等生态刚性测度指标体系研究集成,及相应统计核算体系数字化实现的平台。

"生态云"平台还分别实现了技术突破、业务创新及智慧决策。一是技术突破,即依托物联网、云计算、GIS 等技术,将国土、产业、低碳、资源、环境等城市生态文明要素进行物理分散、逻辑整合,形成城市生态文明建设数据中心;二是业务创新,即融入绿色 GDP、生态足迹、生态承载力等国内外前沿生态文明理念,将科学研究与业务分析有机结合到城市生态文明建设工作当中,在平台中予以集中体现;三是智慧决策,即基于 Hadoop/MapReduce 架构搭建智能分析平台,进行深度数据挖掘,实现可视化展现、关联分析、趋势预测等功能,为生态文明建设管理智慧决策提供有力支撑。

四、保驾护航,全面提供技术支撑

一是为碳排放达峰路径研究提供支撑。镇江在全国率先提出碳排放达峰目标,这一目标的提出为国家宣布碳排放达峰目标提供了实践基础。通过"生态云"平台,能够有效直观地反映全市主要能耗及产业转型情况,科学分析、决策,能够有针对性地采取减碳、降碳措施,为镇江碳排放达峰目标的实现提供支撑。

二是为生态文明建设创新研究提供支撑。通过"生态云"平台的碳排放、环境监测、废弃物处置、主体功能区等大数据报告分析应用功能,按照国家、省生态文明领域专家提供的理论指导,结合镇江生态文明建设实际情况,率先从地级市层面创建研究了镇江生态文明指数测算方法制度、镇江自然资源负债表编制等,并取得初步成果,为全国生态文明先行示范区建设、江苏省生态文明综合改革试点探索经验。

三是为推动碳市场机制建设提供支撑。"生态云"平台实现了大气、水、噪声、重点污染源、大型公建、垃圾处理、古运河整治、给排水、重点能耗企业等功能模块的在线监测，摸清了城市、企业碳资产家底，为镇江重点排放单位适应全国碳排放权交易市场提供支撑。

四是为生态文明学习合作搭建交流平台。"生态云"平台在国际、国内生态文明和低碳城市建设相关会议、论坛上展示，进一步提升了镇江的城市美誉度。在国际上，代表中国展示了城市在生态文明和低碳发展理念上的具体行动；在国内，展示了镇江落实国家生态文明建设战略、实现绿色低碳循环发展的重要举措。藉此，镇江市与国际国内相关城市、机构进行了具有建设性的交流，奠定了进一步合作的基础。

五是为生态文明服务管理提供帮助。"生态云"平台为政府相关部门、机构提供监测、预警分析报告；为建立镇江生态文明先行示范区建设重点考核指标体系，以及实现目标分解、完善目标评估等项功能提供帮助，提升了各相关部门生态文明服务能力；为企业转型升级绿色低碳循环发展提供实时监测、预警分析报告，有利于企业及时查找问题，针对性地提出解决问题的建议和方法，为提高企业管理能力提供帮助。国家发展改革委等部委在发布有关推动生态文明低碳城市（城镇）建设的文件中，明确提出将低碳城市建设管理云平台作为重要能力建设的要求。

六是为社会公众提供互动平台。"生态云"平台开设了生态文化专栏、建立了公众参与互动平台、开发了"镇江微生态"公众号，及时发布镇江生态文明建设信息，及时反馈社会公众对生态文明建设的意见和建议。"生态云"平台为营造全民互动、共建共享的良好氛围、实现"互联网+"的普惠生态提供了有效的互动平台。

第四节　案例 3：成果转化，持续举办国际（镇江）低碳大会

镇江市积极搭建"讲好镇江故事"的平台，自 2016 年始持续举办"国际（镇江）低碳大会"，至今已成功举办了五届，既"以'镇江实践'丰富了全球气候治理'中国方案'"，也有力地推动了低碳城市试点向纵深发展，为城市转型升级发展积聚动能，取得了显著成效。

一、高点定位："国际有影响、国内创一流"

国际（镇江）低碳大会聚焦低碳发展关键议题，深入论道；发布成果，激发技术创新，吸引资本流动；搭建低碳技术和产品的展示窗口，促进低碳技术落地转化，推广低碳产品应用，引导低碳项目投资与合作，推动低碳产业的发展，将低碳大会打造成镇江创新、绿色、开放发展的新名片。

二、多方参与，共建低碳交流平台

国际（镇江）低碳大会由镇江市人民政府、联合国开发计划署共同举办，得到了国家发展改革委、生态环境部、江苏省人民政府的悉心指导和大力支持，国家应对气候变化战略研究和国际合作中心、中国国际经济交流中心、中国工程院等机构积极参与并提供技术支持，众多国内外机构、科研院所、领军企业都踊跃响应积极参会，共商低碳发展与合作。

三、形式多样，会议低碳主题鲜明

国际（镇江）低碳大会每届拟定不同主题，聚焦低碳发展、生态建设、能源革命等关键议题，深入论道，探讨发展思路和政策激励，剖析实际案例，探索具体实践，从而有效激发技术创新、吸引资本流动，构建可持续发展的共赢战略。2016年、2017年大会以"技术创新·共享低碳"为主题，开展"低碳制造、低碳能源、低碳交通、绿色建筑、绿色金融、低碳管理与服务"等内容的论坛、展示、交易活动；2018、2019年则分别以"培育低碳新经济·推进发展高质量"和"新时代·新能源·新生活"为主题。

大会设置成果发布环节，对年度低碳发展核心成果进行集中发布。如2018年低碳大会上就发布了三项成果，一是国家应对气候变化战略研究和国际合作中心发布的"低碳发展镇江指数"，二是中国国际经济交流中心发布的"镇江低碳城市综合运营模式实践研究报告"，三是国家市场监督总局、江苏省质量技术监督局与镇江市联合发布的"江苏省地方标准《低碳城市评价指标体系》"。

国际（镇江）低碳大会除主论坛外，还举办多场主题边会，进行专题研讨。大会还为全球创新引领者提供了技术和产品的展示平台，汇集全球500强企业、中国领军企业、技术创新企业的技术和产品，提供面对面交易合作路演机会，助力城市向新一轮产业革命的转型，历届大会共有逾200家企业参会进行技术路演或产品展示。

为了营造"低碳城市人人共建、低碳生活人人共享"的良好氛围，国际（镇江）低碳大会精心策划了一系列主题鲜明、形式新颖、趣味性强的群众参与性活动，如举办生态镇江"童"画低碳、低碳进校园、小小记者专访、低碳进企业、低碳进社区等活动，通过"低碳+旅游""线上+线下""娱乐+宣教"相结合方式，充分展示镇江生态文明建设成果，倡导绿色低碳的生活方式。

四、成果丰硕，聚焦低碳关键议题

一是讲好镇江低碳故事，显著提升镇江国际国内影响力。国际（镇江）低碳大会吸引了来自世界各地的政要、企业领袖、专家学者及业界精英代表踊跃参与。2018年，大会总规模达3 500人，另有数千人通过线上直播收看了大会盛况。大会举办受到国内外主流媒体高度关注，中央电视台、人民日报、新华社等40余家主流媒体多角度播报大会成效，600余家网络媒体转载，低碳大会的品牌影响力得到广泛认同。

二是发布成果，开展试点示范，着力推动城市低碳发展。国家应对气候变化战略研究和国际合作中心四次发布低碳城市发展——"镇江指数"，国家市场监督总局、江苏省质量技术监督局与镇江市联合发布"江苏省地方标准《低碳城市评价指标体系》"，中国国际经济交流中心发布新能源汽车充换电营运实践"镇江模式"等。国家质检总局在镇江设立全国首家"低碳计量试点"，中国计量科学研究院在镇江市设立"中国计量科学研究院镇江低碳计量技术示范基地"。

三是以会招商，将低碳发展优势转化为产业发展动能。2017年低碳大会，市级层面集中签约智能制造、太阳能电池、高效光伏组件等13个低碳产业项目，所辖市区层面8场路演招商共签约51个项目，其中25个项目已落地。2018年低碳大会，共有京口区新民洲分布式风电项目等36个低碳发展项目签约落地，为全市产业转型升级提供新动能。

四是积聚智力，深化合作，带来新机遇。与联合国开发计划署等国内外机构建立良好关系，为镇江市发展积聚创新智力支持；与ABB、赛莱默、美国通用、阿里巴巴等国内外一流企业建立联络合作机制，为推动产业发展、实施精准招商带来新机遇。

五是全民参与，低碳生活理念深入人心。举办国际低碳大会，既是搭建低碳技术产品交流合作的平台，也是展示镇江城市美好形象、提升美誉度的重要契机。国际（镇江）低碳大会针对企业、学校、社区、乡镇等不同主体和老、中、青、幼各类人群，策划了一系列"接地气"的活动内容，倡导广大市民践行低碳生活方式，共建低碳绿色的美丽家园。

小　结

政府主导是推动镇江绿色低碳转型的重要驱动力，碳排放数据管理平台则是其低碳发展的关键内核。镇江市已经构建起一套比较完备的低碳发展组织领导机制、规划体系、政策体系，逐年编制低碳发展九大行动并将任务分解纳入年度党政目标管理考核体系，形成了低碳发展的项目化推进机制。基于此，镇江市又以碳排放数据管理为突破口，在全国率先构建起具有监测分析和管理服务功能的生态文明信息化综合云平台（"生态云"平台），推动信息化与城市产业转型、低碳发展、生态文明建设的深度融合，为其后续制定实施一系列碳排放相关的配套制度提供了强有力的支撑。在扎实开展低碳发展体制机制建设、数据平台建设、政策制度体系建设的基础上，镇江市积极搭建"讲好镇江故事"的平台，以"镇江实践"丰富了全球气候治理的中国方案，充分体现了中国城市参与全球气候治理的责任和担当，极具宣传推广价值。

参考文献

曹月佳:"高质量发展的镇江经验",《新理财(政府理财)》,2019年第11期。
王军、丁宏:"镇江低碳发展何以赢得国际赞誉",《群众》,2017年第16期。
裔玉乾:"镇江低碳城市建设的探索实践",《中国机构改革与管理》,2019年第2期。
朱维宁、苗成斌、尤展等:"中国低碳发展的镇江样本",《群众》,2016年第1期。

第十一章 常德市应对气候变化行动案例

　　常德市东临洞庭，西接黔渝，南通长沙，北连荆襄，湿地资源与水资源丰富，其独特的气候条件和丰富的水土资源，造就了江南著名的"粮仓、酒市、烟都、纺城、茶乡、鱼米之乡"，也是湘西北工业基地，是繁华的商品集散地，旅游业呈现全域化旅游发展模式。常德市位于泛珠江三角洲和泛长江三角洲经济发展区域结合部，属于中国经济中部崛起重心地带，综合实力位居湖南省前列，GDP 经济总量常年排湖南第三位，财政收入常年排湖南第 6 位，是湖南省省域副中心城市，也是中国中等城市建设的典范。近年来，常德市森林资源大幅上升，城乡绿化率不断提高，环境质量总体保持稳定，主要水体质量稳定达标，城区环境空气质量年际变化较大，适应气候变化能力逐步提升。

第一节　总体情况

一、城市适应理念

　　加强组织领导。常德市成立了由市委书记任顾问，市长任组长，相关市直部门为成员单位的国家气候适应型城市建设试点领导小组，健全组织机构，为推进建设气候适应型城市提供有力组织保障。

坚持规划先行。常德市聘请湖南省气候中心专家团队对常德市城市适应气候变化脆弱性进行评估，形成了《常德市气候适应型城市建设分析报告》。启动编制《常德市气候适应型城市建设专项规划》《常德市国土空间规划》，拟将适应气候变化纳入城市发展总规、专业规划和详规的目标体系，相继完成了《常德市人民政府关于稳步推进海绵城市建设指导意见》《常德市委 常德市人民政府关于推进海绵城市建设实施意见》《常德市中心城区及周边区域水系专项规划》《地热能开发利用专项规划》等意见与规划文本，出台《常德市适应气候变化行动方案》《常德市饮用水水源保护条例》《常德市海绵城市建设项目规划管理规定》。

二、重点适应行动

将适应气候变化工作纳入城市发展总体规划、产业发展等专项规划。常德市在土地利用、资源管理、能源供应、城乡建设和扶贫开发等规划中提出适应气候变化的工作要求，高质量开展海绵城市建设，加强防洪等水利基础设施工程建设，全面升级能源、交通、通讯等城市生命线系统，提高城市的各类安全水平。通过积极的适应行动，到2020年，沅江洪水设防达到百年一遇标准，城市排涝5年一遇不产生积水、10年一遇暴雨24小时排干；一般性灾害天气不影响城市正常运行，重大灾害天气能保证城市生命线基本安全；提升建设51个自然灾害避灾点，气候变化相关灾害发生12小时之内，受灾群众基本生活能得到初步救助。

积极推进节能减排，探索生态城市新模式。常德市深入开展节能降耗，严格控制高耗能、高污染的内外资项目引进，积极引进和发展先进制造业，从源头上控制新上高耗能项目。狠抓环境综合治理，集中开展燃煤锅炉污染整治、非煤矿山关闭、工业大气污染防治、黄标车淘汰、餐饮油烟治理、油气回收、工地扬尘管理等7个大气污染防治专项整治行动，启动土壤优先保护和污染综合防治项目库建设工作。开展沅水流域电镀行业整治，关闭淘汰小电镀企业，启动常德电镀产业园建设。落实充电基础设施建设。有效利用地热资源，引进北京泰利公司在柳叶湖、桃花源等地开展中深层地热能（温泉）开发试点工作。

稳步推进生态修复、城市修补"双修"项目。常德市全力推进绿色建筑、新河水系综合整治工程、生态园林城市建设和阳明湖片区建设，目前新河水系综合整治工程已进入施工阶段；建设节能项目竣工77个，建筑面积达400.65万平方米；已建成装配式建筑产业基地3个。过江隧道、沅江风光带升级改造，丹洲生态城、棚户区改造，城区4个大型停车场和装配式绿色建筑等重点项目建设，也正在围绕气候适应型试点城市建设而稳步推进。

持续建设海绵城市。常德市聘请中国城市建设规划设计研究院编制了《常德市海绵城市专项规划（2015～2030年）》和《常德市海绵城市建设试点实施方案》，尊重客观规律、坚持问题导向，切实可行。在项目选址、设计条件核发、用地规划许可方面，常德市已将海绵城市的要求纳入其中，作为土地划拨或挂牌出让的必要条件之一，并在选址意见书、规划设计条件及用地规划许可证中体现海绵城市的要求，严格落实"两证一书"制度。严把技术审查关，将海绵城市专项设计纳入规划方案进行审查，未编制海绵城市专项设计的规划方案一律不予审批，不得进入初步设计与施工图设计。在施工图审查中严格把关，未进行海绵城市专项设计的建设项目不予核发工程规划许可证和进行施工图签批。

重点打造国际湿地城市。湿地是温室气体的源、汇、库，对温室气体的排放有着明显的调节作用，在物理缓解气候变化影响方面效果明显。常德市积极参与减缓全球气候变化行动，坚持良法善治、护佑洞庭，依法建设湿地城市。保护、恢复和合理利用湿地，打造优良自然环境，在助力推进适应气候变化方面具有典型示范作用。2019年颁布实施《常德市西洞庭湖国际重要湿地保护条例》，为西洞庭湖国际重要湿地的保护与发展提供有力而持久的法律保障。

三、适应配套政策

创新投融资政策。常德市积极探索，开创性地推进海绵城市建设工作，除了制定并出台一系列规划方案，还系统谋划和统筹推进海绵城市建设五大工程，148 个子项目，总投资 78.15 亿元。常德市污水净化中心、船码头、柏子园片区等三个扩容提质改造公私合营 PPP 项目已全面动工，北控水务、首创水务等社会资本也参与到常德市的海绵城市建设。常德市还与建设银行合作设立了 20 亿元海绵基金，与国家开发银行、中国银行等金融机构达成战略合作意向。通过海绵项目的实施，常德市水环境明显改善，水安全保障能力大大提升，水生态进一步优化，促进了城市产业的发展，形成了一批可推广、可复制的范例工程，基本实现了小雨不积水、大雨不内涝、黑臭水体在消除、热岛效应在缓释。

完善灾害风险治理机制。常德市加强适应气候变化与防灾减灾领域的决策协调，推动适应气候变化示范社区创建活动，以点带面，全面提高城乡社区综合防御灾害能力。到 2020 年，政府主导、社会协同的适应气候变化治理机制基本形成，市场机制和社会合作机制逐步完善；气象灾害保险赔款占灾害直接经济损失的比例明显提高；创建 20 个适应气候变化示范社区，每个基层社区至少有 1 名灾害信息员。初步建立气候变化影响监测与风险评估体系，建立与完善结构合理、布局适当、功能齐备的气象灾害综合探测系统，发展精细化的气象预报业务和公共气象服务平台，提升气象灾害监测、预警能力，力争常德市气象服务能力处于全国前列。到 2020 年，常德市城市适应气候变化综合信息平台基本建成；四要素以上自动气象站实现乡镇全覆盖；灾害性天气短时临近预警准确率达到 90%以上，突发灾害性天气预警时间提前 30

分钟以上。

推动全方位公民参与。常德市从提高公民灾害风险和适应气候变化意识入手，使公民在适应气候变化能力建设方面发挥积极作用。利用电视、广播、网络、刊物等多种媒体宣传适应气候变化目的意义、先进成果，组织行管、规划、设计、施工、监理、运维人员进行适应气候变化专业培训，组织市民参观适应气候变化城市基础设施和系统工程，总结城市应对气候变化经验教训，2017年组织人员参加上级办班培训超70人次。到2020年，常德市建成适应气候变化科普教育基地2个，年均开展适应气候变化宣传10次以上，全民适应气候变化意识明显增强，适应气候变化知识在大中小学生及公众中普及率明显提高。

四、适应国际合作

加强项目合作。常德市密切关注国际应对气候变化发展趋势，强化与欧盟、东盟、日本、新加坡等国家和地区的交流沟通，积极引进人才、技术和资金；充分发挥各类国际合作交流机构及平台的桥梁和纽带作用，引导和促进常德市企业利用各类国际绿色资金，加强与世界银行、亚洲开发银行等国际金融组织的联系，积极争取支持应对气候变化的低息贷款项目。常德市已与湖南文理学院、湖南省气象局、德国汉诺威政府及汉诺威水协签订了战略合作协议；正在与未来世界委员会、宜可城地方可持续发展协会、美国可持续发展社区协会、中国·东盟合作秘书处、亚洲开发银行等国际组织洽谈项目合作事宜。

广泛开展交流。常德市积极争取承办国家气候适应型城市建设高峰论坛、国家气候适应型城市建设培训等应对气候变化的高级别会议，宣传应对气候变化的理念。2017年8月底成功举办了气候适应型城市试点建设国际研讨会，来自全国试点城市的发改委、住建等部门主管负责人，以及亚洲开发银行、北京建筑大学等国内外机构专家等共同围绕雨洪风险和极端天气事件管理、水资源与多种气候风险管理、干旱管理与荒漠化控制三大主题，探讨当今城市适应气候变化的进展与经验，为"气候适应型城市"的打造提供了一系列可行性方案。

第二节　案例1：坚持绿色发展，先行建设海绵城市

城市不再"看海"，昨日的黑臭河已成为今天的风光带，这一切变化的根结，就在于常德市"坚信绿水青山就是金山银山，持续发奋图强建设海绵城市"的信念和坚持。至今，常德市海绵城市建设已具有诸多鲜明特点：建设目标求真务实、技术应用因地制宜、项目投资成效显著、文化传承水韵十足、示范案例类多可鉴。

一、理念先行，适应气候变化

常德市是最早认可海绵城市理念的城市之一。从2004年起，常德市就积极寻求开展国际合作，高起点治理城市水系；2009年在《水城常德——江北城区水敏性城市发展和可持续性水资源利用框架》中明确提出：践行建设海绵城市，积极探索城市适应气候变化，减免城市内涝风险，改善城市水环境，缓释城市热岛效应；2015年入选全国首批海绵城市建设试点，全国海绵城市建设试点启动部署会在常德市召开，会上常德市率先提出建设既要"面子"更要"里子"的海绵城市。从此，常德市步入快速高效优质建设海绵城市新征程。

二、统筹定标，共建海绵城市

（一）统筹抓建，高位推进一体化

完善体制机制。为解决工作推进协调难、建设责任落实难、项目落地建成难等问题，常德市委市政府成立了市海绵城市建设领导小组，由市委书记任顾问、市长任组长、相关分管领导任副组长，设立领导小组办公室和9个工作组，从相关职能部门抽调有实践经验、有专业特长的干部，统筹抓好试点建设，统一履行策划、组织和督导等职能，并建立完善了"办公室一周一调度、分管副市长一月一调度、市长一季一调度"的运行机制。在市发改委、市自然资源和规划局、市住房和城乡建设局、市生态环境局、市水利局、市财政局等部门全面深化体制改革的"三定"方案中，市编委明确要求成立专门的机构负责海绵城市建设。为完善海绵城市建设和管理的长效机制，2019年新设置"常德市海绵城市建设服务中心"，长期承担海绵工程运营维护任务。

（二）定标管建，规划指导科学化

设定科学标准。常德市市委市政府坚持建设既要"面子"更要"里子"的海绵城市，对试点工作实行科学规划、科学定标、科学建设，重新划定"红线""绿线""蓝线"，制定实施了海绵城市建设试点三年行动计划实施方案和实施意见，编制了《常德市海绵城市专项规划》，修订了10多个相关专业规划，制定了40多项规划、建设、运营、维护管控制度，包括地方法规、政策、规章和技术标准。市城区规划区内新建、改扩建项目，雨水径流管控指标一律按新的规划要求，海绵型院落、海绵型公园、海绵型道路等改造新建项目一律按新的管控标准，统一推进，在办理项目"两证一书"时严格把关督促落实。为解决好建设技术难题，积极聘请国际国内资深技术团队承担专项规划和项目设计，举办国际研讨会，选派专业人员外出学习考察，组织高等院校和企业开发新工艺、新设备、新材料，实行海绵工程与园林绿化工程有机融合，提升了海绵城市建设试点的品位品质。

（三）示范带建，试点建设有序化

坚持示范带动。常德市试点示范内容包括：大、中、小海绵体并重构建，黑臭水体按流域综合治理，初期雨水和溢流污水经过生态滤池处理，多类项目建设融合推进，积极应对雨污水超标排放。在海绵城市建设试点示范区原定总面积 41.20 平方千米的基础上，市中心城区海绵城市建成区达标总面积扩至 63.84 平方千米。以海绵城市试点建设为契机，结合"城市双修"，将海绵城市建设由中心城区试点区域向各区县（市）城区及乡镇等非试点区域扩展延伸。直属津市市已成为省级海绵城市建设试点市，辖属澧县、安乡县、汉寿县、西洞庭湖管理区都已启动建设一批海绵城市工程项目。

（四）合力共建，资金筹措多元化

保障资金支持。为解决试点项目建设资金难题，常德市建立了政府投资、市场融资、社会筹资多元化资金筹措模式，试点以来，三年间共完成投资近 80 亿元。预算内城建资金优先安排，三年来市本级财政预算直接安排海绵城市建设专项资金 20 多亿元。积极吸引金融机构参与，先后获得海绵融资贷款和海绵基金共 87 亿元。改变海绵院落改造由政府包办的模式，实行财政给予定额补助，其余资金由业主单位自筹。出台政策鼓励和支持社会资本参与，吸引了北控水务、首创水务等社会资本参与海绵项目建设，如老西门及护城河综合治理项目总投资 16.72 亿元，其中政府直接投入仅 0.36 亿元。通过调动业主方、设计方、投资方、施工方以及社会各方的积极性，竭力放大资金集成使用效益，保障了海绵城市建设试点深入推进。

（五）长效促建，产城互动良性化

促进产城融合。常德市始终坚持海绵城市试点建设与产业发展相互促进、相得益彰，推进产城互动。成立了专业海绵公司，积极与国内高等院校联合组建海绵城市工程技术研究中心、生物与湿地研究院，催生了一批新型技术和材料企业，带动了一批传统企业的转型升级。同时，注重在海绵城市建设中融入大量旅游元素，打造了常德保卫战工事、常德诗墙、窨子屋、华侨城欢乐水世界、柳叶湖环湖景观带、穿紫河水上风光带、沙滩公园、常德河街、老西门历史文化街等一批城市文旅名片，部分建设项目的运营已经产生经济效益，一大批战略投资者相继入驻落户常德市，实现了海绵城市建设试点良性循环。

三、特色渐现，实现和谐共赢

（一）打造常德亮点

常德市委市政府立足"建设一座海绵城市、打造一张城市名片、培育一个新型产业"，坚持把148个海绵城市试点建设项目建成精品工程、亮点工程，实现了生态效益、经济效益、社会效益的和谐共赢。

水安全大幅提升。通过加固防洪堤，在35个汇水分区源头大量新建或改造低影响开发雨水设施和排水设施，柳叶湖周边退田还湖、改建穿紫河和新河的基渠、缓坡、河床以扩大雨水调蓄空间，新建花山闸、柳叶闸实现精准控制城区水体水位，坚持大、中、小海绵体并重构建（大海绵体指建成区整体连通的水系，中海绵体指建成区内的排水管网、调蓄池、生态滤池、泵站等，小海绵体指海绵院落、海绵公园、海绵道路、海绵绿地广场等）。江北城防洪圈防洪能力已至防御百年一遇标准，鼎城和德山城区防洪圈防洪能力已至防御50年一遇标准，海绵城市建设达标区域防涝能力已达防御30年一遇标准；在降雨强度不超管网和泵站设计标准的情形下，城市不再"看海"。试点至今，常德市已经过四场强降雨袭击考验。事实证明，常德市通过海绵城市试点建设，已经能够保障在 50 年一遇的暴雨强度下不会发生内涝。同时，通过源头涵养水资源、充分利用雨水资源、严格实施水源地保护、积极降低市政供水管网漏损率、不断强化二次供水管理等措施，有效保障了城市居民生产生活的用水安全。

水环境明显改善。采取控源截污、内源治理、生态修复等技术措施，系统开展黑臭水体专项治理行动：清除城区内禽畜养殖场、地沟油作坊等源头污染源；完成了 335 千米污水输送管道的新建与改造；在合流制小区排水管道出水处设置了污水前置溢流井；在河道两岸湖泊周围安装了截污管道以截流径流溢流污水；所有新建或改造的雨水泵站增设生态滤池承担初期雨水或溢流污水的处理；实施护城河、穿紫河、新河、滨湖、柳叶湖、阳明湖等水系的综合治理，包括清淤、生物净化水体（聘请中科院武汉水生研究所指导）等措施；加速推进整体连通城市水系；大量新建亲水型观景台和慢行系统。市区 7 大黑臭水体基本消除，沅江常德段水体水质达 II 类，柳叶湖、滨湖水体水质达III类，穿紫河、新河及其他水体水质达IV类趋优标准。昨日的黑臭河，已成为今天的风光带，为常德市发展全域化旅游提供了优良的市区环境，也为城市居民休闲娱乐健身提供了最佳场所。

水生态不断优化。通过保护、恢复和培育自然生态，构建"一江、两环、三湿地、四条河、五个湖、多水网"的水系空间：采用水生植物修复技术、生物浮岛技术、生物栅技术和生物膜技术修复水生态，完成穿紫河、新河、柳叶湖、滨湖、阳明湖等重点河湖生态驳岸的重建与修复（81.66 千米）；完成了白马湖公园、丁玲公园、滨湖公园、屈原公园的新建与改造；完成了百果园植物走廊、柳叶湖环湖道风光带的新建；积极推进节能减排，保护和不断优化动植物多样性生存环境，形成更加良性的水文生态。如今，市区河湖驳岸植物生长茂盛，鲜花四季盛开，成为市区一道靓丽的自然风景线，全域化旅游和市民休闲娱乐健身有了更多的选择。

水产业繁荣发展。海绵城市建设带来了规划设计、专业人才培养、智慧平台开发、新材料的研发制造等诸多产业融合发展的契机，催生了湖南道诚、鑫盛建材等一批新型技术和材料企业，带动了七星泰塑、湘北水泥水管厂等一批传统企业的转型升级，完成了水生植物种苗基地的新建，完成了锦江酒店、梦幻桃花岛、芙蓉王现代新城、和瑞欢乐城等工程项目的新建，带动了旅游、商贸、体育等相关产业发展。随着海绵城市建设的深入，水环境不断改善，海绵城市建设成果转化为实实在在的"美丽经济"，产业链条不断延伸，房地产业、商贸业、旅游业市场在城市水系周边不断衍生，带动了经济繁荣发展。

水文化有机传承。通过修复重建老常德时期的常德保卫战工事、大小河街、老西门、白鹤山古镇等历史记忆，挖掘整合常德丝弦、花鼓戏两项非物质文化遗产，新建德国风情街、婚庆产业园、金银街等特色商业街，使老常德的民族英雄文化、内河码头文化、商业文化得到传承，同时借鉴吸纳了西方先进文化。

水管理日趋智慧。通过建成污水处理、给排水、海绵城市项目建管绩效数字化管理平台和云计算中心，智慧水务系统基本形成，信息通信技术和网络空间虚拟技术得到广泛应用，传统的水务管理正在逐步向智能化转型。

（二）形成常德模式

常德市海绵城市试点建设在多个方面探索形成了可复制、可推广、可借鉴的常德模式。

制度保障方面：坚持由政府强化推进转向社会自觉行为，由城市区域推进转向城市全域推进，由海绵城市建设转向海绵生态建设，探索了一套值得在全国推广的有效推进海绵城市建设的体制机制。

技术保障方面：坚持大、中、小海绵体并重构建，"灰、绿、蓝"工程有机结合，把实现概念化、数字化的海绵指标与市民"看得见、摸得着"的期望有机结合，形成了一套适合南方丰水平原地区海绵城市建设的技术路线、一套适合中国城市发展阶段特征的改造方式、一套最大限度满足市民美好生活追求的决策程序。

财力保障方面：坚持低影响开发、低投资设计、低成本的建设理念，坚持既算投入账又算收益账、既算当前账又算长远账的投资理念，探索了一套适应中部地级城市财政承受能力的建设方式。

（三）贡献常德经验

常德市海绵城市建设试点有效发挥了示范引领、辐射带动和整体推广的表率作用。

国家层面。2015年4月～2019年7月，常德市先后接待国际国内200多个城市300多批次的行政长官、专家学者、企业领导实地学习考察。2017年先后成功举办"海绵城市建设摄影巡展""2017透视海绵城市的面子和里子（常德）研讨会""气候适应型城市试点建设国际研讨会"等重大会议活动，特别是常德穿紫河综合整治成果成功亮相中央"砥砺奋进的五年"大型成就展、伟大的变革——庆祝改革开放40周年大型展览、第十二届中国（南宁）国际园林博览会，中央电视台综合频道及新闻频道在世界环保日期间以"穿紫河换新颜，成为城市碧玉带"为主题重点推介了常德穿紫河治理经验。

国际层面。常德市代表中方分别在2017年11月6日～8日于新加坡举行的中国与东盟环境保护合作中心"生态友好城市发展研讨会"、2018年2月7日～13日于马来西亚首都吉隆坡举行的"第九届世界城市论坛"、2018年3月29日于中国常德举行的"中欧水平台合作项目技术交流会"、2018年9月11日～13日于中国南宁举行的"中国——东盟环境合作论坛"、2019年6月25日～30日于德国波恩举行的"宜可城2019全球韧性城市大会"上作主旨演讲，将常德市海绵城市建设的先进经验传出了国门。

第三节 案例2：坚持协调发展，依法建设湿地城市

常德市积极参与减缓全球气候变化行动，良法善治、护佑洞庭，依法建设湿地城市，颁布实施《常德市西洞庭湖国际重要湿地保护条例》，保护、恢复和合理利用湿地，打造优良自然环境，在助力推进气候适应、应对气候变化方面具有典型的示范作用。

一、生态保护，地方立法紧迫

生态多样性突出。西洞庭湖湿地作为长江中下游湖泊、沼泽型湿地的典型代表，野生动植物资源丰富，珍稀濒危物种繁多，是规模罕见的珍稀濒危物种基因库，具有重要的科研及保护价值，在国家生态安全、全球生物多样性保护和江湖复合湿地生态系统保护上发挥着极其重要的作用，早在2002年1月即被列入国际重要湿地名录。2018年10月25日，在《湿地公约》第十三届缔约方大会上，常德市和法国亚眠、韩国济州等18个城市一道，荣获全球首批"国际湿地城市"称号。

生态问题日益凸显。尽管湿地保护成绩斐然，但随着过去一段时间以来长江流域的粗放发展，西洞庭湖湿地生态破坏严重。一方面，上游来水工业污染加重，周边农业面源污染问题突出，湖库水环境质量下降较为明显；另一方面，围垦湿地、围网养殖、河道采砂等问题长期缺乏有效规制，湿地功能有所退化，生物多样性正遭受不同程度的破坏。国务院《自然保护区条例》《湖南省湿地保护条例》和原国家林业局《湿地保护管理规定》等法规规章的相关规定，或是过于宏观、缺乏针对性，或是滞后于时代、管控力度不足，迫切需要通过地方立法拾遗补阙、加以细化完善，从而抑制违法行为、实现

保护目标。

二、平衡立法，并行保护发展

设定立法目标。湿地保护立法，是全市上下的共同期待。市人大常委会把"接地气、真管用、有特色"作为立法目标，严格遵循科学立法、民主立法、依法立法的原则，立足实际、聚焦问题。2019年6月19日，市人民政府向市人大常委会提出法规案后，市七届人大常委会第二十三次会议进行初次审议；8月28日，市七届人大常委会第二十四次会议进行第二次审议；10月23日，市七届人大常委会第二十五次会议审议并表决通过。

创新工作方式。起草小组成立后，市人大常委会法工委派出工作人员全程参与各类会议、座谈、调研等，提出意见建议，发挥人大常委会同政府相关部门间的沟通纽带作用。2019年3月，起草小组赴昆明市、大理市、杭州市、南昌市四地开展立法调研，学习外地在湿地保护范围、保护措施、生态补偿等方面的先进经验和做法。进入审议修改阶段后，市人大常委会法工委着眼本地实际，重点开展市内调研活动，组成立法调研组，赴鼎城鸟儿洲、津市毛里湖等8处国家湿地公园进行立法调研；同时组织区县（市）人大常委会和市直有关单位自行开展立法调研，全面了解常德市湿地保护工作现状和存在的问题。市人大常委会法工委三次将法规草案寄送人大代表、市直有关单位、各区县（市）人大常委会征求意见；两次将法规草案在常德人大网上公布，面向社会公开征集意见；组织召开立法论证会，就法规授权执法的必要性和可行性等四个具体问题进行了论证，并向市人民政府和汉寿县人民政府征求意见。期间，先后召开调研座谈会、部门协调会等，明确了管理体制和部门职责。

平衡保护发展。西洞庭湖湿地1998年经省人民政府批准设立省级自然保护区，2011年升级为国家级自然保护区。二十余年间，湿地保护管理机构积极实施居民外迁及渔民上岸工程，目前，西洞庭湖国际重要湿地（国家级自然保护区）核心区、缓冲区内已无常住居民，在实验区内仍有少量居民，还有一定规模的种植业和零星渔业、养殖业存在。对于湿地周边乡镇的数十万居民而言，西洞庭湖湿地仍是他们赖以生存、发展的一片热土。这些居民的正常生产生活如何保障、发展权如何加以保护，无疑是立法中必须慎重考量的问题。条例审议修改过程中，市人大常委会组成人员、汉寿县人民政府等均多次提出，不能为了保护而保护，在做好湿地保护工作的同时，必须考虑到当地居民的生产生活问题，在保护与发展之间尽可能求得平衡，形成良性互动。加强湿地生态环境保护无疑是当前相关工作中的主旋律，但如果忽视当地居民的应有权利，这样的保护将不可持续。根据相关审议意见，市人大法制委（常委会法工委）和起草小组成员单位一道，反复开展论证、调研，充分征求各方意见、特别是有关专家学者的意见建议，并在此基础上对条例规定的湿地保护管理措施、禁止性行为及相关行政处罚等逐条进行取舍、打磨。可设可不设的禁止性行为，均不再设立；危害程度明显轻微的违法行为，均不予行政处罚。《常德市西洞庭湖国际重要湿地保护条例》在规定各项禁止性行为的同时，依照上位法作出规定，在实验区范围内可以从事参观考察、旅游、生态种植业（养殖业）等活动，藉此为在西洞庭湖国际重要湿地实验区范围内适度发展相关业态留下空间。不仅如此，条例还要求市人民政府和汉寿县人民政府建立湿地生态保护补偿制度。实施生态补偿制度，既可以通过直接补偿的方式弥补当地居民因湿地保护所承受的部分权益损失，争取其理解和支持；更可以通过提供公益岗位、政府购买公共服务等方式将当地居民纳入到保护工作中来，进而形成良性循环，确保各项保护措施长期、有效、可持续。

三、创新执法，明确授权责任

（一）法规授权：依法治湖的全新尝试

集中行政处罚。执法难，是西洞庭湖国际重要湿地保护工作面临的主要问题之一。立法调研中发现，以往造成保护中出现相关问题的原因往往并非是无法可依，相反，国务院《自然保护区条例》《湖南省湿地保护条例》等多部法律法规中均有相应规定可供遵循。但是，这些法律法规规定的行政执法权各由不同部门行使，相关执法部门之间既有交叉，又互不统属，致使西洞庭湖国际重要湿地保护工作中多头执法、分散执法、交叉执法情况较为突出，执法效率较为低下，特别是涉及需要多部门联合执法的情形时，协调难度较大。为破解这一难题，2015年以来，西洞庭湖国际重要湿地在全国率先开展保护区相对集中行政处罚权试点工作，将林业、旅游的全部行政处罚权，农业、环保、水利、土地、交通的部分行政处罚权集中由湿地保护管理机构行使。相关试点工作运行一段时间，取得了较好的效果，但也暴露出一些不足。一方面，省人民政府对其实施相对集中行政处罚权的决定比较笼统，具体内容由汉寿县人民政府制定，位阶较低，原有的执法部门存在选择性适用的现象；另一方面，湿地保护管理机构人力、资金、技术水平相对有限，不足以承担部分较为专业的执法职能，由此造成部分集中行使的行政处罚权处于沉睡状态。为疏通执法体制，进一步提高执法效率，保障执法权威，《常德市西洞庭湖国际重要湿地保护条例》在总结现有相对集中行政处罚权试点经验的基础上，经过缜密论证，将相对集中行政处罚权范围内经过实践检验且行之有效的部分内容，以地方性法规的形式固定下来，使相对集中行使行政处罚权成为法规授权。这一做法，也得到了省人大常委会法工委的充分肯定。

（二）法律责任：利剑高悬，霜刃谁试

严格处罚标准。"徒善不足以为政，徒法不足以自行"，没有责任的法律往往也只能流于空谈。《常德市西洞庭湖国际重要湿地保护条例》法律责任部分共规定了七项行政处罚，其中有的是根据实际需要新设，有的是对上位法已有行政处罚的细化。法规草案审议过程中，常委会组成人员反复提出，要进一步加大行政处罚力度，提高违法成本，让立法真正"长出牙齿"，切实制止相关违法行为。根据这一意见，《常德市西洞庭湖国际重要湿地保护条例》在设定相关行政处罚时，均充分考虑到本地实际情况，反复权衡了违法成本和危害后果，尽可能科学合理地设定了处罚标准。挖砂问题是困扰洞庭湖生态环境保护的重大问题。挖砂船舶工作过程中，不仅搅动底层泥沙、排放油污、造成水体污染，还可能对水生生物洄游通道和候鸟栖居环境等造成不可逆转的损害。而依据国务院《自然保护区条例》等法规规定，对挖砂行为，仅能责令停止违法行为，限期恢复原状或者采取其他补救措施；对自然保护区造成破坏的，处 300 元以上 1 万元以下罚款，违法成本明显偏低。为此，市人大常委会法工委通过多次向省人大常委会法工委汇报，争取重视和支持，最终在对挖砂行为的行政处罚中，增加了关于"没收非法挖砂机具"的内容，加大了惩处力度。

（三）法规实施：道阻且长，行则将至

不断改进完善。2019 年 12 月 10 日，市人大常委会全文公布了条例文本，该条例自 2020 年 1 月 1 日起施行，但实施效果究竟如何，还有待实践加以检验。在前行的道路上，仍有许多困难：经费保障问题、社会公众对湿地保护活动的关注度与参与度、湿地保护管理机构保护管理职能的行使与执法责任的落实、湿地周边污染治理工程的实施等，都需要在实践中边行边试，在实施中改进和完善。只有在全社会的共同关注、共同努力下，才能让《常德市

西洞庭湖国际重要湿地保护条例》充分发挥其应有的作用，从而充分保护好湿地这一"地球之肾"，使之为建设生态宜居新常德、富饶美丽幸福新湖南做出新的贡献。

四、完善体系，巩固管理成效

全市现有湿地面积 19.09 万公顷，占国土面积的 10.50%，纳入保护的湿地面积 13.68 万公顷，湿地保护率达 71.66%；有植物 865 种、鸟类 285 种、鱼类 120 多种，其中，国家一、二级保护鸟类 20 余种，主要濒危保护物种有中华秋沙鸭、白鹤、黑鹳、东方白鹳、鸿雁、小天鹅、中华鲟、白鲟、胭脂鱼等。全市有国家级湿地类型自然保护区（国际重要湿地）1 处，保护面积 26 960 公顷；国家湿地公园 8 处（含试点），保护面积 17 377.99 公顷。西洞庭湖国际重要湿地更是全球重要的候鸟迁徙越冬地、停歇地和繁殖地。

（一）湿地保护管理体系更加完善

完善管理体系。2017 年 7 月，市政府成立了由市长任主任、分管副市长任副主任、市林业局局长兼任办公室主任的湿地保护委员会。2018 年初，市编办特批成立常德市湿地保护管理中心；2019 年机构改革期间，湿地管理科室由湿地管理中心（事业单位）转制为湿地管理科（内设行政科室），地位作用更加凸显；县市区一级均成立了湿地保护委员会，县市区长任委员会主任，湿地保护管理的责任压得更实；各级各类保护区和国家湿地公园也建立了专门保护管理机构。

（二）湿地保护基础工作更加扎实

掌握资源现状。2018 年以来，在省林科院的支持下，开展了全市首次湿地名录调查工作，目前外业调查、数据核实工作已经完成，编写了《常德市湿地名录（待审稿）》，审批流程完成后将提交市政府对外发布。为高标准编制常德市湿地保护中长期规划，从 2019 年上半年开始，已启动全市首次湿地生物多样性调查，现已完成对鸟类、鱼类、底栖动物、湿地植物等的夏季调查，下阶段还将进行秋季、冬季调查，为启动编制常德市的湿地保护中长期规划将打下了坚实的基础。

（三）湿地保护法规体系更加健全

完善地方法规。2016 年，常德市被赋予地方立法权后，制定的第一部地方性法规《常德市饮用水水源环境保护条例》、第二部地方性法规《常德市城市河湖环境保护条例》都与湿地保护密切相关，从法治的高度，压实了各级领导保护湿地的责任。2018 年，市人大常委会将《常德市西洞庭湖国际重要湿地保护条例》列入了立法计划，立法小组成员赴全国各地开展湿地保护立法调研论证。通过 20 多次修改，完成条例初稿，2019 年 10 月 25 日由市七届人大常委会第二十五次会议全票通过；同年 11 月 26～28 日，湖南省第十三届人大常委会第十四次会议审议并表决通过《关于批准〈常德市西洞庭湖国际重要湿地保护条例〉的决定》。该条例已于 2020 年 1 月 1 日起正式实施，为西洞庭湖国际重要湿地的保护与发展提供持久而积极的法制保障，作为全国 57 个国际重要湿地中的第一个地方性法规，对全国具有一定的示范带动作用。

（四）湿地开放合作步伐更加坚实

加强培训合作。通过对接世界自然基金会北京和长沙区域中心，常德市进一步明确了与有关国际机场和组织在湿地保护战略制定、西洞庭湖国际重要湿地修复、人员技术培训、促进公众宣传教育、小微湿地建设、湿地保护管理经验推广等方面的合作内容，今后将加强专业培训，不断提高管理水平和业务素质，积极跟进津市毛里湖国家湿地公园法国开发署 3 500 万欧元湿地保护项目建设，主动衔接德国复兴银行 4 000 万欧元湿地保护优惠贷款落户常德。

（五）湿地保护工作成效更加显著

一是湿地公园试点验收通过。2017 年，桃源沅水、安乡书院洲国家湿地公园通过国家试点验收；2018 年，澧州涔槐国家湿地公园高分通过国家试点验收。

二是湿地生态修复成效明显。2018 年，作为省政府对市政府河长制考核内容的汉寿息风湖国家湿地公园开展退耕还湿试点项目经验得到推广；鼎城鸟儿洲国家湿地公园的小微湿地试点建设成效明显，列为省政府对市政府河长制的考核内容，得到了国家林草局湿地司领导的高度肯定，按期接受了省级验收。

三是涉林生态问题整改有序。建立了各类涉林生态环境问题的整改销号工作调度、日常巡查、问题销号三大机制。中央环保督察交办的西洞庭湖国家级自然保护区核心区欧美黑杨问题，经市、县强力推进问题整改，7.2 万亩杨树提前清除完毕；按要求完成了西洞庭湖三汊障违规养殖问题的整改。

四是国际湿地城市创建有力。2018 年 10 月 25 日，在迪拜召开的国际湿地公约第十三次缔约方大会上，常德市荣获全球首批"国际湿地城市"称号，极大地提高了常德的知名度、美誉度。同年 12 月，常德市成功举办中华秋沙鸭国际研讨会。已有山东、广西、海南、江西、湖北等省的 9 个市州来常德参观考察湿地保护工作。

（六）湿地保护宣传教育更加深入

一是建强湿地宣传阵地。建立了湿地宣传中英文网站，市城市规划馆专门开设了湿地体验宣教版块，集中展示常德湿地，让更多市民认识湿地、热爱湿地，已接待参观人数 110 多万人次。汉寿西洞庭湖宣教中心是湿地保护宣传教育的重要场所和生态旅游的热旺景点；津市毛里湖国家湿地公园和桃源沅水国家湿地公园的宣教馆建成开放以来，参观人群日趋增多。

二是加大湿地宣传力度。2018 年 5 月，"美丽长江中国行—共舞长江经济带—生态篇"陆续报道了西洞庭湖、毛里湖、穿紫河、沅水、夷望溪等地湿地美景；2019 年 2~3 月，人民日报三次密集报道常德湿地保护工作，2月 12 日人民日报以大半个版面对常德湿地做了深度报道；2019 年的《中国绿色》画报两会特刊对常德湿地进行了专题报道，受到了全国的广泛关注。

第四节　案例 3：坚持创新发展，系统建设宜居城市

近十年来，常德为推进城市适应气候变化，坚持创新发展，系统建设宜居城市，力图解决城市空间布局不佳、产业结构不优、基础设施滞后、生态环境恶化、交通渐显拥堵等脆弱性问题，竭力促使城市在面临气候变化，导致各种气象灾害面前具有良好的"弹性"，力争生态环境健康指数、城市安全指数、生活便利指数、生活舒适指数、经济富裕指数、社会文明指数、城市美誉度指数逐步达到国家宜居城市标准。2019 年 12 月 13 日，《2019 中国内地及港澳台 100 座城市宜居指数排名》发布，常德位列第 8 名。

一、生态优先，推进绿色发展

常德市秉承"绿水青山就是金山银山"的理念，构建资源节约和环境保护的空间格局、产业结构、生产方式、生活方式，让生态成为城市发展的最美底色。大力推进绿色发展的城乡建设，在城市规划建设管理特别是城市更新中，有机融入"生态基因"，建设体现生态价值的美丽城市，共建人与自然和谐共处的美好家园。

加强生态系统保护。统筹推进山水林田湖草的系统保护；严守耕地保护红线，加强矿产资源保护性开发和高效利用，抓好地质灾害防治工作；推进国际湿地城市建设，开展国土绿化行动，推动退耕还林还湿；健全生态环境保护责任体系，建立领导干部自然资源资产离任审计制度。

深化环境综合治理。持续推进中央环保督察整改、洞庭湖水环境综合治理，强力整治突出环境问题。开展全国第二次污染源普查工作。全面落实河长制，启动实施湖长制，协同推进河湖管理保护和生态环境治理，完成县级以上饮用水水源保护区规范化建设。新建改建污水处理厂，全市污泥无害化处理率达100%。编制大气污染源排放清单，加强餐饮油烟、秸秆焚烧、工地扬尘等污染源治理，促进市城区环境空气质量优良天数稳步提升。全面推进土壤污染综合治理，完成土壤环境质量详查。出台城乡垃圾处理地方性法规，加快城乡垃圾一体化治理。强化企业主体责任，加强环境督察联动执法，曝光一批破坏生态环境的违法行为和案件。

推进绿色循环发展。建立资源总量和全面节约制度，推动重点行业整治整合，完成省下达的节能减排任务。积极培育节能环保、清洁能源等新兴产业，大力发展循环农业，减少面源污染。开展循环经济示范行动，倡导低碳出行和绿色生活方式。

二、优化结构，转变发展方式

常德市推动产业转型升级，加快新旧动能转换，持续调"优"布局结构、调"强"产业结构、调"清"能源结构、调"绿"运输结构，建立健全绿色低碳循环发展的经济体系。以产业迭代升级撬动城市发展动力变革，实现可持续发展，有效避免产业空心化、人口减少等城市"收缩"问题，在城市衰退期到来前直接跨入再生期。

做强产业园区。科学界定园区定位和产业特色，推动园区走集约化、特色化、人性化发展道路。按照国家级园区不超过"三主三辅"、省级园区不超过"两主两辅"的思路，专注主业发展，大力发展特色园、园中园，支持创建津澧国家级经开区，年内常德经开区、常德高新区规模以上工业增加值分别增长10%、12%以上。加强园区水电路气等基础设施建设，完善教育、医疗、娱乐等配套设施与服务，园区基础建设投入100亿元以上，根据需要盘活建设标准化厂房。推动园区去行政化、趋市场化，在选人用人、管理审批、薪酬标准等方面给予更大自主权，增强园区发展内生动力。2019年装备制造与军民融合产业成为首个千亿产业集群，产业格局由"一烟独秀"向"多点支撑"转变。常德成为粤港澳大湾区"菜篮子"重要生产基地，常德品牌产品已进入中国北方市场、东南沿海市场和东盟地区。

壮大产业实力。着力壮大新型工业。认真对接"中国制造2025"、制造强省五年行动计划、全省20个新兴优势产业链和"五个100"部署，针对性建链、补链、强链。全力打造烟草、生物医药与健康食品、装备制造与军民融合、文旅康养四大千亿产业集群，稳步壮大纺织服装、建材化工、林纸加工等传统产业，加速壮大新能源、新材料、信息技术等战略性新兴产业。力争烟厂易地技改、中车新能源汽车、中联起重机械生产基地等项目建成投产，加快建设石墨烯新材料、藏格集团复合肥生产线等项目。积极培育百强核心骨干企业，大力实施中小微企业成长工程，新增10亿元企业3家以上、亿元企业30家以上、规模以上工业企业100家以上。着力壮大现代服务业。发展全域旅游，加快推进卡乐世界、大唐司马城等项目建设，持续办好旅游节庆活动，大力发展城市旅游、乡村旅游、红色旅游、生态旅游，支持石门创建国家全域旅游示范县，打造一批知名旅游景区和精品旅游线路，加快推进旅游与文化、体育、康养等产业融合发展，全年旅游总收入增长20%以上。发展现代金融，支持各类金融机构引进与发展，加快建设柳叶湖基金小镇，举办全国性基金峰会。加强政府债务管理，防范区域金融风险。发展现代物流，力争传化公路港物流等项目开工建设，抓好物流标准化城市试点，形成便捷畅通的城乡物流网络。引导传统商贸企业创新商业业态和模式，进一步提升城市商圈品质和人气。高起点建设文化创意产业园，大力发展电子商务、服务外包、数字经济等新业态。促进房地产业健康发展。社会消费品零售总额增长10%以上。

三、创新驱动，提升治理水平

把创新作为引领发展的第一动力，以创新的理念、方法、机制全面提升城市规划、建设和管理水平，着力防治人口过多、交通拥堵、环境污染等"城市病"，促进城市治理体系和治理能力现代化。充分利用前沿科技成果，建设"智慧城市"，推动公共服务智能化，完善城市功能、改善城市面貌，提升防灾减灾水平，让人们在城市生活得更舒心、更安全、更美好。

优化城市空间布局。完成《常德市总体城市设计》报批，编制完善近期规划和各类专项规划。优化城市空间结构布局，做好北部新城、西部新区、东部城区、江南新城、德山新城等片区建设发展，推动一江两岸协调发展。依法强力控违拆违，保障城乡规划顺利实施。

提升城市功能品质。持续推进海绵城市建设，大力发展海绵产业，创建一批海绵示范工程，确保通过三年海绵城市试点考核验收。全力推进"城市双修"十大工程，启动国家生态园林城市创建申报，加强柳叶湖及周边生态环境保护。推进城市棚改、高铁新城、沅江隧道、沅水五桥、奥体公园、会展中心、第一工人文化宫等重点项目建设。结合常德传统文化元素，打造一批特色建筑和装配式建筑示范工程。健全城市管理和执法机制，推进城市管理向基层下移，建立完善责权明确、运行有序、条块结合的大城管工作体制。大力推进"公交都市"创建，规范传统出租车和网约车管理。加大城市地下空间利用力度，加强公共停车场建设。

加快智慧常德建设。加快创建国家新型智慧城市建设试点城市。深化政府数据资源共享，建成网上政务大厅一期和"我的常德"城市公共服务平台二期项目。扎实推进重点应用系统建设，大力发展"互联网+"经济，培育发展大数据、云计算、物联网产业，加快发展武陵区移动互联网产业园和德山电子信息产业园。

促进城乡协调发展。抓好县城规划发展，推进县城品质提升，提高县城在县域经济中的首位度。稳步推进津澧融城、常桃融合，打造市域副中心。抓好津澧新城国家新型城镇化试点和中小城市综合改革试点、临澧产城融合试点。实施"两西"发展战略，打造常德卫星城。抓好新型城镇和特色小镇建设试点，打造现代化城镇群。加快农业转移人口市民化进程。

小　结

自 2017 年成为国家气候适应型城市建设试点以来，常德市加强组织领导，将适应气候变化纳入城市规划，提高城市适应理念；推进节能减排、城市"双修"，推动重点适应行动；创新体制机制，促进全民参与，出台适应配套政策；广泛开展国内外交流，加强适应国际合作，适应气候变化能力逐步提升。在此基础上，常德市设定科学标准、试点示范带动、筹措多元资金，合力建设海绵城市，打造了具有常德特色的海绵城市名片，实现了生态效益、经济效益、社会效益的和谐共赢；创新工作方式、平衡保护与发展、明确责任与授权，完善地方湿地立法，使得地方湿地保护有法可依，生态修复成效显著；坚持生态优先、优化产业结构、创新城市治理，系统建设宜居城市，提高城市宜居标准，增强城市气候"韧性"。

参考文献

曹凌云、陈客然：“常德破解内涝之殇——让城市像海绵一样'呼吸'"，《中国信息报》，2017 年。

李远国：“中国海绵城市建设可推广的常德模式"，2018 年。 http://www.360doc.com/content/18/0424/19/42189632_748425997.shtml

刘厚发：“关于常德市海绵城市建设试点的调查与思考"，《城市化》，2017 年第 8 期。

许文：“常德四大成功'法宝'有效减免城市内涝"，2017 年。 http://www.china.com.cn/legal/2017-07/27/content_41304074.htm

第十二章　郴州市应对气候变化行动案例

　　郴州是湖南省下辖的地级市之一，位于中国南部，湖南省东南部，辖北湖区、苏仙区、桂阳县、宜章县、永兴县、嘉禾县、临武县、汝城县、桂东县、安仁县、资兴市等11个县（市、区）。郴州市分属长江和珠江两大流域，位处长江水系与珠江水系分流地带，属长江流域面积为15 718.8平方千米，属珠江流域面积为3 674.5平方千米。郴州雨量充沛，水情多样，是湘江、珠江（武江、北江）、赣江三大水系的重要源头，亦是湖南的战略水源地和"中国温泉之乡"。郴州生态良好，森林覆盖率达67.98%，是绿意盎然的全国绿化模范城市。郴州也是全球有名的有色金属之乡，已发现各类矿产112种，已探明储量的矿产46种，钨、铋储量分列全球第一和第二，钼储量全国第一，石墨储量全国第一，锡储量全国第三，锌储量全国第四。2019年全市地区生产总值（GDP）2 410.9亿元，比上年增长7.8%。其中，第一产业增加值236.5亿元，增长3.2%；第二产业增加值924.5亿元，增长7.5%；第三产业增加值1 249.9亿元，增长8.9%。按常住人口计算，人均地区生产总值50 760元，增长7.5%。郴州有着独特的地理位置，位于"楚粤之孔道"，是中西部地区对接粤港澳的"黄金走廊"和"桥头堡"。2018年11月，国家发改委批复郴州为建设湘南湘西承接产业转移示范区6市州之一，同年跻身全国创新竞争力百强城市；2019年5月，国务院批复建设郴州国家可持续发展议程创新示范区；2021年6月，郴州市碳达峰碳中和工作推进领导小组印发了《郴州市碳达峰、碳中和 2021 年工作方案》，明确郴州市碳达峰碳中和工作推进领导小组与郴州市国家可持续发展议程创新示范区建设工作推进领导小组合署，统领郴州市碳达峰、碳中和建设工作。

第一节 总体情况

一、可持续发展理念

按照《中国落实 2030 年可持续发展议程创新示范区建设方案》要求，郴州市以水资源可持续利用与绿色发展为主题，建设国家可持续发展议程创新示范区，集成应用水污染源阻断、重金属污染修复与治理等技术，解决水资源利用效率低、重金属污染等问题，开展水源地生态环境保护、重金属污染及源头综合治理、城镇污水处理提质增效、生态产业发展、节水型社会和节水型城市建设、科技创新支撑等行动，通过统筹各类创新资源，深化体制机制改革，探索适用技术路线和系统解决方案，形成可操作、可复制、可推广的有效模式，对推动长江经济带生态优先、绿色发展发挥示范效应，为落实 2030 年可持续发展议程提供实践经验。

二、践行"绿水青山就是金山银山"理念

郴州市践行"绿水青山就是金山银山"的可持续发展理念，坚持高站位、高标准、高质量，紧紧围绕"水资源可持续利用和绿色发展"主题，成立高规格协调推进体系、凝聚思想共识、抓实重点项目、培育创新主体、营造浓厚氛围，经过扎实努力，护水意识更强，治水效果更佳，用水思路更广，节水行动更实，目前已经取得了显著成效。

面对难题，创新破解。受历史上矿产资源长期无序开采、生产方式粗放、生活方式落后等因素影响，郴州市范围内部分地区和流域水生态环境面临着污染的巨大现实压力，背负着水生态修复治理的沉重历史包袱，水净与水污、水多与水少、水节约与水浪费的矛盾并存，水资源利用效率低、重金属污染等问题成为制约郴州经济社会可持续发展的瓶颈。郴州市直面难题，不断探索，坚持创新，通过对水资源、水环境采取强制治理、产业引导的"疏""堵"结合的方式，打造水环境生态农业产业、旅游产业、康养产业、大数据产业等高效益产业，以经济效益带动社会效益，极大地强化了企业、公众自觉保护资源、爱护环境的环保意识。郴州市已经逐渐走上了"在保护中发展、在发展中保护"的绿色发展新路，持续推进实现更高质量、更有效率、更加公平、更可持续的发展，为中国尤其是长江经济带地区，以及世界水资源丰富、生态地位显著、经济快速发展类型城市实现可持续发展贡献着自己的智慧和经验。

三、打造绿色矿山

郴州市依托产业园区绿色化建设发展，积极推进以绿色制造与循环经济为主导的工业生态文明建设进程。通过整体规划和布局宝石产业园、电子信息孵化基地、家私产业孵化基地等产业集群载体建设，推进有色金属产业及相关配套与资源利用产业等关联产业集中连片发展，通过产业布局引导，逐步实现产业集聚和循环链接效应。

夯实循环经济建设基础。郴州市以产业链招商、补链招商为启动点，积极建设和引进产业循环链接、纵向延伸和自研复用型关键项目，在产业建设初期着手解决循环经济和资源利用产业发展的短板。

建立循环经济服务机制。在产业发展阶段，郴州市鼓励园区建立循环化改造指导协调机制，建设园区废物交换平台，设置循环经济技术研发及孵化中心等公共服务设施。通过制定并实施城市级循环经济相关技术研发和应用的激励政策，推动资源循环利用和深度利用的持续提升，强化对企业资源利用、资源节约、环境保护的大力支撑和扶持。

推行源头治理，优化多级循环产业模式。通过五级循环、高位拉动等形式，郴州市逐步实现了生产废弃物的源头治理和多级治理。同时，依托资源再利用，在推动企业技术创新与转型升级的同时，打造新的产业与经济增长点。

鼓励先试先行，支持创新固废利用模式。郴州市连续出台了《永兴县加快科技创新驱动产业转型发展的若干规定》《中共永兴县委关于贯彻落实"创新引领、开放崛起"战略实施细则》等文件，推动企业与省内外科研机构进行战略合作，不断创新固废处理与再利用新技术和新方法，推进固废无害化、资源化、价值化、产业化发展进程，逐步实现了变废为"宝"和变废为"材"。

倡导就地取材，打造零排放与绿色矿山。郴州市聚焦尾砂尾矿治理工作，组织企业和科技人员协同攻关、勇于试点，创新并推广了尾砂综合利用的四种模式，积极探索提升尾砂附加值的处理新方法和新工艺。同时，支持矿山企业以回填形式就地消纳尾砂等新模式，有效地杜绝了尾砂外排现象，使矿山环境更加环保、更加安全。

第二节　案例1：守护绿水青山，打造金山银山

郴州市坚持以示范区建设倒逼产业绿色转型升级，大力发展绿色生态产业，城市绿色发展指数稳居全省第一，成功通过国家森林城市复查。全市森林覆盖率达 67.98%，城市建成区绿化覆盖率达 46.54%。郴州资兴市东江湖湖泊水面 160 平方千米，正常蓄水量 81.2 亿立方米，蓄水量位列全国淡水湖泊前十位。整体水质长期稳定保持地表水二类、出湖水质长期保持一类，是

湘江流域重要的饮用水源、生态补水、防洪调峰、保护生物多样性的战略水资源。保护和利用好东江湖水资源面临着诸多困难和问题，尤其是水资源保护和湖区群众生产生活的矛盾突出，长期以来湖区主要靠挖矿、伐木、养鱼、喂猪、种果来维持生计、发家致富，资源遭到过度开发。为实现自然、经济、社会协调发展，郴州市积极开展可持续发展路径探索。

一、守护绿水青山，建设美丽郴州

一是建立健全保护体制机制。编制实施了《湖南省东江湖水环境保护条例》等一系列保护优先政策制度，东江湖成为全国首例受专门立法保护的大型水库。设立东江湖环境问题整改工作领导小组、东江湖环境资源法庭、东江湖生态保护检察局，为东江湖水环境保护工作保驾护航。

二是发挥科技平台及人才作用。郴州资兴建立省级研发机构 4 家，省级科技公共服务平台 1 家，为科学利用水资源搭建了科研平台，为东江湖生态环境保护与资源开发利用、区域生态文明建设提供技术及智力支撑。

三是科学推进湖区生态建设。东江湖流域内 124.69 万亩林地实行全面封山育林、禁伐保护，占资兴林地总面积的 59.4%。对湖泊岸线、流域陆通道可视天然林和非公益林实施五年禁伐涵养水源。实施生态移民工程，减少人为因素对生态环境的破坏。

四是科技助力环境综合整治。以科技为抓手，大力实施环境综合整治，实施治理项目 66 个；取缔关闭了湖区所有非法采选点，对 27 家有证矿山全部实行保护性退出；实施东江湖网箱退水上岸工程、东江湖沿岸畜禽养殖场退养政策、营运船舶污水上岸处置等措施。2019 年全国首艘天然气清洁燃料动力客船在东江湖启航，基本实现湖区畜禽养殖污染和旅游营运船舶污水零排放。

二、打造"金山银山",建设富裕郴州

一是生态农业品牌化。利用东江湖独特的富氧环境和气候禀赋,在东江湖周边大力发展无公害、绿色、有机农业,构建完善的生态农业标准化体系。"东江湖蜜橘""东江鱼""东江湖茶"被认定为国家地理标志保护产品,"狗脑贡茶"获评中国驰名商标,2019 年郴州资兴市获评国家农产品质量安全市。

二是全域旅游精品化。全面实施"旅游+"工程,精心挖掘红色文化、移民文化、寿佛文化等文化底蕴,促进文化与旅游的有机融合,实施了东江湾沿江风光带、环湖路景观、东江湖康养城、精品民宿等高端旅游项目,建立了中国摄影家协会在国内首个县级展览馆。

三是食品产业特色化。依托东江湖优质的水资源,建设了东江罗围食品工业园,重点发展东江湖鱼产品深加工、酒类饮料、特色食品加工等产业。做大做强与水密切相关的青岛啤酒、浩源食品、东江湖生态渔业等食品饮料企业,不断延伸食品工业产业链。

三、推动"四水联动",成就生态郴州

一是用水求实效。用好"冷水"资源,发展冷水资源利用高端化,东江湖大数据产业园能源消耗和运行成本与常规相比,降低 40%左右,成为全国最节能的数据中心之一。利用东江湖冷水资源建设了东江湖大数据产业园,着力打造全国乃至亚洲最节能环保的"绿色数据谷"。由湖南云巢和湖南电信合作建设运营的东江湖大数据中心已正式启用,已有阿里巴巴、腾讯、华为、中国电信、网宿科技、爱数科技等企业入驻。充分利用东江湖冷水资源和华润鲤电余热资源,引进先进技术实施冷热联供项目,为城市终端(办公楼、厂房、商场、民宅等)常年提供冷、热气资源和生活热水,打造全球首座"水

冷空调城"。

二是护水创品牌。大力实施河湖"清四乱"、湘江流域保护和治理第三个"三年行动计划",以东江湖为重点的水源地生态环境有效保护,浙水资兴段、耒水永兴段两个国家级水生生物保护区的禁捕退捕工作全面完成,国内首艘内河 LNG 燃料动力客船在东江湖正式通航,全国首座油气电岸基式加注站在东江湖开工建设,东江湖水质稳定保持Ⅰ类。全市 38 个省控断面水质达标率 97.4%,6 个"水十条"考核国控断面保持稳定达标。

三是治水提生态。重点对三十六湾及周边区域重金属污染实行系统治理,陶家河水质由原来的劣Ⅴ类转变到目前的接近Ⅲ类。大力推进矿山(尾矿库)治理修复,创建国家级绿色矿山 18 家,获批全国第二批工业资源综合利用基地。城镇污水处理提质增效,城镇生活垃圾无害化处理率 100%,城市污水处理设施基本实现"全覆盖、全收集、全处理",污水处理率 95.5%,市中心城区黑臭水体基本消除。

四是节水转观念。节水型社会和节水型城市建设深入推进,投入 4.9 亿元新增高标准农田面积 28 万亩,苏仙区成功通过省"县域节水型社会达标建设"验收。郴州技师学院与湖南水务发展有限公司签订了全省第一个合同节水示范项目。以示范区获批一周年为契机,将 5 月 6 日作为可持续发展"主题日",将 5 月定为可持续发展"宣传月",广泛深入开展示范区建设和可持续发展科普宣传,形成"全民参与"机制,有效增强了群众爱水、护水、节水意识。

第三节 案例 2:绿色循环,推动稀贵金属产业可持续发展

近年来,郴州以创建国家可持续发展议程创新示范区为契机,实施"水

源地生态环境保护、重金属污染及源头综合治理、生态产业发展和节水型社会节水型城市建设、科技创新支撑"行动，发展循环经济，提升生态环境质量，减少温室气体排放，推动经济社会高质量发展。全市 9 家企业纳入省绿色制造体系创建计划，1 家企业列入国家第四批"绿色制造"名单，舜华鸭业被评为"国家级绿色工厂"。资兴市在 2019 年度资源枯竭城市转型考核评审中排名全省第一，获评"全国第三批'绿水青山就是金山银山'实践创新基地"。

一、科技引领，创新驱动产业转型

积极探索稀贵金属回收、膏体充填、作改性粉体材料等多种尾砂综合利用模式。郴州市的稀贵金属综合回收利用企业从含有色金属的废渣（液）中提炼金、银、钯、铋、锑等 20 余种稀贵金属元素，白银产量连续 15 年保持全国第一，铋、碲产量几乎占全球的一半。近 10 年来，郴州综合回收的稀贵金属相当于减少了 2 亿多吨高品位原矿开采量，为国家储备了大量战略矿产资源；在加大稀贵金属综合回收利用的同时，还为国家环保和节能减排做出了贡献。郴州永兴每年从全国各地收集处理各类有色金属冶炼危废物和"城市矿产"100 余万吨，从中提炼稀贵金属及其他有色金属 20 万吨左右，相比从原矿中提取等量金属减少废渣排放千万吨以上、减少二氧化硫排放 1.5 万吨以上，节约标煤 90 万吨、节水 5 200 万吨。科技引领，夯实资源循环利用技术支撑。出台《永兴县加快科技创新驱动产业转型发展的若干规定》《中共永兴县委关于贯彻落实"创新引领、开放崛起"战略实施细则》等文件，推动企业与省内外科研机构进行战略合作，强化企业技术创新主体地位，推动产学研结合，建立科技成果转化基地，建立循环经济研究基地，设立 8 家企业工程技术研究中心，创建省级创新试点企业 3 家。研发推广运用不同稀贵金属的分离提炼技术、冶炼"三废"处理技术、稀贵金属深加工利用技术等；

用新技术改造提升传统工艺，促进有色金属高效回收，推动节能降耗；推进稀贵金属深加工利用，延伸产业链，推进稀贵金属高值化利用，开发了一大批以高纯银、银基材料、超细银粉、高纯银为代表的新产品。

二、发展循环经济，提升资源利用水平

大力鼓励企业内部物质循环。郴州市的冶金企业利用自身技术，将从全国各地收集来的"三废"循环利用，提取各种稀贵金属。园区内企业根据各自技术优势，企业与企业之间交易"三废"物质，回收提炼有价物质，如金润公司的废渣运至雄风公司进行再处理，以达到资源最大化的利用。郴州市的工业本园区将自身无法提炼利用的废渣、烟尘，作为原料供应给辖县内其他园区进行再处理，综合回收有价金属。前面三个层次均无法利用的废渣，集中堆放在永兴县专用渣库，在渣库建有综合回收设施；以全县冶炼废渣终极处理中心基地项目为平台，对渣库堆存的冶炼废渣采用熔炼熔池炉熔化技术，加以终极无害化处置利用，把废液和硅晶玻璃混合物料生产成微晶粒料，最后用于制作各种建材，最终把工业废物"吃干榨尽"，实现资源利用和环境保护"双丰收"。

郴州永兴稀贵金属综合回收利用产业建立在"零资源"基础上，企业、工业园区通过优势互补、协作配套和技术改造、提质升级，实现了对废渣（液）的多次循环利用，部分金属综合利用工艺代表了国内甚至国际先进水平，主导和参与制定各类标准 11 个（其中国家标准 6 个、行业标准 1 个、地方标准 4 个），参与收集整理循环经济标准化相关标准 860 项，通过国家循环经济试点县和国家"城市矿产"示范基地验收，为国家发展循环经济提供了典型示范。

三、聚焦攻坚，持续提升生态环境质量

高位推动，促进稀贵金属产业整合升级。建立健全示范区（实验区）建设工作机制，由县委书记任组长，县长任第一副组长；建立可持续发展战略决策服务机制，聘请省内外专家组成示范区（实验区）建设专家咨询委员会，为示范区（实验区）的建设提供决策服务；出台一系列产业整合政策措施，引导企业全部整合入园发展；依托骨干企业，整合冶炼资源，加快淘汰落后产能，推进企业兼并重组，将原来的132家稀贵金属再生企业整合成30家，实现集聚发展，使"三废"在园区得以集中利用和治理。

全面拆除园区内稀贵金属企业鼓风炉29座、燃煤反射炉38座；关闭取缔园区外非法企业107家，炸毁烟囱127根；安全处置超期贮存危废物（液）11.6万吨。大力推进清洁生产示范工程，雄风、鑫裕等15家企业列入湖南省重点清洁生产企业名单，郴州市工业危险废物综合处置服务中心、太和工业园周边土壤治理工程、两区四园污水集中处理设施建设等重金属污染防治专项资金项目如期完工。完善三级河长责任体系，落实经常性巡查、系统化治理，主要河流断面水质整体达标，城镇集中式饮用水水源水质达标率100%。

第四节 案例3：盘活"热水"资源，实现低碳循环发展

郴州地热水资源十分丰富，具有点多面广、流量大、水温高、水质优等特点。全市已发现地下热泉35处，占全省已发现温泉点总数（88处）的38.64%。其中低温（23℃～40℃）热泉21处，中温（41℃～60℃）热泉13处，高温

(51℃～100℃）热泉 1 处（汝城福泉温泉最高水温达 99.2℃）。郴州 11 个县市区都有热水资源分布，潜在地热水资源总量为 1 860.33 升/秒，即 16.07 万立方米/日，储量相当巨大，无色、无味、无嗅、透明，pH 值 6.33～7.60，呈弱酸—弱碱性，总硬度为 8.23～10.40 毫克/升，矿化度 489.08～664.80 毫克/升，富含偏硅酸、钠、钾、钙、锂、锶、锌、溴、钼、钴、氟、氡等多种有益人体健康的微量元素，既可饮用又可作为浴疗之用。2005 年 11 月，郴州被中国矿业联合会命名为"中国温泉之乡"，2011 年被国土资源部授予"中国温泉之城"称号。

近年来，无论是欧美、东南亚等地区，还是中国旅游发达地区，温泉休闲旅游日益成为大众化的旅游新潮流和新亮点，也是郴州产业转型发展、绿色发展的必然方向和大好时机。郴州市地热水资源虽然非常丰富，温泉产业也有一定的基础，但与高质量发展、可持续发展的要求尚有一定差距。总体而言，主要存在温泉开发利用水平不高、资源浪费较大、产品服务雷同、温泉文化内涵挖掘不够、品牌形象不够突出等不足。

温泉产业的发展不能走先污染后治理、先破坏再保护的老路，要以可持续发展理念为统领，在保护地热水资源的前提下，科学有序、高效利用地开发。为做优"水"文章，把水资源优势转化为经济优势，郴州市委市政府以建设国家可持续发展议程创新示范区为契机，大力推进涉水产业，盘活地热水资源，以温泉为依托，探索"温泉+N"利用模式，推动休闲旅游、康养、文化、医疗等关联产业融合发展，延长温泉产业链，进一步提升"中国温泉之城"品牌。

一、因地制宜，实现产业生态化

郴州国际温泉城坐落于郴州市苏仙区许家洞镇，占地约 8 000 亩，总投资 36 亿元，2020 年 5 月 6 日举行盛大开园仪式。温泉城践行"绿水青山就是金山银山"的可持续发展理念，以地热水资源为核心，以自然生态、自然地理地形为载体，开展水源地生态环境保护，最大限度地减少对周围环境的改造，因地制宜、系统整合区域旅游资源，以"一带五园"布局功能区块，把国际温泉城打造成世界级的温泉文化旅游博览圣地，不仅提供温泉养生、观光旅游、娱乐度假等服务，还提供休闲购物、主题餐饮、特色住宿等配套服务，迅速提高温泉品位。

"一带"指的是以"十里郴江"风光景观带为项目的贯穿线索，蓄水造景，打造类似乌镇的沿河商业区，积极开展水上的游览路线和水上文化活动，打造郴州最具代表性的景观文化长廊。"五园"是指欧陆温泉文化园：可充分体验与享受真山真水、返璞归真的大自然温泉，有欧式社区、清迈社区、巴塞罗社区等三个分区；健康温泉养生园：内有各种不同疗效功能的中药温泉、名贵老树，还可品尝产自十亩茶园的茶叶；东南亚田园风情温泉园：建有以东南亚风格为主题的商业片区、葡萄园生态区、东南亚特色温泉区；宋韵古风温泉文化园：围绕健康、养生、禅文化、趣味性与观赏性五大主题进行功能和片区布局，以天池公园为核心，集温泉沐场、健康疗养、膳食会务、休闲娱乐、瑜伽中心、禅修中心、禅意温泉馆、禅修素食馆等服务项目于一体；现代创意温泉体验园：结合老街区风貌，打造以温泉、音乐和婚纱照为主题的现代化宜居小区。

二、建设农村生态型特色小镇，实现美丽乡村

郴州汝城热水温泉国家级旅游度假区项目位于湘、粤、赣三省交界的汝城县热水镇。该镇温泉资源独特，温泉文化底蕴深厚，是华南地区四大热田之一，被誉为"华南第一泉"，具有水温高、流量大、埋藏浅、水质好等特点，温泉天然流量为 3 396 吨/日，水温一般为 91.5℃，最高为 99.2℃，水质

呈高温弱碱性、无色、无味、透明，氡含量一般为 18.0~28.1 埃曼，最高达 142 埃曼，是国内罕见的"氡泉"和洗浴疗养的灵泉，具有多种康养和医疗辅助作用。

为进一步盘活热水资源，发展好涉水产业，郴州积极探索开发与保护并重的可持续发展模式，结合当地蛋趣泉、蜗牛塔、飞天寨、红军池等景点建设生态型特色小镇，发展生态旅游。为此，热水镇出台了《旅游扶贫实施方案》，通过贴息贷款、资金奖励等方式，鼓励旅游企业为贫困户提供就业，引导扶贫户参与乡村旅游开发创业，解决当地的剩余劳动力就业问题，增加经济收入。在充分利用热水温泉创造巨大经济效益的同时，也进一步保护了当地的地热水资源、改善人居环境，为周边省市和省内市民提供一个良好的休闲旅游养生场所，实现了生态保护和经济发展的双赢。

小　结

郴州市紧紧围绕联合国 2030 年可持续发展议程和《中国落实 2030 年可持续发展议程国别方案》，按照《中国落实 2030 年可持续发展议程创新示范区建设方案》要求，重点针对水资源利用效率低、重金属污染等问题，集成应用水污染源阻断、重金属污染修复与治理等技术，实施水源地生态环境保护、重金属污染及源头综合治理、城镇污水处理提质增效、生态产业发展、节水型社会和节水型城市建设、科技创新支撑等行动；紧紧围绕"水资源可持续利用和绿色发展"主题，依托产业园区绿色化建设发展，积极推进以绿色制造与循环经济为主导的工业生态文明建设进程；为推动长江经济带生态优先、绿色发展发挥示范效应。

参考文献

国务院:"国务院关于同意郴州市建设国家可持续发展议程创新示范区的批复",2019年。

何敏鹃:"[改革开放 40 年]郴州汝城县'田园温泉'展新颜",郴州文明网,2018 年 7 月 20 日。http://hncz.wenming.cn/wmbb/201807/t20180720_5338023.shtml